中国科普研究所

China Research Institute for Science Popularization

科普学术随笔选（第三卷）

谢小军　姚利芬　主编

科学普及出版社

·北　京·

图书在版编目（CIP）数据

科普学术随笔选. 第三卷 / 谢小军，姚利芬主编 . —— 北京：
科学普及出版社，2019.1

ISBN 978-7-110-09919-3

I.①科… II.①谢… ②姚… III.①科学普及—中国—
文集 IV.① N4-53

中国版本图书馆 CIP 数据核字（2018）第 301242 号

策划编辑	王卫英	
责任编辑	王卫英	
装帧设计	中文天地	
责任校对	杨京华	
责任印制	徐　飞	

出　　版	科学普及出版社	
发　　行	中国科学技术出版社发行部	
地　　址	北京市海淀区中关村南大街16号	
邮　　编	100081	
发行电话	010-62173865	
传　　真	010-62173081	
网　　址	http://www.cspbooks.com.cn	

开　　本	787mm×1092mm　1/16	
字　　数	360千字	
印　　张	22.5	
版　　次	2019年1月第1版	
印　　次	2019年1月第1次印刷	
印　　刷	北京虎彩文化传播有限公司	
书　　号	ISBN 978-7-110-09919-3 / N・246	
定　　价	88.00元	

编　委　会

序

20世纪80年代，是科普的黄金时代。这要归因于1978年全国科学大会的召开，那年，也因此成为"科学的春天"。春日融融，百草回芽，80年代迎来了科普的盛日，无论是科普图书抑或是科普期刊的出版，均有了几何级数的增长。《科普研究》和《科普创作》均在这种环境下诞生，不妨回溯一下两种期刊的历史。

1982年，《科普研究》的前身《评论与研究》创刊。1987年3月，中国科普创作研究所更名为中国科普研究所。同年5月《科普研究》替代《评论与研究》成为所刊。《评论与研究》在出版了5月刊和6月刊后，于1987年6月终止。自1982年以来，《科普研究》作为中国科普研究所内部出版物，先后出版过科普漫画专辑、外国科技群众团体和科普工作研究专辑、外国科普研究专辑、美国公众科学素质调查专辑、科普创作专辑、科普史专辑等一系列较有影响的专辑，刊载过许多在社会上具有较强影响的文章。2005年10月，经国家新闻出版总署批准，《科普研究》作为正式出版刊物向社会公开发行，双月出版。2006年4月，《科普研究》出版创刊号。自创刊至今，《科普研究》由主要为中国科普研究所内部研究人员搭建学术平台发展到向全社会科普研究人士搭建学术平台，提供争鸣场所，对中国科普研究所形象的宣传、声望的提高以及中国科普研究事业的发展都做出了自己的贡献。

1979年8月，由中国科普作家协会的前身中国科学技术普及创作协会主办的刊物《科普创作》试刊内部发行，1992年更名为《科技与企业》，历时14年，贯穿了科普创作较为繁荣的20世纪80年代，共出版77期，刊登科普政策、理论研究、评论、原创作品等近 2000 篇，为推动科普创作发展发挥了重要作用，具有较强的社会影响力。2016 年 12 月 15 日，经国家新闻出版广电总局正式批复，同意《科技与企业》更名为《科普创作》。2017 年，《科普创作》作为季刊重新亮相，出刊 3 期。该刊继续贯彻"加强评论、培植人才、繁荣原创"的办刊宗旨，面向全国、放眼世界，注重推荐具有科学性、思想性、艺术性、时代性的作品，反映国内外科普创作新成果以及创作产业发展新态势，追踪时下科普创作的新热点、新思想、新研究，向功底扎实、思想敏锐、充满活力的广大科普创作者及研究者全面开放。

两种期刊在历史上的更迭沉浮，也见证了科普研究和科普创作的兴衰。科普兴则创新兴，创新兴则吾国盛。回望来时路，步步皆辛苦，为了更好地总结过往的成果，以励后进，《科普研究》自 2010 年开始，启动了《科普研究》文丛的编选出版工作，陆续将《科普研究》上发表过的有价值的文章结集出版，让人们以新的视角审读这些思想和观点，从学术研究的历史中汲取智慧和灵感。

2017 年 10 月，中国共产党第十九次全国代表大会在北京召开，习近平总书记数十次提及"创新""科技""科学"，科学普及作为实现创新发展的一支翼翅自不可忽视，无论是科普研究还是科普创作均是科普工作的有机组成部分。此次，《科普研究》《科普创作》两大期刊联手推出《科普学术随笔选（第三卷）》，收录了《科普研究》六年来的数十篇研究论文，《科普创作》2017 年复刊以来的评论佳作，选取这些文章的标准是内容的宽泛、视角的宏观、思考的深度，这些文章由于发表时间较近，除了史料整理的意义外，仍然具有强烈的现实意义，对科普理论与实践研究以及科普创作工作具有重要的参考价值。

鉴往知今向未来，如果您在阅读这本书的时候，能感受到思考的乐趣与跃动的灵光，能以更为广博的历史视野看待过往，以更为科学的眼光看待周遭，以更为睿智的视角展望未来，那将是我们最大的快慰。

编　者

2018 年 10 月 5 日

目　录

著名科学家论科普

厚宇德

　　法拉第、爱因斯坦、玻恩、贝尔纳……这些伟大的科学家是将社会责任感与自己的使命紧紧联系起来的典范。致力于科学普及或科学的大众化，是他们的社会责任感与科学使命的一个基本方面。法拉第是最勤奋的科学家之一，但是法拉第在出任皇家研究所实验室主任后不久，即发起星期五晚间讨论会和圣诞节少年科学讲座。他作了超过百余次费时精心准备的星期五晚间讨论会讲演，而圣诞节少年科学讲座则坚持了19年。他之所以如此不惜宝贵时间与精力持之以恒地做这些科学启蒙与普及的社会工作，是因为在法拉第的思想意识里，科学启蒙与普及是一项十分重要的为科学文化奠基的社会事业。本文搜集并分析几位世界一流科学大师在科学普及或科学大众化方面的深刻思想，希望能给我们中国的学者尤其是科学家们一些启发与激励。要求一位科学家必须取得法拉第那样的科学成就是苛求，但是对于法拉第在科学普及方面的作为，任何一位科学家都没有理由只是伫立观望。

一、著名科学家视科普为己任

1. 玻恩：通俗阐释科研成果是科学家的责任

　　玻恩是20世纪二三十年代诞生量子力学的哥廷根物理学派的领袖和缔造者，1954年诺贝尔物理学奖获得者之一。1937年在就任爱丁堡大学自然哲学（即物理学）教授的演讲中，他说："我认为科学结论应该用每一个思考者都理解的语言予以解释（I think that scientific results should be interpreted in terms intelligible to every thinking man）。"

玻恩的这一思想如今成为了西方社会的主流共识之一。48 年后，英国公众理解科学委员会在其发布的《英国：公众理解科学》的著名报告中强调："每一个科学家的一个职业责任就是促进公众对科学的理解。"在特殊时期，在玻恩看来科学大众化具有更加重要的作用，即科学普及是科学家行使其社会责任的重要手段："正是科学家把人类带到了这个十字路口……我们物理学家必须继续解释和警告，我们必须致力于对做决策的政治家产生影响。"玻恩身体力行，自己写过脍炙人口的科普类著作如《永不停息的宇宙》以及《爱因斯坦的相对论》等，还作过很多关于相对论和量子力学的深入浅出的科学报告。

2. 爱因斯坦：科学传播与科学交流不应该受到任何限制

爱因斯坦基本上没有关于科学普及或科学大众化的专门论述。但是在他批判美国当时阻碍科学国际交流等活动的言辞里，可以看出爱因斯坦对于科学普及的看法与态度。在他看来，公众对于科学以及科学研究有一定的了解会培养他们对于人类的智慧以及对于科学的信心："一般公众对科学研究细节的了解也许只能达到一定的程度，但这至少能标示出这样一个重大的收获：相信人类的思维是可靠的，自然规律是普天之下皆准的。"因此，科学家致力于向一般公众介绍科学与科学研究的细节是有意义的社会科学文化活动。

更多地了解他人的科学新思想，不仅是一般公众的需要，对于一个研究者也是十分必要的。爱因斯坦说："一个人要是单凭自己来进行思考，而得不到别人的思想和经验的激发，那么即使在最好的情况下，他所想的也不会有什么价值，一定是单调无味的。"正因为有这样的认识，爱因斯坦认为传播自己研究得到的新思想是研究者的本分，而抑制知识传播是错误的行为："一个人不应该隐瞒他已认识到是正确的东西的任何部分。显然，对学术自由的任何限制都会抑制知识的传播，从而也会妨碍合理的判断和合理的行为。"为了更好地宣传科学思想，仅仅有研究者个人的努力还不够，爱因斯坦建议设立专门的组织机构来强化科普工作的执行力："一个以宣传和教育来影响舆论的脑力劳动者的组织，将对整个社会有极大的意义。"专业科学普及组织机构应该谨记此语。

科学文化是社会文化必需的健康成分，因此，"我们不应该允许对科学工作的发表和传播有任何限制；这对于社会文化的发展非常有害"。鼓励和支持科学普及与教育应该是政府职责的一部分："政府能够而且应当保护所有的教师不受任何经济压迫，这种经济压迫会影响他们的思考。它应当关怀出版好的、廉价的书籍，并且广泛地鼓励、支持普及教育。"然而在现实遏制了爱因斯坦的思想的 1950 年，爱因斯坦通过发问，表达了自己对于政治干扰科学以及科学传播的谴责："科学家通过他的内心自由，通过他的思想和工作的独立性所唤醒的那个时代，那个曾经使科学家有机会对他的同胞进行启蒙并且丰富他们生活的时代，难道真的就一去不复返了吗？"爱因斯坦认为用研究成果影响他们所生存的时代是科学家的责任；科学家通过履行他们这样的责任，展示和收获了他们作为科学家的价值和尊严。

3. 贝尔纳：青年科学家应该投身科普事业

与爱因斯坦不同，既是有建树的科学家同时也是著名的科学社会学家的贝尔纳专门探讨过与科学普及相关的问题。科学与大众相互脱离，其结果对双方都极为不利。科学与大众相脱离，"对于普通大众之所以不利是因为：他们生活在一个日益人为的世界中，却逐渐地越来越不认识制约着自己生活的机制"。科学与大众之间的距离越大，大众对于科学就愈加陌生，而非科学因素就会在大众文化中更加大行其道。贝尔纳认为科学孤立于社会对于科学以及科学家也是不利的："从最粗糙的观点看来，除非普通大众——这包括富有的赞助者和政府官员——明白科学家在做些什么，否则就不可能期望他们向科学家提供他们的工作所需要的支援，来换取他们的工作可能为人类带来的好处。不过，更加微妙的是，如果没有群众的理解、兴趣和批评的话，科学家保持心理上的孤立的危险倾向就会加强。"贝尔纳认为，为了缩短科学与大众之间的距离，不仅科学家要致力于科普工作，尤其是青年科学家要积极投身科普活动。"科普著作最好是由青年科学家，而不是由老年科学家来编写。因为老年科学家已经同正在进行的工作失去联系了。科学可以用普及形式来介绍，而又不损及它的任何精确性，而且事实上由于把科学同普通人类的需要和愿望联系起来，科学就显得更加重要。"贝尔纳的这一论述反映了他对于科学普及的一个独到的重要思想认识。可以看出，贝尔纳之所以强调年轻科学家要投身科普活动，是因为他重视科学普及与科学发展的尽量同步性。常见有些老年科学家远离了科学研究工作后开始致力于探讨科学的哲学、历史与普及问题；而青年科学家不参与科普工作似乎更加可以理解，因为他们正在从事科学前沿的重要研究工作，没有更多时间去顾及科普。然而在贝尔纳看来，对于一位科学家而言，及时的面向大众的科普工作与科学研究工作同样重要。科学研究与科学普及，都是科学文化不可或缺的重要部分。

4. 奥本海默：科学家要给他人生活带来光亮

科学的发展过程就是强化科学的专门化的过程，而专门化加强意味着科学愈来愈远离大众，高高在上。对此奥本海默有明确的表述："科学的传统就是专门化的传统，这正是其力量之所在……而就其术语而言，它是最为高度专业化的、几乎不可理解的，除了那些曾工作于此领域中的人之外。"这一点是科学家的普遍共识。费曼（也译为费恩曼）也说过："在学科越来越专门化的今天，很少有人能够对人类知识的两个领域都有深刻的认识，而能够做到不自欺欺人或愚弄他人。"科学的专门化更增加了大众理解科学以及科学家与大众之间交流的难度。因而科学越发展越不被大众所能理解和掌握。但科学家与大众的交流以及大众对于科学的理解是不能忽视、不可弱化的。因为，"如果科学发现能对人类的思想和文化真正有影响，它们必须是可以理解的"。使愈加专门化的科学研究成果转化为可以理解的知识或思想，就需要科学家在科普或科学大众化过程中肩负重任。

科学发展将加强专业化与抽象化的必然趋势，使贝尔纳所期待的科学普及与科学发展同步进行的愿望愈加困难。因此，将自己科学研究的新成果用大众能够理解的语言予以解释，至少第一步把自己的科研成果用科普作家能够理解的语言予以解释，是每个科学家科学研究工作的一个不可或缺的后续组成部分。缺少这一环节，有些重要的科普工作就难以进行，科普工作必将远远落后于科学发展的步伐，从而违背贝尔纳所期待的科普与科学发展同步性的目标。

在奥本海默看来，他提出的所谓知识阶层共同体是科学大众化的成果，也是进一步推动科学大众化的主体力量。由艺术家、哲学家、政治家、教师、大多数职业工作者、预言家、科学家等构成了一个知识阶层共同体，"这是一个开放的群体，并没有截然的界限以区分出那些自认为属于它的人们。这是全体人民中一个增长着的部分"。这个共同体责任重大，"它被赋予重大的职责以扩展、保存、传播我们的知识和技能，以及我们对于相互关系、优先权、允诺、律令等的认识……"奥本海默预测，未来人们会有更多的闲暇时间，而这刚好为知识阶层共同体做科学传播工作提供了条件："我认为随着世界上财富的增长，以及它不可能全部被用于组成新的委员会，确实将会有着真正的空闲，而这闲暇时间的主要部分，是投入重织我们的共同体及社会成员之间的交流和理解。"具体到对于科学家而言，在科学大众化的过程中，不要置身其外，以为与我无关。恰恰相反，科学家"……既是发现者又是教育者……我们，和其他人一样，是那种给人们的生活和世界中广大无边的黑暗带来一线光亮的人"。

5. 费曼：科普工作是件难事

1959年5月1日，在录制电视节目时，主持人问费曼，科学家是否尽到了与大众沟通的责任。费曼回答说："并没有，他们并没有尽全力。如果他们把手边的研究工作全都停下来，告诉人们他们刚刚做完了什么，（这样）他们（在教育大众方面）会做得更多。但是大家不要忘记了，这群人有自己的专业追求。而且，他们因为对大自然有兴趣才投身科学研究；和人沟通、教育人不是他们的兴趣所在。很多科学家如此醉心于科学研究，就是因为他们不大擅长与他人打交道。因此，与众沟通并非他们的主要兴趣，（沟通）效果当然难免不尽如人意。但这种说法并不是完全公允的。科学家也有很多类型，有许多科学家也很乐于做知识传播的事。事实上，或多或少我们都在做科学传播的工作。我们教书，把知识告诉学生，我们也常演讲。但将科学知识传达给一般人，是非常困难的事。近两三百年来，科学发展一日千里，累积了大量的知识，但一般人对这类知识往往一无所知。有时候，人们会问你在干什么，要解释给他们听，却需要很大的耐心……介绍两三百年的背景知识，而让人理解为什么（科学）问题是有趣的，这是非常困难的事情。"

费曼对于科学普及问题，有自己的认识和理解。他认为一个现代人对科学缺乏了解是个悲剧："你们一定都从经验了解到，民众——我指的是普通人，绝大部分的人，数目巨大的大众——是可悲可叹的，他们对自己所生活的这个世界的科学完全无知，而且能够忍受自己的愚昧，就这样生活下去。"费曼清楚地感受到了当时美国文化中存在的违背科学精神的东西，诸如迷信与伪科学。1964 年，他曾说："至少在美国，每一天的每一种日报上都印着他们（指星相家）占卜的结果。为什么直到今天还有星相家？……人们还在谈论心灵感应，尽管它正在消亡。这儿有许多信仰治疗，到处都是。"费曼认为很多广告也都充斥着骗人的伪科学。比如，有广告说一种威森食用油不会浸入食物。费曼认为这种说法有违科学的正直。理由是："事实上，在某个温度下，任何油都不会浸入食物；但是在另一个温度下，所有油都会浸入食物——威森食用油也不例外。"在这样迷信与伪科学多有存在的社会环境下，科学家该如何作为？费曼认为："我们一定要重点写一些文章。如果我们这样做了，会有什么效果呢？因为你来我往的争论，相信占星术的人就不得不去学一点天文学，相信信仰治疗的人可能也就不得不去学一点医学和生物学。"通过科学家的科普活动，拉近科学家与大众的距离，可以培养大众的科学精神："在检查证据、报告证据等的时候，科学家感觉到他们相互之间有一种责任，你也可以称这为一种道德……不要带任何倾向，让别人自由地去明确理解你所说的，也就是说，尽量不要把你自己的意愿加诸其上……相比于这种科学道德，那些诸如宣传的事情，就应该是个肮脏的词语……例如，广告就是一个例子，它是对产品不科学不道德的描述。这种不道德无所不在，以至于人们在日常生活中已经对它习以为常了，以至于你已经不觉得它是件坏事了。所以我想，我们要加强科学家和社会其他人群的联系……"

费曼不仅是这样说的，更是这样做的。他惜时如金，为了集中精力于自己的研究工作，他拒绝知名大学授予他荣誉博士学位，他多次致信美国科学院相关人员请求辞去院士职务，他拒绝有些学术报告邀请，他婉拒参加有些只有形式而无内容的学术讨论会……但是他认真地投入到为中小学生遴选数学、科学教科书的工作中；他常常为一位中小学老师、一个小学生来信里的一个科学问题，耐心地写出长长的回函；他到电视上宣传科学知识、科学方法，语言深入浅出，节目深受大众欢迎而成为电视上的科学明星；他自己去证明当时在美国风行的一些伪科学、神秘主义说教的不可信，并明确予以反对。费曼的看法和做法告诉我们，不能苛求每一个科学家都必须投身科学普及或科学大众化事业；但是那些善于讲解、长于与人沟通的科学家应该在这方面做更多的工作。在这方面，费曼以自己的行动为其他科学家树立了榜样。

二、西方世界的主流认识

在很多中国人的意识里，科学家不做科学普及或科学大众化的工作，也不是什么大不了的事；这一工作对于科学家而言，本就属于副业。这种意识早已落后于时代。美国科学、工程和公共政策委员会在关于科学家责任的论述中，明确指出："如果科学家确认，他们的发现对某些重要公共问题有意义，他们有责任去唤起有关公共问题的注意。……科学技术已成为社会的组成部分，因而科学家不可能再游离于社会关注之外。国会几乎一半的法案有明显的科技成分。科学家更多地被要求去对公共政策和公众对科学的理解做出贡献。他们在教育非科学家学习科学知识和方法方面起重要作用。"科学家应该树立起这样的认识：大众的支持使我有机会做自己喜爱的研究工作，我必须将我的研究成果首先奉献给社会大众。只有这样，科学和科学家才能得到更多的社会理解与支持，科学才能更好地发挥它的社会作用，科学家的工作才更有意义。

三、结语

在中国，大众对科学家这一职业的评价较高。一个科学家完成的科普作品具有一个科普作家完成的作品难以比拟的可信赖度。著名科学家的影响力更非科普作家所能企及。著名科学家多是头顶光环，具有偶像效应。霍金的《时间简史》如果不是出于霍金之手，难以在世界范围内产生持续而广泛的影响。因此，如果明星科学家投身科普事业，完成相同的科普作品，其影响与一般的科普作家相比，具有多倍的放大效应。这是科学家更有利于科普事业的另外一个理由。

根据以上几位科学家的观点以及我们的分析可以得出一个结论，无论回首历史还是远望未来，科普工作都应该与科学家密切相关，科学普及工作是科学家共同体工作的一个重要环节，也是科学家不能推卸的社会责任。

当下我们社会文化中缺乏科学文化的成分。这种事态的形成，很多领域、很多方面都有责任。这值得我们从很多角度去反思，但是中国的科学家在这个方面做得不够也是不争的事实。我国的科学工作者，不仅在科学创造性上要发愤图强；在科学普及方面，也需要更多地有所作为。科学家的科研经费原则上都是来自普通百姓纳税人，科学家做了什么以及在做什么，应该对社会和大众有所交代；科学家的科学研究成果如果对于丰富社会大众文化是有意义的，科学家就有责任尽力去向大众做出解释、说明与宣传。

原载《科普研究》2012 年第 1 期

让孩子们读好的科普书

赵　彤

怎样才能让孩子们读好的科普书呢？

首先要为孩子们出版好的科普书，然后才是引导孩子们读好的科普书。

一、好的科普童书至少要有两个特点

一是更有趣；二是更有益。

科普童书是否有趣，大人很难评判，这要看孩子喜欢什么。那么，孩子到底喜欢什么呢？著名教育家陈鹤琴先生认为：孩子是好奇的，孩子是好动的，孩子是好玩儿的，孩子是合群的，孩子是喜欢野外的，孩子是喜欢成功的，孩子是喜欢赞扬的。教育家的论述为我们出版和选择有趣的童书提供了重要的启示。

科普童书，怎样才叫更有益呢？有益的科普童书，应当有助于提升孩子的科学素质。

所谓科学素质，主要应该包括科学知识、科学方法、科学思想和科学精神。

儿童阶段的知识储备是必要的，家长在给孩子挑书的时候，往往选字多的，选知识容量大的。这是可以理解的。但是，还有一个更重要的层面，一个更能影响孩子一生的层面，不少家长可能忽略了——除了科学知识之外，孩子有没有获得科学方法、科学思想、科学精神的熏陶和感悟呢？科学方法、科学思想、科学精神并不完全体现在科学知识、科学结论中，它们往往蕴含在科学探索、技术发明的过程中。这就需要给孩子们讲科学发现、技术发明的故事了。对孩子们来说，了解科学探索、技术发明的过程就是追溯科学知识的来源，有时候这比科学结论和成果本身更加重要。因为科学方法、科学思想、科学精神，更能真正影响孩子的一生。

我们打开电脑，利用百度搜索"晴朗的天空为什么是蓝色的"，答案立刻就出来了。寻找答案如此容易。但是，这个答案是怎么得来的呢？这样说的根据是什么呢？探索答案的过程如何呢？这个答案还有没有需要进一步推敲的问题呢？诸如此类一系列问题网上都没有回应。当然，这些问题中所蕴含的科学方法、科学思想、科学精神方面的内容，孩子们也无从知晓。只介绍知识，而忽视科学方法、科学思想、科学精神，这样的"科普"无益于孩子们科学素质的提升。

二、什么是有益的科普童书？

有益的科普童书，应当巧妙地把科学知识、科学方法、科学思想、科学精神蕴含在真实有趣的故事中。

我们先来了解一下科学方法。科学方法的内涵和外延都很丰富，其中归纳法和演绎法是孩子们需要掌握的两种重要的科学方法。归纳法是指由一系列具体的事实概括出一般原理、规律的方法，是科学研究最常用的一种推理方法。演绎法是指由一般原理推出关于特殊情况下的结论的一种推理方法。孩子们在校生活中几乎天天都会用到演绎法——用书上学到的定理、定律、公式解题，用的就是演绎法。但是，孩子们却很少接触归纳法。因为归纳法都用在科学家根据大量的观察、实验、调查、访问的具体事实进行归纳、推理的探索、研究的过程中。

我们再来了解一下科学思想。科学的世界观是科学思想的重要内涵。科学的世界观可以用五句话来概括，即世界是物质的，物质是运动的，运动是有规律的，规律是可以认识的，认识是没有穷尽的。

我们拿人类的宇宙观举例：

几千年前人类的宇宙观是天圆地方、天盖地承。

差不多两千年前，托勒密提出了"地心说"。尽管今天的人们知道地心说是错的，但是要知道，在两千年前，当地球上还通行"天圆地方、天盖地承"认识的时候，地心说理论的提出实在太了不起了。它是科学史上非常重要的一页。它起码认识到我们脚下的大地是一个球体！在那个时候，如果你告诉人家这个，马上就会有很多"聪明人"质问你：如果我们脚下的大地是个球，那么站在地球那面的人不就掉下去了吗？万有引力的发现可是一千多年以后的事儿。

接下来是哥白尼的"日心说"，比地心说更接近今天的宇宙观了。我们今天知道太阳也不是宇宙的中心，但日心说毕竟发现了不是太阳绕着地球转，而是地球绕着太阳转，在太阳系这个范围里它是正确的，它比地心说又前进了一大步。人类的宇宙观就是这样进化着的。

但是，直到今天我们也未能穷尽对宇宙的认识……

孩子们通过读这样真实的科学故事，就会慢慢知道，历史上那些伟大的科学发现，并不是终极真理，都是在进化当中的。当然也包括我们今天学到的那些科学知识、科学理论，都是可以质疑的，因为今天的这些科学理论也一定还要进化。正是在这样的阅读和感悟中，孩子们逐渐认识到：世界是物质的，物质是运动的，运动是有规律的，规律是可以认识的，认识是没有穷尽的——这就是科学思想——科学思想就是这样形成的。

三、好的科普童书要这样告诉孩子

现在的科学理论没有一项是终极真理；现在世界上的所有事物没有一件是尽善尽美的。有了这样的科学精神、科学思想，孩子们才敢于质疑，敢于创新，才叫有了智慧。

科学精神的核心是求实精神和怀疑精神。

爱因斯坦说：科学的怀疑精神，是创意的源泉。

少了这种怀疑精神，对现有的科学结论奉若金科玉律，对科学权威奉若神明，不敢怀疑，不敢质疑，就不可能有突破。学的东西再多，也只能是继承、运用，而不可能有创新。

怎样才能让我们的孩子从小具备科学的怀疑精神呢？

其实说起来也简单，就是要给孩子们讲故事，讲真实的科学故事，告诉孩子科学真实的模样。通过读故事，让孩子们看到前人是怎样发现问题的，看到前人是怎样一代一代永不停歇地探索、解决问题的……从中孩子们就会知道，那些在历史上里程碑式的科学发现并不是一下子就是今天的模样，而是逐渐进化成今天的样子的。科学是进化着的，今后还将进化下去……即使是"里程碑式的"，它也不是终极真理，而只是今天的认识而已。

了解科学家的真实模样也非常重要。为什么这么说呢？

首先，如果只讲知识、只讲科学发现的结论而忽略过程，会产生一个很深远、很要命的问题——孩子们会认为，科学发现实在是一件不可思议的事情，科学家实在是一群不可思议的人，他们就像变魔术一样，脑子里突然间就冒出了伟大想法——看见一个苹果落下来就发现了万有引力定律……看到壶盖被水蒸气顶起来就发明了蒸汽机……

如果真是这样，那么科学发现就太让人可望不可及了，科学家们简直就是一群神人、奇人甚至怪人！孩子们很可能会因此而对科学望而生畏，从而彻底打消将来从事科学探究的念头——我不是当科学家的材料嘛！

而实际上，牛顿运动三定律、万有引力定律包含着伽利略的成就，包含着开普勒、胡克的成就……所以牛顿说："如果说我比别人看得更远，那是因为我站在巨人们的肩膀上。"瓦特蒸汽机之前就已经有了巴本蒸汽机、钮可门蒸汽机，作为蒸汽机修理工的瓦特发现了蒸汽机的缺点，对钮可门蒸汽机进行了改进，从而设计出了更实用、更高效的瓦特蒸汽机。

真实有趣的科学故事，能告诉孩子们科学发展的本来面目、科学发现的本来面目、科学家的本来面目。通过读这样的科学故事，孩子们就能知道，那些伟大的科学发现并非是不可思议的奇迹，是可以理解的；那些伟大的科学家并不是什么怪物，他们和我们一样，只是比我们更敢于怀疑，更好奇、更勤奋、更执着。他们通过观察、实验、归纳、推演的方法探究世界、认识世界，因而更理性，更敢于向权威挑战……

这样的科学故事，这样的科普童书才叫有益！

四、好的科普书要有趣

好的科普书要呵护孩子的兴趣、呵护孩子的好奇心、呵护孩子探究的欲望，至少不要让孩子对科学望而生畏……正如好的教育不会让孩子厌学一样。当然，读书也是一种重要的教育活动。

教育活动其实包括四个方面，即家庭教育、学校教育、社会教育和自我教育。中国的教育历来提倡因材施教，但却举步维艰。现在我们认识到，只有家庭教育、学校教育、社会教育把孩子引导到能进行自我教育的时候，才能真正落实因材施教。而读好书就是自我教育的重要形式。

教育的目标其实包括两个方面，即"学习继承"和"发展创造"。所谓学习继承就是把前人发现的知识学到手，继承下来；所谓发展创造是指每一代人都要在前人的基础上有所发现，有所发明，有所创造，有所前进，以促进时代不断发展。深究起来不难发现，发展创造比学习继承更重要。但是，目前的学校教育更侧重学习继承，更侧重知识的传授，也就是主要在已知的世界里打转转。学校的课堂教学受课时的限制，不可能在传授每个知识点的时候都把来龙去脉述说一遍，把所有的探索过程讲述一遍。因而，几乎就无暇顾及发展创造的教育目标了，这是当前教育最大的不足。

怎么办呢？这就需要课外阅读活动来补充了！你看，前面介绍的科学方法、科学思想、科学精神全部都是为一个核心目标服务的，这个核心目标就是探索未知世界，就是创造，就是实现"发展创造"的教育目标。这就是让孩子读好的科普书的意义所在。

五、怎样才能为孩子们出版好的科普书呢？

至少要做到两点：一是让书更有趣；二是让书更有益。

"人类一思考，上帝就发笑。"这是一句大家耳熟能详的西方谚语。

谁是上帝？客户是上帝。对我们出版工作者来说，上帝就是读者；对我们少儿出版工作者来说，上帝就是孩子们。

怎样才能把童书做得更有趣，更被孩子们喜爱？这就要求我们必须了解孩子，了解孩子的需求，这样才能知道我们应该做什么以及怎么做。坐在家里自说自话、闭门造车肯定是不行的。走出去，通过各种方式了解孩子。千万别坐在家里想上帝喜欢什么，找他去。他在哪儿？

自然是孩子集中的地方，学校、幼儿园。

谁和孩子朝夕相处？家长、老师。

找专门研究孩子的人去，找专家去。这些人可以帮助我们更科学、更前沿地了解孩子。

说到为孩子们出版更有益的科普书，我们编辑自我修炼、自我学习固然很重要，但闻道有先后，术业有专攻——我们需要各个领域的相关专家。好的编辑，首先要了解本领域的专家是谁。在为孩子们出版有益的科普图书的浩大工程中，我们就迫切需要众多专家。顾问型的专家，出谋划策；写作型的专家，积累创作队伍；理论型的专家，提供理论支持。

如果说读者是我们的上帝，专家与作者就是我们的衣食父母。

与专家合作是正规出版社的巨大优势，就拿我们北京少年儿童出版社来说，只有当我们身边聚拢了一大批文化界的专家、教育界的专家、科普界的专家，我们才能站在文化的制高点上，我们才更有竞争力。

文化产业、出版产业竞争的是什么？是我们的文化传播力、文化影响力，是比拼谁更有文化。谁传播的文化更权威、更专业、更前沿、更鲜活，谁出版的科普童书就更有益于提升孩子们的科学素质。这就要求我们不断地从专家身上汲取养分。

我们愿意与广大的教育工作者、科技工作者、出版工作者、各方面的专家更紧密地团结起来，为我们的孩子们更辛勤地耕耘。

这就是我对好童书的观点，其实大概不仅限于科普类的童书，所有门类的童书都如是。

原载《科普研究》2012 年第 3 期

现代应用科学：成本、效用及客观性

周小兵

最近一段时间，有那么几件小事，引发了我的思考及作文的兴致。这几件事看上去不相干，但从中却可以提炼出一个共同的主题：科学，并可进一步将主旨明确为：对"现代应用科学"或"科学在现代的应用"做一些反思。在讲这几件事及阐述主旨之前，请允许我先对我所理解的"现代应用科学"的概念做些解释。

一、科学的分野：近代理论科学与现代应用科学

"科学"在人类发展史上到底存在了多长时间？这个问题就像"地球上的海岸线到底有多长"的问题一样，无法回答。若非解答不可，则答案有千万种，因为我们完全可以将整个人类的历史分解为千万种，将地球之形态分解为千万种。从人类的角度说，当人类历史被无限地分解、当海岸被无穷地分形，写下或读到这段文字的人到底处在哪个时间段、哪个视界，就决定了他看到的"科学"到底是什么，在此基础上，才能界定他眼中的科学史。难怪柯林武德在《自然的观念》一书中发出"一个人先得理解人类史，才能理解科学史"的感慨。

现代"科学"已有较长的历史积淀。带着"地方性知识""适用技术""前沿科学"之类的说法，我们发现了现代"科学"所具有的"地域性"和"时间性"，现在，"科学"一词的丰富性已不是"自然界之普遍规律"所能概括。保守的英国人坚持其古老"科学"之传统，认为科学是"按自然界的秩序对事物进行分类以及对它们意义的认识"，这种说法虽然有一些道理，但那只是针

对达尔文的博物学传统及牛顿的宗教感悟式的沉思而言的。这类科学最好冠之于"博物科学""理论科学""基础科学"或"纯粹科学"等名号，而且前面要加上"近代"的时间限制。除此之外的"科学"，越来越多地沿着与"近代理论科学"很不一样的路径发展，这种路径及视界之分野，很大程度上肇始于古典物理学之终结、现代物理学之兴起之时，1905 年，在瑞士做专利审查员的爱因斯坦，发表了 4 篇论文，对光电效应、狭义相对论及质能关系做出理论阐释。事后证明，这些论文是惊天动地的，爱因斯坦以他那匪夷所思之妙想打断了近代科学与现代科学的直线连接关系，而使它们变成了轴动关系——同样的宇宙，同一根轴，轴心不变，但是，主轴的形态与主动轮都发生了变化，主轴可以弯曲，主动轮不再掌握在"上帝"手中而是在"人"的手中。同时，爱因斯坦还从根本上突破了经验材料和实验数据之限制，以纯粹思维之想象加上数学知识之建构，发现了微观世界之物理规律，引领了"核时代"的到来。正是从这样一个时代开始，人类的科学有了明显的从"近代理论科学"到"现代应用科学"之分野。这里所谓的"分"，强调的是科学从近代比较纯粹的理论范式向现代的多重应用研究的范式的分化；所谓"野"，就是科学由此转向一个广阔而细致的宏观与微观相结合的"人"的视野。相比之下，科学中的纯基础研究虽在延续，但应用研究及应用科学是主流，越来越多的基础研究变成以应用研究与实验开发为目标的"定向基础研究"。物理学家李政道曾说："现代人们通常把科学分为基础科学和应用科学两大类。但是，我要强调的是，基础科学永远是第一位的，没有基础科学，就没有应用科学，也谈不上开发研究。可以说，基础科学是现代文明的基石。"但事实是，现代文明的基石不仅有基础科学，还有人类基本的思维逻辑、人类的语言文化乃至人的基因等，后面这些可能是"基础的基础"。如今，为研究人的思维、人的文化、人的基因所做的基本探索大多已脱离传统的以"自然"为研究对象的"自然科学"的"基础研究"的范畴，而变成以"人及人的应用"为目的的"现代应用科学"。在这种"现代应用科学"笼罩下残存着的"近代理论科学"的主要分支——"天体物理学"，虽然还在由写作《时间简史》的霍金做深入浅出的阐释，但其在科学界的影响力已然大减，已无法发挥出牛顿或爱因斯坦的基础理论之功力。究其原因，是因为近代科学的发展好比是人类不小心闯进了暗无天日的原始森林，人们借助牛顿的理论，终于摸索着走出了"林中路"；而现代科学由爱因斯坦指明了"康庄大道"，人们开足马力，尽量地把"电子""量子"的能量用足，不问方向，只管前行。此时，深谈理论是多余的，是边缘化的。所以，在这样一个时间段来谈"科学"——全球化的"科学"，其主体已然是"现代应用科学"。"现代应用科学"似乎就代表了"科学"，而关于它，我们已形成了几种不太准确的习惯性的看法。

二、关于"现代应用科学"的三种习见

现代科学，多属应用科学。"现代应用科学"，多是"行动中的科学"或者说"实践科学"。抱着这样的概念，人们常常不自觉地说起关于"现代应用科学"的三种习以为常的见解：

第一，科学很昂贵。有些科学研究因为我们没那么多钱建造实验室及相关设施，所以搞不下去。

第二，科学很客观。有些研究因为客观条件的限制，如没有足够多的数据资料、没有足够多的专业水准的科学家的参与等原因而不了了之。

第三，科学很高效。体现在通过科学减轻个体的生活压力、减少个人工作量及预防自然灾害等方面。好像是因为有了科学，高效地解决了很多社会问题，使每个人就有了更加安全之社会环境及生存保障，似乎个体在生存方面不会再有太多的艰难和险阻了，俗话说，是科学让我们"没那么多事"了。

但是，仔细想想，这三种对"现代应用科学"而言"没那么多钱""没那么多人""没那么多事"的习见明显是有问题的。现代社会，科学高度发达，经济突飞猛进，怎么会"没那么多钱"，钱都到哪儿去了？现代社会，人口那么多，怎么会"没那么多人"，人都到哪儿去了？社会进步了，国际纷争更多了，与个人生存有关的学习及生活事务甚至遭遇到重大事故的可能性并不见少，怎么能说"没那么多事"？我们甚至可以反过来说，正是因为"现代应用

科学"，使得现代社会出现了"钱多、人多、事多"的"三多"现象。而"科学"本身，无论是"近代理论科学"，还是"现代应用科学"，与这个"三多"现象并没有必然的联系。

三、对上述三种习见的反思

我曾经是一个"学科学、用科学"的科技工作者，同时也是一个不满现状、喜欢反思的哲学爱好者，我感觉"科学"绝不像上述习见一样，人们可以想当然地理解它。要是笼统地、一般性地讲"科学"或"现代应用科学"的话，这三个习见的反命题依然成立。

1. 科学并不"昂贵"

我要讲的第一件事来自我的网上购物的经历。目前流行的"网购"，让我们可以轻而易举、貌似专业地比较并采购物品，乃至高科技产品。按道理来说，产品的科技含量愈高，其产品的价格愈高。但当我"游荡"到某营养品网站，看到那些琳琅满目的产品图录，我惊异于当今营养品生产的科学性，其产品名目之多、功能之全及价格之低廉令人赞叹。算一下，每天花几美分吃一片含有人体所需微量元素的小药片，或补充些"褪黑素"之类，坚持几个月就能起到所谓的"保健、安神乃至美容"的效果。是否真的有效，我没试过。但这些产品，与其他同类型的保健营养品，例如与在中国广泛直销的安利纽崔莱系列的产品相比，价格要低得多，这是事实。其价格低的原因恰恰在于这类产品不是从天然营养物中提取，而是用高科技手段合成的。也就是说，采用高科技方法合成的符合人体需要的营养素并不昂贵，而用相对简单的方法从天然营养物中提取一些成分则要昂贵得多。

可见，科学并不代表昂贵，科学的使用带来的是产品的普及、大量生产及与之相应的产品价格上的降低。当然，产品价格的大幅降低可能要在产品生产持续一段时间、产品进行更新换代之后。据说在民国时期，塑料比较罕见，用硬塑产品很是时髦，"电木"做成的镇尺的价格比象牙材质做的还高。但是，很快地，塑料工业有所发展，硬塑产品的价格一落千丈，成了廉价之物，到如今，它已作为低值耗材，取代了其他诸多材料。总的来看，人们通过使用塑料所得到的收益，远远要高于通过发明及改进塑料所花费的成本。"现代应用科学"，就好像不断进行着的"风险投资"，一旦投资成功，收益无限。像上述通过高科技分析提取的营养品及其他诸多的现代生活用品，例如电灯、电话、电视、电脑等，其成本收益及价格曲线一般都遵循同样的规律。总之，从成功的科学活动所具有的高的回报，以及科学产品的广泛使用及其低廉价格来看，"科学并不昂贵"。

2. 科学也不"客观"

我要说的第二件事来自与朋友的一次"神聊"，聊天中说到江西省正在大力推动的鄱阳湖水利枢纽工程建设。据说有关部门拟在鄱阳湖入江水道上设一个大型的闸道，使之具有蓄水、调洪、通航、生态等方面的双向调节的功能。该工程一旦上马，造价预计上百亿。为这个项目跑上跑下的朋友，对国内与国外、内行与外行对这个工程的认识上的强烈反差深有感触。国内专家特别是水利部方面的专家赞同这一工程上马的居多，而国外专家特别是国际卫生组织、联合国环境保护方面的专家则多持谨慎与保守的态度。很显然，这种反差不是因为工程建设所依赖的基础数据及工程本身的"性价比"造成的，而是因为世界观特别是人在认识上的主观模式的差异造成的。

有专家认为该工程兴建以后形成航运、发电、灌溉、养殖、血防、旅游等诸多便利，同时也存在"危及湖泊堤垸、有碍鱼类洄游、影响候鸟越冬"等弊端，应组织力量深入研究，加以防范。可见，国内同行的分析主观的成分较多，多以人类或某一集团结合自己的需要做效用分析为主，当然也尽可能地采取措施以应对不良效应，但那些措施是在满足主观需要、发挥工程效用的基础上设想出来的。而境内外环保组织则要求杜绝人的主观臆造，防止人类无休止的自我膨胀，在不破坏原有生态条件及基本秩序的前提下，兼顾各方的实际利益。即便如此，他们依然担心有很多主观推断因素干扰着对事实及后果的判断，因而可能因为工程上马以后某些主观性的不良推断得不到完备的说明与预防而对整个工程一票否决。其实，谁都承认兴建这样一个工程有利有弊，但究竟是利大于弊，还是弊大于利，往往争执不下，很难做到如实客观的分析。从这个意义上说"科学也不客观"是可以的。认识论研究表明，人在认识上的主观模式的存在或某些认识前提的主观设定是必然的，因而有认识的"偶象说或假相说""观察渗透理论原理"以及认识的"格式塔"及"饥渴的眼"的说法，这些都是"科学"的主观性的表现，我们只能通过不断地设定、不断地反问、不断地批判来提高科学的客观性，以减少"科学"中的主观臆断，哪怕这种主观臆断是善意的。说实在的，国外专家以自己的不带利益冲动的主观臆断来抑制他人受利益驱使的主观臆断的做法值得提倡，尽管它并不"客观"。

3. 科学不太"见效"

我要说的第三件事是在一则关于"玻璃幕墙"的新闻报道中看到的。最近，"建筑中的玻璃幕墙频频坠落导致人员受伤"的报道引起了我的注意。据说上海市的很多高层建筑的玻璃幕墙使用时间多在 15 年以上，属严重老化且缺乏维护，以至于上海市民屡屡担心从高楼上掉下难测的"玻璃雨"，而不敢在高楼密集的区域行走。前不久，上海市强制实施了新的《建筑玻璃幕墙管理办法》，对建筑玻璃幕墙的设计、使用与维护保养等提出了更严格的技术要求及管理规范。其中第十二条提出这样的设计要求："对采用玻璃幕墙的建设工程，设计单位应当结合建筑布局，合理设计绿化带、裙房等缓冲区域以及挑檐、顶棚等防护设施，防止发生幕墙玻璃坠落伤害事故。"这种常规性的做法其实很耐人寻味。从道理上讲，科学是真理，是处处见效的。在科学基础上发展起来的现代应用科学包括技术科学、工程科学等，无不如此。只要工程设计达到规范要求，其功效应该是肯定的，使用的安全性是有保障的，完全不用担心按规范设计、安装、使用、维护的玻璃幕墙会突然爆裂。但是事出有因，难防万一。在很多特殊的情况下，"科学不太见效"，甚至表现得"太不见效"，为预防万一，用科学手段设置了很多道防线，但这一系列的安全措施却可能被一步步摧毁直至完全不起作用，就像地震条件下发生的日本福岛核泄漏事故一样。于是我们还要采取更多的、额外的、人工的措施来尽可能地防患于未然，以减少伤害发生的可能性。

可见，就工程领域而言的"科学"之效用，受更加苛刻与复杂的条件所限制，新兴的科技产品在使用上有较强的时限、地段及装配、保养上的要求。总之，不可不相信工程科学所计算的有效性，但也不能过于相信其有效性。因为以实际产品存在的"现代应用科学"总有其失效的一天。况且，如果考虑到更多的其他的因素，如人的身心及资源消耗的因素，"现代应用科学"的效率真正很高、效用真的很好吗？未必。举例来说，就原始的农业种植方式与现代农业生产方式来说，按亩产量衡量两种粮食生产方式的效率，现代农业无疑是优胜者。但就投入与产出比来看，结论则不然。据研究，"若将在农业生产过程中的能量投入与产出作一比较，其结果却是令人吃惊的。在墨西哥农场，就棉花而言，能量投入与产出比为 1∶11；在美国农场是 1∶3。"

四、关于"现代应用科学"的正反命题的综合

如上所述，"近代理论科学"不断地朝着"现代应用科学"的方向发展，使得就现代应用科学而言，科学研究的成本越来越高昂；科学知识越来越符号化、抽象化乃至独立于人的存在而自我演化；同时，科学也在朝着功利化、实用性的方向发展。"科学很昂贵、科学很客观、科学很高效"这三个关于"现代应用科学"的命题在现代社会得到了很大程度的认可，但后现代社会特别是关于"后现代科学"的研究，越来越怀疑上述命题的真实性，因而有"科学不昂贵——日常生活中的科学""科学不客观——科学知识的建构""（自然）科学不见效——等待人文科学的出场"等隶属于"反科学""非科学""第三种科学"范畴的新的命题的出现。那么，新的时代我们应当如何在辩证唯物主义指导下对这些正反命题做全面的理解并辩证地综合呢？

两位英国物理学家对"现代科学"的内涵及外延做了比较全面的理解。贝尔纳认为："科学是组织人们去完成一定任务的体制；是发现自然界和社会的新规律的全部方法；是一种积累起来的知识传统；是维持和发展生产的主要因素；是构成人们的信仰世界观的源泉。"齐曼也说："事实上，科学是所有上述一切东西，或者还要更多一些。科学确实是研究的产物，确实使用很有特点的方法；

科学是有组织的知识实体，又是解决问题的一种手段；科学是一种社会体制，科学活动的实现需要物质的条件；科学既是当代增长率的主题和内容，又是文化的资源；科学是现代人类事务的重要因素，它要求人们对它进行管理。我们关于科学的'模式'，必须把上述这些互不相同的、有时还互相冲突的方面联系和统一起来。"确实，现代应用科学不同于近代理论科学。

总体上看，近代理论科学大致是作坊式、个体化的、非功利性的研究，这种研究不需要花很多钱，不需要研究者接受长期的专业教育与训练，不会因其应用价值的缺失或不良的后果而遭受屏蔽。现代应用科学多是利用大型实验设备、以集团合作方式推进的、有特定的实践目标的研究。现代社会很难有几个人像牛顿一样长期忘我地陷入对自然的沉思，像爱因斯坦一样利用业余时间推算宇宙常数，像霍金一样无所顾忌地畅谈黑洞之遐想。

当然，我们要摒弃"点对点"的直线式思维。近代理论科学并不只是直接地、不分叉地走向了现代应用科学，它有它发展的另一条路线，即现代理论科学的路线。纯粹科学，例如关于生命的起源及外星人的存在与否的探索，从来没有终止。在现代社会，让这样一些对纯粹科学研究有兴趣的人，能像爱因斯坦一样成为一个纯粹、完善、浪漫与充满艺术想象力的人并做着关于"科学"的想象，虽不是奢望，但付出的"代价"确实会很昂贵。尽管毫无疑问，这样的代价的付出是值得的。因为人类在任何时候，都需要有爱因斯坦、霍金这样能够提出划时代的新见解的人。

所以，关于科学是否"昂贵"，可以说，通过科学所生产出的"科学产品"不会太昂贵，随着科学的发展，将来从"天然营养物"中提取而不是人工合成的营养片剂也会很便宜。但是，对整个社会而言，年复一年地保留科学研究的种子，让有兴趣做纯粹科学研究、基础性研究的人能活得高贵与潇洒，而不被现代社会的功利化洪流所吞没。做到这一点所需要付出的成本则是高昂的，而且应该会越来越"昂贵"。因为真正的"科学人才"的培养，要求社会按照自由平等的原则培养每一个人，哪怕是生下来即有残疾者。从这个意义上说，科学发展的成本始终很昂贵，按照"多、快、好、省"的原则培养出来的绝不是"科学大师"，而只能是新型"工匠"。一些现代科学方面的研究特别是一些关于"自然"的基础性研究之所以没能广泛地持续进行下去，并不是因为没有钱，而是因为没有人才。

另外，我们说科学并不"客观"，是说科学研究中离不开主观的因素，甚至需要以坚守"信仰"的态度坚持一些科学研究的基本的行动纲领，例如，对一些目前尚不清楚的问题不轻易肯定与否定，而是带着怀疑的态度去论证。对于"鄱阳湖水利枢纽是否会破坏生态"这样的紧要问题当然需要更多的论证，而不能草草地得出自以为是的结论，即让工程付诸实施。殊不知，这样做可能带来无法挽回的后果。换句话说，科学的客观性，体现在真正实施工程或应用性项目之前，先把更多的人召集起来共同讨论一个话题，然后采取一致的行动，从而使科学踏踏实实地走向客观。这种行动纲领，应当允许主观积极地介入"客观"，主观设想一些恶性、难以挽回的后果，并用实际而客观的科学论证，通过反馈得到一些正确的信息，以便提前采取积极有效的措施以应对消极后果。也就是说，科学行动纲领的制定可以是主观的，但贯彻科学行动纲领的实践与实验论证等却是客观的。从这个意义上说，科学研究的客观性始终没有消解，真实准确的自然规律一直受到追捧，但更应受到追捧的是一个面向全人类乃至整个世界的完善的、科学的、统一的行动纲领。当今世界，一些科学研究项目之所以没有那么多人做，也是因为符合全人类共同利益的统一的行动纲领迟迟拿不出来，从各国对"温室效应"问题解决的态度可见一斑。

此外，虽说一些情况下科学不那么见效，科学不能完全预防"万一"，但用科学的管理手段，乃至发动群众与社会的力量进行"社保"，却可群策群力，以保"万一"。从这个意义上说，在应用自然科学的成果为社会增添色彩与亮丽的同时，使用一些充满人文色彩的科学手段作为"双保险"，不仅增加了科学、技术及工程在现代社会生活中的有效的成分，而且增加了外在的、多重的效果。何乐而不为呢？正如上面的例子所提到的，玻璃幕墙的设计与安装是"科学"的，而玻璃幕墙的科学管理与维护是人文的，当科学不完全有效，难保"万一"甚至不保"万一"的时候，用制定法规的形式将前人积累下来的经验与智慧强制性地推广到生活中来，不也是一种人道与救济吗？社会管理的科学性与有效性补充到现代应用科学的有效性中来，不是更加有效与合理吗？

总之，就"现代应用科学"这个概念而言，应强调三点：第一，科学研究的成本特别是科学人才的培育是昂贵的，但用科学知识生产出来的产品的价格是低廉的，工程收益是巨大的；第二，科学研究所得到的数据与结论应是客观的，但科学的行动纲领的思想的设定与方向的把握可以是主观的；第三，科学研究的广泛应用是必要的，用严格的规范加上人文的手段以减少应用科学所带来的危害，也是必要的。以上三点，是本文提出"科学并不昂贵""科学也不客观""科学不太见效"三个命题的主旨所在。

原载《科普研究》2012 年第 3 期

"死线抽绎"——传播话语的两极分化

朱效民

一

　　2010年9月17日，事后才知道这是值得北京市民记住的重要日子——又一个全北京交通大瘫痪的日子。偏偏这一天我们赶火车！我们家老太太因觉得腿脚上下地铁不方便，执意要坐公共汽车，至于打出租车，在她们这辈人眼里那是不到千钧一发、万不得已的时候是绝不在考虑之列的。好在老太太每次往返北京和新疆都坐过这公共汽车，正常的话也就一个半小时以内的路程（最快的一次40分钟就到了）。17号这天，我们匆匆吃过午饭提前4个小时就出发了，除去火车站候车、检票、上车约45分钟的时间，我们整整打了比正常时间一倍还多的提前量。所以，当坐上直达西客站的公共汽车后心情是十分惬意和舒畅的。车走到大约一半时，阴沉的天开始下毛毛雨，不久车速就慢下来了，再后来简直干脆不动地方了。眼瞅着离火车发车的时间越来越近，而交通却一点起色也没有，我们心里开始打鼓，赶紧下车，想找出租车，才发现情况已大为不妙，一则几乎没有，二则即使拦着一辆，出租车司机也好心相劝：赶紧找地铁吧，这会儿不管什么车都动不了。于是我们冒雨步行到最近的地铁站，又在离西客站最近的地铁军事博物馆站回到地面，同样还是打不着出租车，公共汽车也动不了。眼看火车就要发车了，这时才深刻体会到什么是叫天天不应、呼地地不灵了，无论多么现代化的交通工具这会儿一样也靠不住。只好陪着老太太一步一步地像是凭着惯性挪到火车站，可是火车已经于20分钟前开走了，车票作废！茫然中经人指点将卧铺票退换成了第二天同次列车的站票，这也只能是一点儿心理安慰而已，让老太太第二天乘站票回去，那连想都不要想。

深夜返回家，老太太大发感慨，先是撂下狠话：这辈子再不回新疆了，就在北京住下了。随后开始分析原因，最终断定是出门太晚，总结指出以后晚上的火车上午就要向火车站进发，中午饭在火车站就地解决！她们这一代人永远都是在找自己的不是，出现任何问题都一再反省自己哪一点做得还不够好。要知道，这张 600 多元的返疆火车卧铺票相当于她半个月的退休金啊。我们家老太太可也算得上是新中国的老革命了，中学没毕业就从四川坐着解放军的敞篷卡车直接去西藏参加土改去了，当时她所在的中学，全校也就两个选拔名额，这在那个时候可是天大的荣誉，不是共青团员的压根儿连申请的资格都没有。后因西藏土改失败返回四川，接着又奔赴大西北支边"修理地球"。在新疆建设兵团同样干得热火朝天，成为先进典型，曾先后立过两次三等功。需要说明的是，新疆建设兵团虽然号称"兵团"，却没有什么仗可打，这两个三等功可不是因为作战勇敢，而是靠半夜就爬起来上大田里拉粪干活、拼命突击挣工分挣出来的。

老太太不断地抱怨着自己的不是，唠叨着下次赶火车要注意的地方，可我觉得这责任不应该全怪在赶路的人身上。

颇能代表大国气象的北京西客站已经建成 N 多年了，与地铁一号线军事博物馆站只相隔短短的几百米，与老北京站也没多远，可就是"老死不相往来"——为何就始终不能通上地铁相互联结呢？如果说公共汽车在大街上跑，受红绿灯的管制和复杂路况的影响难以保障准点多少还能够理解的话，那唯一有点儿准头的地铁为什么偏偏不与准点发车的火车站相连呢？赶火车的人无不是大包小包的，走这几百米或者再倒腾公共汽车、出租车那也是非常麻烦的啊！

我平时上下班都是骑自行车，以前美其名曰爱好运动，现在按时髦又好听的话说是低碳出行。但有时也免不了要进城开会办个事之类的，从家里出来直接到地铁上地站坐车进城是最快捷的。遇到上班高峰期那叫一个人满为患，离车站大门几十米开外长长的队伍就让你立即体验到什么叫作"摩肩接踵"，好不容易一步一个脚印地挪到站台上，才刚刚到了真正考验的时候。列车进站了，车厢里面同样是人头攒动，要把自己再塞进去那绝对是个不小的力气活儿，况且周边的人谁也不是吃素的，在上班迟到的压力下哪个不是虎视眈眈、奋勇向前。凭着自己的身子骨还算结实（学校运动会每年都能给系里挣两个投掷项目的名次回来），我每次都是隐藏软实力、突出硬实力往上冲，就是这样经常也要奋斗两三个回合才能够挤得上一趟车。一些女士自知排队无望，靠体力拼搏上车更属天方夜谭，故而索性站在一旁冷眼观看其他人的相互"拼杀"。进车厢后大家像罐装沙丁鱼似的前心贴着后背，在冬日即使隔着厚厚的两套冬装仍能够清楚地感觉到彼此呼吸的一起一伏。高峰期乘坐地铁我只是偶尔为之已深感大为不易，那些天天朝九晚五上下班、每日不得不与地铁"亲密接触"的"BMW"[①]们该是何等辛苦！

都知道北京的回龙观小区人口密度大，尤其是每天早上班、晚下班的时候地铁里更是人山人海、水泄不通，为何奥运地铁专线不连接上回龙观站分流一下呢——在普通的北京市交通地图上，两站之间就那么一指头宽的距离啊？红红火火的北京奥运会已经结束整整3年了，至今，奥运专线仍然是"前不着村，后不着店"地孤悬着那么几站。这类曾经风光过、也的确给大伙儿脸上贴过金的"奥林匹克遗产"何时才能转化为小家居民们真正能够享受的日常福祉，从而让北京奥运的光荣和梦想能够真正在老百姓的平凡生活中扎下根、结出果来？

几年前，曾趁着春光明媚的桃花节去北京植物园游玩，出来时天色已晚，忽然发现公园大门之外、马路两边是人声鼎沸、人影幢幢，马路中间是大车小车排成长龙，然而却空有一副副钢铁筋骨，根本无法动弹。任何一个智力正常的人站在马路边，不出一刻钟就能看出问题的症结所在：越是交通拥堵，越是

---

① "BMW"原意指宝马车，这里的意思是指那些上班族每天先乘公共汽车或者骑自行车（Bus/Bicycle），然后换乘地铁（Metro），出了地铁再步行一段路（Walk）到达工作地点。在一些大城市中，"BMW"已形成了巨大的群体。

要优先保障公共交通。天色彻底暗下来了，我意识到等车无望只好继续发挥徒步旅行的精神向市内进发，期望能在远离满坑满谷的滞留游客的地方找到能行走的交通工具。沿途有许多老人疲惫地坐在路边，他们可能逛公园已经累了，走不动了，舍不得打车（也不可能打上车），只能默默地、无奈地等着交通堵塞结束的那一刻，而这一刻却不知要等到什么时候。这次在马路边走得腿酸脚麻的经历使我获得一份重要的旅游经验：绝不能在节假日，包括周末去景点旅游！仅仅一个普通的交通管理问题就会让你游兴全无，只能面对新扩建的漂亮等级公路和凌空飞翔的立交桥徒唤奈何。

二

俗话说，居家过日子的老百姓生活是开门七件事：柴米油盐酱醋茶。尽管我们的载人飞船又上天了，我们的科研论文在国际上发表数量的名次又靠前了，我们的 GDP 更是一国之下、万国之上了，北京的电视上经常报喜讯，说本市又建成了什么高架桥、又修了多少公里的地铁、六环又开通了哪一部分，然而这些对老百姓来说其实是没有多少感觉的，他们不可能像领导干部那样去轰轰烈烈地视察剪彩一通、神采飞扬地指导展望一番。即使再宏伟的成就，他们也是靠日常生活中的一点一滴去体验，如果没有实实在在的具体而微观的感受，前面那些无论看起来多么辉煌、气派的数字和成就对普通百姓来说都只能是一堆冰冷的、没有知觉的符号。一场小雨就把北京经过奥运会盛装打扮的交通体系淋回了原形，原来，我们首都（据说现在也叫"首堵"）的现代化立体交通竟然如此不堪一击，以致雨再大点，大伙儿就得渡"海"回家了——这，才更可能是老百姓切身真实而又刻骨铭心的感受……

从传播学角度分析，在信息宣传和观念传播的过程中经常存在着一种语言上的误用，被称作"死线上的抽绎"现象。它是指语言被捆死在某一条抽绎水平线上，使得传播的语言或者被固定在过高的水平线上使人难以理解、敬而远之；或者相反，传播的语言被限定在过低的水平线上又使人不得要领、感觉乏味，从而均导致传播的效果事倍功半、大打折扣。例如当社会上的信息传播中充满了诸如"民主、法制""复兴、崛起"等高度抽绎水平线上的字眼，同时又没有相对低度抽绎水平线上的词汇进行配套阐释时，如此传播的信息就会让普通人觉得抽象难懂、与己无关，从而根本无法认同。要克服这一传播困境，就要求传播的语言信息根据传播对象、实际内容和文体特点等不同情形沿着抽绎阶梯适当地做上下波动、有涨有落，既要有相对高抽绎水平的宏观概括和总结，也要有相对低抽绎水平的微观描绘和体验。通俗一点来说，不仅要讲宏观层面（如国家、社会整体的进步）的大道理，也要讲微观层面（如家庭、个人具体的感受）的小道理，二者兼顾互动才能有利于促进社会上下的广泛理解以及相互尊重，并进而有助于凝聚更多的认同和共识。

在科学传播中，通过调查统计也很早就发现了一个有意思的现象，即公众对科学的认知往往有自己的优先顺序和独特视角。如统计表明，西方公众感兴趣的科技知识领域排在最前面的基本上总是医药健康和环境保护这两个领域，因而科学传播的重点内容和切入点常被形象地说成是关于身体的科学和关于身边的科学。同时研究发现，公众会运用他们自己已有的概念范畴对所获得的信息进行重新解码，甚至可能以传播者截然不同或者完全相反的方式来重新解释传播给他们的信息。这也就是说，从受传者的角度看，外在的大道理是要靠其内在的小道理来理解和感受的。

第二次世界大战后美国独领风骚的"阿波罗"登月计划后期，科学家们试图一鼓作气、直捣黄龙，雄心勃勃地又提出了登陆火星的计划，但旋即遭到美国议会的否决。美国人民在最初的举国兴奋之后发现"阿波罗"登月计划实际上并没有给他们带来什么好处，看完一次次激动人心的电视实况转播后他们该干吗还得干吗，毋庸讳言，这也与当时美苏两国在太空军备竞赛、激烈竞争的压力下导致"阿波罗"计划较少考虑经济效益有关。美国人民质疑：为什么科学家更关心 38 万公里以外的东西？花了 200 亿美金就带回来几包土——尽管是月球上的土，可这对居家过日子的老百姓来说又有多少意义呢！这表明，堂而皇之的大道理需要依靠亲切朴实的小道理进行解读和支撑，否则结果很可能是皮之不存，毛将焉附，"帝力于我何有哉"！此外，根据当前传播学的交互理论，如果被传播者表示质疑甚至拒绝接受，或者没有感觉、无动于衷，那绝不是因为他们脑子笨、理解力差，而多半是因为传播大道理的人自己"嘴聋"。英国相关数据调查显示："苛刻的质问可能标志着全体公民更有见识，更具科学素养。"

20世纪90年代，美国高能物理研究事业遭遇重大挫折，已经投资数十亿美元的超级超导对撞机（SSC）项目被否决，其电子对撞机规模庞大、耗资不菲的地下运行隧道在今天的一个实际用途只是"养蘑菇"，因为那里面冬暖夏凉。美国高能物理学家哀叹：这是第二次世界大战后该国高能物理研究领域的最大失败，而主要原因之一就是与公众缺乏有效的沟通，没有得到广大美国人民群众的理解和认可。想想要让普通百姓认可科学家每年花费20亿美元去找几个反粒子的确也不是一件容易的事情，这绝非科学家说出一番探索宇宙奥秘的大道理就能够轻松化解的。法国传播学者多米尼克·吴尔敦就此深刻指出，信息传递不等于传播，传播不等于传通，因为后者涉及受传者的"他异性"问题，今天的传播绝不仅仅是个技术进步的问题，信息时代的"'地球村'是一个技术现实，但不是社会或文化现实"，"互联网是一个梦想，或者说是技术层面的幻想"，因而需要将"无法传通纳入传通的范围，倡导共处"，即要在传播活动中承认存在无法传通、无法分享的现实，也即承认和尊重不同人群在语言、文化以及思维方式等方面的多样性。

三

近年来，从三聚氰胺、毒大米，到爆炸西瓜、地沟油……食品安全问题如今是花样繁多、层出不穷，人们顿顿不能离开的日常食物的安全居然都陷入了一个又一个"门"的阴影而难以挣脱。2011年7月，微博上有消息称："日式拉面的香味都是用专门的汤粉调制出来的，每碗汤的成本不过几毛钱，根本不是什么所谓的老汤，连卖汤料的小贩都说这东西不能总吃。"该微博引起多方关注后，味千拉面负责人承认汤底是由浓缩液兑制而成，但同时称该浓缩液是由猪骨熬制所得。针对网友质疑味千拉面删除官网相关内容一事，味千拉面又表示"计算出错"。2011年8月8日的香港凤凰电视台品牌栏目《锵锵三人行》的嘉宾查建英针对昧千方面说谎一事感慨道："中国教育最大的失败不是说创造性不够，而是说假话不脸红。"无独有偶，历史学家兼文化学者葛剑雄也有过类似的感叹："在西方国家，只有政客需要有双重人格，心里想的是一回事，嘴上必须说政治正确的话。但是在中国，连小学生也得必备双重人格。如果作文写了'我不喜欢世博会，挤死了'，这篇作文很可能不及格。"不用说，这与我们的教育、宣传一向习惯于讲宏观的、高层次的大道理，而忽视基本的、身边的小道理，也即囿于传播上的"死线抽绎"问题脱不了干系。

曾有一位诺贝尔奖获得者在接受记者采访时被问及最重要的东西是在哪所大学里学到的，他坦诚地回答道，其一生中最重要的东西是在上幼儿园时学到的，如饭前洗手、把自己的东西分一半给小伙伴们、不是自己的东西不要拿、领取玩具和做游戏时要排队、做了错事要表示歉意等。由此也可见，如果连诸如诚实、诚信这类最基本的做人道理（从不起眼的"最基本"这个角度说也可以视为"小道理"）都不被认同和遵守的话，或者只是表面上认同，实际上"假大空"横行——现在我们每个人的一日三餐都因此而有安全之虞……传播和奢谈"大国崛起""中国速度"之类的空泛大道理将是怎样一幅空中楼阁的景象，其传播的实际效果也可想而知了。

原载《科普研究》2012年第3期

科学技术的人文内涵

汤寿根

  19 世纪德国浪漫主义诗人哈利·海涅，讲过一个风趣的故事："英国有一位机械工程师，发明了一个机器人。这个机器人各方面都同真人一样，可就是没有灵魂。于是，这个机器人一天到晚跟随在工程师后面，不断地嘟囔着'给我一个灵魂，给我一个灵魂'。但是，工程师就是没有办法给它一个灵魂。"笔者寻思，人文学者或许能给它一个"灵魂"。如果我们将机器人比作人类五官和四肢的延伸，那么它所缺少的是"人文的精神价值"。换句话说，科学技术的发展需要人文精神的融合与引导。这是否就是海涅想要说明的呢？

  自然科学追求的是穷尽"自然的真理"；人文科学追求的是穷尽"人生的真谛"，两者都是人类社会发展所迫切需要的。相对来说，作为自然的同时又是社会的高级动物——人来说，区别于自然界万物，更重要的是"心灵"的塑造与追求。

一、人文，说白了就是"做人的道理"

  人文是指人类社会的各种文化现象。这些文化现象的核心是求索人类生存的意义与价值。人文科学一般包括文学、艺术、历史、哲学、经济、政治、法律、伦理、语言、宗教等。例如：

  文学是人类对自身生活经历的艺术表达，是衡量人类文明的一个标准。它可以培育健全、美好的人性，可以丰富和发展人的精神本质力量、提升人的精神境界。文学通过形象化的创造，让人的生命力从种种实际的限制中解放出来，超越现实，在精神上不断接近恩格斯所说的："成为自己本身的主人——自由的人。"

艺术是艺术家用创新的手法去唤醒人性的真善美，用音乐、舞蹈、形象、语言、声光电告诉人们怎样区别真与假、美与丑、善与恶。它给人们以高尚的思想精神境界，促进人的全面发展。

历史是人和社会的兴衰史，"以史为镜可以知兴替"。史学给人们以具体的借鉴，促使人们继承优良的传统，激发历史使命感。

哲学是人类智慧的最高结晶，是时代精神的精华，是人们对整个世界（自然界、社会、思维）根本观点的体系，是自然知识和社会知识的概括和总结。哲学作为追求真、善、美、圣的学问，引导人们在求真、向善、臻美、达圣的过程中实现精神的升华。真，是人们在认识领域内衡量是与非、真与假的尺度；善，是人们在道德领域内识别好与坏的尺度；美，是人们在审美领域内区别美与丑的尺度；圣，是人们在精神领域内判断圣与俗的尺度。

这样看来，人文科学所要阐明的道理就是"做人的学问"。

二、科学与人文是相通的

科学与人文，在人类古代文化发展初期是融为一体的。例如，古希腊时代的亚里士多德，他是一位科学家，同时也是一位哲学家和文艺理论家；我国春秋时代儒家的创始人孔子，他所编纂的《诗经》不仅是一部文学作品，也包含着许多科学知识。后来，随着经济社会和人类知识的发展，科学与人文才逐渐分开了。现在，由于人类对客观世界认识的深入，科学与人文又将在新的基础上相互渗透、融合。

1. 科学与人文的关系

近百年以前，中国科学社的任鸿隽就撰文提到了科学与人文的关系。他同意梁漱溟的观点，认为人文的内涵包括：人类生活的样子（文化）、人类生活的成绩（文明）、人类生活的态度（观念，或者再加上生活的动力与追求）。这是广义的人文内涵了。

他在谈到文化时说："文化有种类和程度的差别。"笔者想，任鸿隽在这里所指的是文化有民族性吧！他说，文化的内涵有三件东西足以表示人类的进步：一是知识（他强调的是科学知识）。二是权力。这权力指的是"我们所能驾驭的力量和那力量所及的远近（大小）"，而这些力量的源泉是知识的组织和知识的应用。有意思的是，他在近百年前对知识和力量的论述，与今日对知识经济社会的一些论述如出一辙，真是一位智者！三是组织。他强调，今后的社会组织有两个特点：平民主义（这是否也可以包含今天我们所强调的以人为本）与国际主义。任鸿隽认为，文化的三个内涵都密切地与科学有关：知识的源泉是由于科学的进步，哥白尼的地动说动摇了神权，是科学战胜宗教的起点。"蒸汽的应用，电力的制造，生物的演进，疾病的传染"都使人们摆脱了中世纪的愚昧。"科学的贡献，就是把事实来代替理想，把理性来代替迷信"。而"权力都是由智识和应用得来，自然是科学的产物"。关于社会组织，他认为：平民主义的产生是由于机器的发明，引起了工业革命，而物产的增加，使一般人有了产业和势力，自然发生了权利的要求。正如富兰克林的墓志上所写的"他一只手由自然界抢来了电力，一只手由君主抢来了威权"。而国际主义产生的原因之一是交通、通信的进步，空间与时间的距离大为缩短的缘故。

综上所述，他认为科学与人文是相通的。他说"科学的精神是求真理，精神的作用是要引导人类向美善方面行去"，"科学对人生态度的影响，是事事要求一个合理的（解释）。用理性来发明（发现）自然的奥秘，来领导人生的行为，来规定人类的关系"。这是科学的贡献与价值。

2. 科学本身就是一种人文理想

这种理想集中体现了人类对知识和真理的追求。科学活动作为人的一种理性活动，对于推动人的理性思维和智力发展具有巨大与深刻的作用。科学的理性包含着批判、怀疑、创新的精神；理性发展水平标志着人类自身和社会的发展水平和成熟程度。科学精神与人文精神是内在统一的。

我国古代先哲对科学与人文的关系有着确切的论述，如业界熟知的"格物致知"。"格物致知"为中国古代认识论的重要命题之一。语出《礼记·大学》：

"欲诚其意者，先致其知，致知在格物。"它是儒家的一个十分重要的哲学概念。

历代学者的观点虽稍有歧义，但基本上是一致的。如唐朝（李翱）：万物所来感受，内心明知昭然不惑。北宋（司马光）：抵御外物诱惑，而后知晓德行至道；北宋（程颐）：穷究事物道理，致使自心知通天理。南宋（朱熹）：穷究事物道理，致使知性通达至极。明朝（王阳明）：端正事业物境，达致自心良知本体；明朝（憨山德清）：感通外境万物，致以化为自心真知。清朝（颜元）：亲自实践验证，致使知性通达事理。

归纳起来，笔者的理解是：格物就是凡事都要穷其道理、探其究竟；致知就是做一个通达事理的人，为人行事绝不糊涂。"求解自然之奥秘（格物）；明白人生的意义（致知）。"求真、崇实，从而达到至善、臻美。从这里也看到了科学精神与人文精神的统一。

3. 科技创新需要人文素养

钱学森晚年曾经认真思考过杰出人才培养的问题。他的观点也由"理工结合"发展为"科学与艺术"的结合。他说："学理工的，要懂得一点文学艺术，特别是要学会文学艺术的思维方式。科学家要有点艺术修养，能够学会文学家、艺术家那种形象思维，能够大跨度地联想。"在谈到科学与艺术的关系时，他说："科学的创新往往不是靠科学里面的这点逻辑推理得出来的。科学创新的萌芽在于形象的思维，在于大跨度地联想突然给你的一个启发。产生了灵感，才有创新。有了灵感以后，再按照科学的逻辑思维，去推导和计算，或者设计严密的实验去加以证实。所以科学家既要有逻辑思维，也要有形象思维。逻辑思维是科学领域的规律，很严密。但形象思维是创新的起点。"从他的讲话里，我们看到了"科学创新"与"人文素养"的关系。

4. 科学与人文是一个事物的两个方面

臧克家说："研究大自然，参透它的奥妙，是科学家的任务；描绘大自然，表现大自然，是文学家的事情。"爱因斯坦说得好："如果通过逻辑语言来描述我们对事物的观察和体验，这就是科学；如果用有意识的思维难以理解而通过直觉感受来表达我们的观察与体验，这就是艺术。"科学家与文艺学家是天然的同盟军。他们从不同的立场、用不同的方法，各自而又协同地研究和描绘着绚丽多姿、五彩缤纷的大千世界。而科普作家的任务则要融合两家之所长，以科学之美（理性的和形象的）感染受众，让受众不仅获得知识，而且感悟人生。因此，科普作家的社会责任是："解读自然奥秘；探究人生真理。"

5. 科技发展的人文关怀

科学作为一个文化过程，它具有这样的特点，即科学系统本身具有一种自我延续、自我繁衍的本能，而且科学繁衍的方向往往导源于科学自身运行的惯性，其中包含某种指向不确定的盲目性，如不予以适当的引导和调控，往往呈现与人文理念相背离甚至相冲突的趋势。

科学技术理性发展的价值坐标是关注人自身命运与价值的人文精神和人文关怀。所谓人文关怀是指以人为思考的出发点，肯定人的自身价值和尊严，并以人文科学的思想、观念和方法为依据，去思考科学技术发展的合理性，排斥科学对人自身的异化，关注人的全面发展和根本处境。

科学技术不仅同物质财富的生产及其物化有关，而且与人们的精神境界和高层次文化相关。科学技术作为第一生产力，与人的自身发展是一致的，对于人的解放起着十分重要的作用。人的发展越来越依靠科学技术的工具和手段，又为科学技术的发展指明方向和创造条件。人类社会谋求持续协调、全面发展需要科技为动力，人文作导向。科技为人文提供依据，人文为科技确定目标。

三、都是"技术"惹的祸

近年来，对于科学技术是"双刃剑"的说法频见于报端。笔者寻思：产生"双刃剑"效应的是"技术"，不是科学；说到"双刃剑"时，不要把科学与技术混为一谈（也就是说不要老拿"科学"来陪绑。说真的，笔者还从未见到过"科学是一把双刃剑"的提法，可见彼此心里还是明白的）。"科学"与"技术"是有严格的定义的。科学是"求真"，"科学用逻辑和概念等抽象形式反映世界，揭示事物发展的客观规律，探求客观真理"；技术是"务实"，"根据生产实践经验和自然科学原理而发展成的各种工艺操作方法和技能（还可包括相应的生产工具和设备，以及工艺过程）"。

如果，今天有人用基因技术制造了灭绝人性的"基因武器"（例如"超级出血热菌"转基因武器），我们能怪罪于1953年发现并建立了DNA双螺旋结构分子模型，从而开创了分子生物学时代的美国的沃森和英国的克里克吗？第二次世界大战时，美国人在日本广岛投了原子弹，以及前不久日本福岛核电站的核泄漏事故（号称技术立国的日本工程师竟然采用了最为原始的第一代和第二代铀钚混合氧化物快增殖反应堆技术，不知道下的什么烂棋），我们总不能把居里夫人也拉出来"陪绑"吧！

我们来看看近百年前梁启超是怎么说的。

1922年，梁启超在《科学》杂志七卷九期上发表的《科学精神与东西文化》（八月二十日在南通为科学社年会讲演）这篇文章中提到：

> 中国人对于科学的态度，有根本不对的两点：其一，把科学看太低了，太粗了。我们几千年来的信条，都说的"形而上者谓之道，形而下者谓之器""德成而上，艺成而下"这一类话。多数人以为：科学无论如何如何高深，总不过属于艺和器那部分，这部分原是学问的粗迹，懂得不算稀奇，不懂得不算耻辱。又以为：我们科学虽不如人，却还有比科学更宝贵的学问……其二，把科学看得太呆了，太窄了。那些绝对的鄙厌科学的人且不必责备，就是相对的尊重科学的人，还是十个有九个不了解科学性质。他们只知道科学研究所产生的结果的价值，而不知道科学本身的价值；他们只有数学、几何学、物理学、化学等概念，而没有科学的概念。他们以为学化学便懂化学，学几何便懂几何；殊不知并非化学能教人懂化学，几何能教人懂几何，实在是科学能教人懂化学和几何。他们以为只有化学、数学、物理、几何等才算科学，以为只有学化学、数学、物理、几何等才用得着科学；殊不知所有政治学、经济学、社会学……中国人对于科学的看法大率如此。我大胆说一句话：中国人对于科学

这两种态度倘若长此不变，中国人在世界上便永远没有学问的独立，中国人不久必要成为现代被淘汰的国民。

我国学会的老祖宗"中国科学社"学者的话，今天读来，还是发人深省。

四、塑造我们心灵的是文学艺术

1. 文学艺术追求的目标是真善美

路甬祥于 2001 年 6 月 8 日在《科技日报》上发表的《创新是科学与艺术的生命；真善美是科学与艺术的共同追求》一文中说："文学艺术总是以真善美作为自己的崇高目标。（文学艺术）反映、描述、表达文学艺术家对自然、人生和社会真实的感受和情感；引导、鼓励人们从善、向上，弘扬人类高尚的情操、品格和道德；歌颂和追求人与人、人与自然和睦和谐相处的美好境界。它是人类创造力升华的结晶、人类文明进化的象征。可见，真善美是文学艺术追求的目标。"

文学艺术是人类对自然、人生和社会的客观记录与反映，也是文学家、艺术家心灵感受及其感情独特的表达与描述。它不仅需要对客观世界深刻的观察与体验，而且需要独具匠心的概括和表现。文学艺术的美感，不仅使人们能够超脱，而且更能在无形之中影响人们对人生所采取的基本态度，甚至塑造我们的人格，形成人生的价值观念。这是文学艺术的人文内涵。

2. 人文精神是人性真善美和民族性的体现

文章开头提到的那个机器人，追着工程师索要的灵魂，笔者认为：它要的是一颗人文精神的心灵，用以作为行动的指南。

人文精神是人性真善美和民族性的体现。对人性真善美的追求与弘扬是人类共同的特征与良知。真善美是保证人类文化活动，并不断促进文化活动的价值观念。它能促使人成为真正的人。人文精神除了具有普遍的意义外，还有着民族的特色，是一个民族在认识自然、观察社会、反省自身的长期实践过程中逐渐形成的一种精神。它是为民族大多数成员所认同和接受的思想品格、价值取向、道德规范的总和，是一个民族赖以生存和发展的精神支撑。

五、让世界充满爱

高亮之在他的著作《爱的哲学》中，探讨了人类的本质，探讨了人的天性，以及爱与真善美的关系。他认为，真善美是人类所追求的三个最高理想，而爱也应列入人类的最高理想。但是，爱与真善美相比，有它独特的性质。符合真善美的事物主要存在于客观世界，它们本身并不是人的一种感情。而爱来自人的内心，是一种理智的感情、一种生命的本质、一种生命的力量。这种生命力可以推动人类进行不懈的努力，去追求、实现真善美，去创造出世界上原来没有的、美好的事物。笔者以为，"爱"也应列为人文精神的重要内涵，是人性中应该大力弘扬的重要元素。

柏拉图说："爱的力量是伟大的、神奇的、无所不包的。"世界上一切麻烦的根源，都因为缺少了"爱"。生态环境要靠爱的力量来维护；和谐社会要靠爱的力量来维持。"爱"是人类的一切最高的幸福的源泉。

让世界充满着爱！让人间充满着爱！

原载《科普研究》2012 年第 4 期

行走在科学与艺术之间

——读安娜·帕福德的《植物的故事》

刘 巍

　　如果有人问我对植物的命名了解多少，我的答案应该和大多数普通人一样，仅仅知道一个叫卡尔·林奈的瑞典植物学家于 1753 年所提出的拉丁文双名命名体系。这也是学校的科学教育给我们带来的结论。但是安娜·帕福德却在《植物的故事》中告诉我们说，人类对植物命名的努力其实早在 2300 多年前就开始了。当时亚里士多德的学生狄奥弗拉斯图，最先开始搜集有关植物的信息，并首次提出关于植物的重大问题，如"我们收获的是什么""我们怎么区分这些植物"等。后世的哲学家、医生、药剂师们在画家、雕版师的帮助下，为破解狄氏的谜题做出了不懈努力，他们于科学与艺术之间，走出了一条充满艰辛而又满载趣味的小路，并最终建立起了一套完整的、图文并茂的植物分类体系。

一、艺术辅助科学

　　除引言与尾声外，本书分为 24 个章节，以时间顺序介绍了植物命名的历史过程。如前所述，故事开端于狄奥弗拉斯图的谜题。他的两本著作——《植物问考》和《植物本原》于公元前 300 年奠定了植物学的发展基础。他受导师亚里士多德的影响，想对植物的特征做出有效的描述，继而找出植物的灵魂所在，并将植物进行分类。他尝试了不同的分类方法，结果发现其中任何一种都难以达到普适的效果。同时他还发现了植物的"同物异名"现象，这一直是植物命名过程中的绊脚石，而且随着文化交流范围的扩大，它带来的麻烦越来越多。因此植物插图的重要性就日益突显出来。

博物学家普林尼是最早在著作中加入植物插图的人，在他之后出现的草药书、植物志多配以插图，以帮助读者辨别植物。据作者安娜·帕福德考证，其中较为重要的有公元512年，君士坦丁堡市民献给朱丽安娜·阿妮希亚公主的包括383幅植物插图的汇编植物宝典；11世纪时由胡纳因翻译成阿拉伯文的迪奥斯科里季斯的医学著作，有成书于1280年至1300年间的《草药论》，有1390年左右在意大利帕多瓦出现的《卡拉拉草药集》，彼得·舍费尔的《健康花园》（1485年），奥托·布伦费尔斯的《活植物图谱》（1530年），莱昂哈特·富克斯的《植物志》（1542年）和未出版的《植物大百科》，康拉德·格斯纳的《植物目录》（1542年），安德烈亚·马蒂奥利的《迪奥斯科里季斯著作释义》（1544年），安德烈亚·切萨皮诺的《论植物》（1583年）及其制作的植物标本集，威廉·特纳的《新草本志》（1564年），约翰·杰拉德的《草药》（1597年）以及约翰·雷的《英格兰植物图谱》（1670年）等。

纵观这些著作的插图，我们可以清楚地划出科学与艺术日益融合的相交轨迹。植物插图在出现之初，并没有对有效分辨植物提供多大帮助。帕福德对影响插图准确性的因素做了较为详细的分析，其中有的是来自于技术方面的限制，而有的则可归为某种思想、纲领或精神的影响。

早期的插图画尤其喜欢展示植物的根部，因为"古人认为根部是植物最为基础的部分，那个时期的许多药物都是以植物的根部作为原材料，而不是以叶子或者种子"。而且所有插图都被过于风格化了，就像是"织物印刷或者镂空墙纸的标准模板"。插图所使用的颜料也非常有限，几乎所有植物都用绿色、蓝色、咖啡色、赭石色来描绘。此外由于印刷术尚未发明，所有书的副本都是人工临摹而成，因此经过多次临摹之后，副本和原本的差距往往越来越大，导致副本的插图错误百出，使用此书的人若"按图索骥"就会被弄得一头雾水。

中世纪早期，"草药书中的植物插图曾一度出现盲目抽象化的局面。"基督教提倡的"每日自省吾身"教条"成为学者们在探索及调查过程中发挥独立精神的障碍"，"人们的思想变得更简单，行事更机械化的同时，几乎不再对自然主义的细节描述抱有任何兴趣"。这种思想体现在植物插图上，就是画家们过于简化植物的细节，使得读者无法正确辨识。

当欧洲处于黑暗的中世纪时，阿拉伯的科学取得了迅猛发展。但植物学著作插图风格的转变却并没有那么迅速。这和《古兰经》的教义有关，它规定伊斯兰教民不得绘制人、动物或植物的画像，所以当时阿拉伯人植物著作中的插图都不是画家直接观察大自然后绘制的，这些图更像是画家依据想象而为之，比如在有的插图中，植物竟然从球茎中长出像狼尾巴一样的东西，令人匪夷所思。

1280年至1300年间完成的《草药论》一书则在插图的风格上发生了彻底转变。此书有406幅插图，全部用钢笔和水彩绘制而成。每幅插图上只有一种植物，"却将植物的花朵、种子以及它们在茎干上的排列方式等重要特征意义呈现出来。"插图画家注重细节，突出特点，并采用了非常规的大幅开本，栩栩如生的图片周围还配有文字介绍，非常方便读者比对辨识。不过很可惜这本书尚未传入欧洲就消失了。

欧洲的植物著作中插图风格发生类似转变的是成书于1390年至1403年间的《卡拉拉草药集》。书中虽然只有50幅插图，但是这些绘制在羊皮纸上的树胶水彩图，每幅都构图整齐，造型逼真。这位插图画家"堪称14世纪插图艺术先行者中最具摒弃旧模式之信心，且敢于大胆寻找并'直面自然'之第一人"。

随之而来的文艺复兴运动则促成了艺术与科学的完美结合，达·芬奇是跨越这两座大山的著名人物。他认为"加强艺术表现和保持植物原貌，二者同样重要"。而此时，"一位画家是否能真实地再现自然景色，已经成为当时衡量画作的一根准绳"。

画家风格的转变，加之纸张取代羊皮纸成为书籍载体（1340年，意大利建成了欧洲第一家造纸厂），雕版印刷术的风行（约1400年被引进欧洲），植物著作中的插图愈来愈精美，与原物的差距越来越小，这要归功于一批卓越的插图画家及雕版师。其中包括《活植物图谱》（1530年）的插图画家——著名版画大师丢勒的学生汉斯·魏迪兹以及为莱昂哈特·富克斯的《植物志》（1542

年）绘图、雕版的阿尔布雷希特·迈尔、海因里希·福茂尔和法伊特·鲁道夫·施配克尔等。

此后的植物书籍则不光栩栩如生地绘制了植物插图，有的还着重表现了植物的花瓣、花粉囊以及荚果。显微镜发明之后，一些植物学家，如意大利植物学家马尔切洛·马尔皮吉和英国博物学家尼赫迈亚·克鲁等还绘制出了更加真实的植物微观剖面图，这为林奈拉丁文双名命名体系的出现提供了极大帮助。

二、科学借鉴艺术

达·芬奇在《论绘画》一文中给画家提出了很多建议，"描绘秋天的植物，要注意表现植物特征的变化。开始，只有老枝上的叶子枯萎凋谢——当然，落叶的多少、快慢，取决于植物生长在肥沃还是贫瘠的土地里……无论是画草场、石头、树干，还是其他东西，色调都要尽可能地丰富，因为大自然本身就是千变万化的。"在以观察作为主要科学研究方式的时代，这些建议同样适用于科学家们。事实上画家与科学家一样，都是在细致地观察自然，然后把自己看到的"科学事实"再现于画布上。《植物的故事》一书中就提到了不少这样的例子，比如丢勒的写实水彩画名作《青草地》（1503年）。在这幅画中，丢勒采用蚯蚓的仰视视角，描绘出了长满了牧草、婆婆纳、蒲公英、狗舌草、雏菊、大车前草、康穗草等植物的生机盎然的柔美的春天青草地景象。而文艺复兴时期的很多画作上都能看到美丽植物的身影，比如多梅尼科·韦内齐亚诺的《圣母子》（1445年）背景中娇柔的玫瑰花，雨果·凡·德·胡斯的《波尔蒂纳里祭坛画》（1476年）前景中绘制的鸢尾、耧斗菜和百合花以及阿莱索·巴尔多维内蒂的《穿黄衣的女人》衣袖上漂亮的棕榈叶。欧洲人移居美洲大陆后，一些画作上也相应地出现了新奇的美洲植物，比如在阿尔伯特·埃克霍特绘于1641年的《提花篮的女孩》中就能看到黄色的美洲鹤望兰。

这些凝固在画布上的"科学事实"不光装点了画家的画作，给观众带来了美的享受，也为科学家提供了某些方面的研究依据。前面提到的那些名画，为植物学家编写地方植物志和确定植物的传播路线提供了佐证。

无独有偶，印象派大师莫奈的画作也为伯明翰大学的气象学家约翰·索恩斯提供了研究 19 世纪伦敦天气状况的线索。莫奈于 1899 年至 1901 年间旅居伦敦，并创作出了《雾中的滑铁卢桥》《查林十字街桥》等著名画作。这些画作的色调呈现出了浓郁的黄、橙、蓝、紫色。索恩斯认为这些丰富的色彩是当时伦敦空气状态的真实反映。

19 世纪的英国，工业革命开展得如火如荼。而煤炭是支持工业革命的核心燃料，经济和技术飞速发展，伴随而来的是城市污染急剧加重。当时工厂多建在市内，且采用蒸汽机作为动力，还有那些泰晤士河上忙碌的轮船，它们夜以继日地燃烧煤炭，排出烟尘，而居民家庭也多采用烧煤取暖，致使煤烟的排放量急剧增加。在无风的日子里，烟雾会笼罩在城市上空久久不散，烟雾的颜色和燃烧所使用的煤的成分相关，高硫含量的煤燃烧后排出的烟雾就是黄色的，焦油应该是黑色烟雾的"罪魁祸首"，而煤中含有的苯胺和苯酚类化合物以及空气中的粉尘则造就了红雾和紫雾。莫奈以敏锐的感觉，细致的观察，为当时的伦敦留下了一幅幅真实的光影大作。

而著名画家梵高的《向日葵》与《星夜》也为科学家的研究带来了不少启发。他们为了研究艺术与生态的关系，就把《向日葵》与高更的《一瓶花》以及其他几幅主题为陶器及啤酒杯的名画复制品放在一起，观察刚培育出来的大黄蜂接近和降落在它们上面的次数。结果发现大黄蜂在《向日葵》上降落次数最多，其次为《一瓶花》。这个实验表明，以花蜜和花粉为食的昆虫，对自然植物有天然的亲近感，而对没有生命的物体，如陶器和啤酒杯则天生不感兴趣。梵高的另一幅画《星夜》则可能为物理学家破解科学谜题提供了新思路。墨西哥国立自治大学的研究人员对这幅画进行了一些定量的研究，发现画里出现的那些深浅不一的漩涡竟然和半个世纪后科学家用来描述湍流现象的数学公式——"柯尔莫哥洛夫微尺度"不谋而合。数学与艺术之美在梵高的画中达到完满统一。

三、科学·艺术·和谐

西方最伟大的哲学家之一柏拉图将世界分为"现象世界"和"理念世界"。

认为我们生活的这个世界是"现象世界"，靠人的感官来感知，而不同人感知的结果很有可能是不一样的，因此感觉到的事实是虚假的。所以他在现象世界之外设立了一个真实的本体世界，即"理念世界"与之相对。现象世界是感性的世界，而理念世界则是理性的世界。艺术正是对不真实的现象世界的感知与反映，而科学是对理念世界的探索，它属于理性思维，并以求知为目的，以逻辑为工具，寻找事物间的因果关系。因此自柏拉图后，西方传统哲学长期贬低艺术而褒扬科学。

其实人是感性和理性的统一，传统哲学割裂二者的联系，否认现象世界的真实，并不利于创造一个和谐的精神世界。如海德格尔所言，"我们用天平称出了石头的重量，但是沉重本身却不见了；我们把颜色归结为光波，但是颜色本身却隐退了。数字代替不了人的活生生的感觉。我们用科学方法把'红'的颜色归结为一定长度范围内的光波，但是现实生活中的红千姿百态，它们的意蕴根本不能用精确的数字来表达。例如少女脸上的红晕，黎明灿烂的朝霞，早春初开的花朵和深秋霜打的枫叶，仇人的和亲人的鲜血，公鸡鲜红的鸡冠，人瞪着血红的眼珠……现实生活中的红色有无穷无尽的意味，这是无法用数学来准确加以把握的。"

而《植物的故事》一书却给出了艺术与科学和谐统一的绝佳例证。艺术家们正是以其对自然的感觉辅助植物学家在理念世界建立起了植物分类体系，而科学家们也在艺术家的作品中找到了不少对科学研究的启示。

另外值得一提的是，此书不光包含了众多关于植物命名的科学知识，同时158幅精美的彩色插图也令人赏心悦目。在小说《爱丽丝漫游仙境》开篇，爱丽丝非常不喜欢姐姐正在读的书，因为"那本书里既没有图画又没有对话，那还有什么意思呢？"于是她才被那只揣着怀表的兔子所吸引，并随之漫游了奇幻的地下仙境。由此可见，对书籍而言，漂亮的插图的确是吸引读者的重要法宝。这也是我在满架图书中发现《植物的故事》并最终买下它的原因。

原载《科普研究》2012年第5期

漫话维多利亚时代的科学与文化

刘 钝

维多利亚女王活到 82 岁，在位 64 年，是世界上在位时间最长的君王之一。她在世的时候，大英帝国的实力达到巅峰，不独是经济和军事力量，科学和文化也都走在世界前列。今天这个短小的演讲，肯定会挂一漏万。这里先借用英国著名传记作家斯特拉齐的一句话来为自己的冒失辩护，那就是"谁也写不出一部维多利亚时代史，因为我们对它知道得太多了"（《维多利亚名人传》前言）。由于内容过于丰富庞杂，下面我只能为大家提供一些万花筒式的图像，尝试从几个不同的角度将 19 世纪下半叶英国的科学与文化拼接在一起。

一、第一个话题，场：恩格斯漏掉了什么？

大家都知道恩格斯在《自然辩证法》中提到了 19 世纪自然科学的三大发现，即细胞学说、能量守恒和转化定律以及演化论。作为一位非学院出身的政治人物，他的认识是相当深刻的，以上三项发现确实是当时人类在认识自然规律方面达到的顶尖成就。其中两项属于生命科学，一项属于物质科学。

那么是否有所遗漏呢？或者说，在 19 世纪后半叶，还有哪些科学成就，在影响人类对世界本原的看法上堪与以上"三大发现"相比呢？

就生物学领域而言，还有一个极为重要的发现，虽然没有达尔文的演化理论那么大的影响，但至少要比施莱登和施旺等人开创的细胞学说重要得多，那就是由孟德尔所开启的对生命遗传规律的认识，它可以说是一场直到今天还没有画上句号的生物学革命的源头。从 1856 年到 1863 年，孟德尔在今属捷克摩拉维亚的一个修道院里进行了 8 年的豌豆杂交实验，从而发现了生物遗传的一些规律。他于 1865 年完成报告，1866 年正式发表文章，但长久没有人认识到其发现的意义。直到 1900 年以后，他的工作才被重新发现并引起遗传学家们的重视。总之，当时的孟德尔只是一个默默无闻的修道院里的小"和尚"，没有足够的影响力，恩格斯不知道他毫不为奇。恩格斯也是一位了不起的人物，他没有上过大学，更没有接受过严格的科学训练，但他十分关心 19 世纪自然科学领域的最新进展和技术创新。

在恩格斯时代的物质科学领域，可以与他所归纳的"三大发现"意义相当的还有门捷列夫发现的元素周期律（1869 年），恩格斯也提到这是黑格尔量变到质变学说的一个光辉例证。不过这不是本文要讨论的议题。

这里我们转到物理学，其中的一个重大进展就是在 19 世纪后半叶的英国完成的。1831 年，法拉第通过实验发现了电磁感应现象，又借助直观的力线概念加以解释。法拉第的继承人麦克斯韦是维多利亚时代的知识英雄，他于 1861 年提出了磁力线的直观模型，到 1865 年发表《电磁场的动力学理论》，将法拉第的力线概念数学化，又引入场的概念，以一组漂亮的微分方程将电与磁的关系表达出来。

统一的电磁场理论的最终完善，是培根所提倡的实验传统与伽利略为代表的将自然数学化的完美结合，它标志着蒸汽时代向电力时代的过渡，也导致了后来人们对时空场结构与电磁场量子化的进一步认识。麦克斯韦是横亘在经典物理学与现代物理之间的一座大山，他的电磁关系方程式堪称物理学中的"神曲"。如果人们要在牛顿和爱因斯坦之间选择一个人作为物理学家代表的话，我将把票投给麦克斯韦。而他的电磁学理论和"场"的观念逐渐得到科学界的承认并被实验证实的时间，正好是恩格斯写作《自然辩证法》的时代。

二、第二个话题，科学中心：汤浅光朝有点"浅"

日本神户大学的科学史家汤浅光朝在英国人贝尔纳研究的基础上，利用《科学技术编年表》等文献资料，采用科学计量学的方法，于 1962 年提出了一个"科学中心转移论"。其大意是：16世纪世界科学的中心在意大利，即文艺复兴之后伽利略的祖国；17世纪科学中心转到了英国，也就是早期工业革命、皇家学会与牛顿等人登场的舞台；之后是启蒙运动之后直到大革命时代的法国；从1810年至1920年德国开始成为世界科学的中心；从第一次世界大战直到今天则是美国科学执世界之牛耳。

然而维多利亚时代英国科学的天际群星璀璨，在数学和自然科学的众多领域，19世纪的英国（包括当时尚未独立出去的爱尔兰）都有杰出的科学家和重要的科学成果，下面只列出其中的一些代表人物。

数学家：皮考克、巴贝奇、哈密尔顿、德·摩根、西尔维斯特、布尔、凯莱、J.维恩、W.K.克利福德、亥维赛、皮尔逊、怀特海；

物理学家：法拉第、W.惠威尔、焦耳、G.G.斯托克斯、丁铎尔、J.K.克尔、威廉·汤姆生（开尔文勋爵）、J.W.斯特拉特（瑞利勋爵）、G.F.菲兹杰拉德、J.J.汤姆生、C.T.R.威尔逊；

化学家：道尔顿、H.戴维、W.克鲁克斯、W.拉姆塞、W.谛拿尔娄；

天文学家：J.F.赫歇尔、W.拉塞尔、J.C.亚当斯、N.普森、G.H.达尔文、E.W.蒙德；

生命科学家：R.布朗、胡克父子、R.钱伯斯、高尔顿、华莱士、利斯特、贝特森；

地学家（含地质、古生物、地理、探险等）：赖尔、塞吉威克、欧文、D.利文斯通、R.伯顿等。

特别是还有达尔文与麦克斯韦这样超一流的科学巨星，超一流是世不二出、独领风骚数百年的人物。借用天文学家普森对可视星亮度的分级标尺，将肉眼能看见的最暗星定义为6等，最亮的星是1等，前者的亮度仅相当于后者的1%；而1等星与2等星之间的亮度比是2.5。苏联物理学家朗道的标尺间隔更大，他认为第一流物理学家的贡献比第二流多10倍，而爱因斯坦那样的超一流与二三流物理学家的差距则非比寻常。

维多利亚时代的英国出了个绝世无双的达尔文，又有足以继承牛顿交椅而开启爱因斯坦圣殿的麦克斯韦，很难说它不是世界科学的中心。

三、第三个话题，绅士科学家：高尔顿们

古希腊的"爱智者"多是不愁生计的自由民，对大自然奥秘的探究主要出于好奇而无今人那样强烈的功利目的。英国历史上出现过一些特别的人物，有人把他们叫做"绅士科学家"。按照一位美国学者的描述："他们对所有门类的知识都感兴趣：考古、地质、天文……没有一种科学在外。他在柴房里有一个化学实验室，他的妻子在寒冷的冬夜里发现他衣着单薄地在室外用望远镜凝视星空。他的兴趣也许是发现早期居民的坟场，或堆积在当地荒丘上的印第安人的骨骸。"

英国最有名的"绅士科学家"是卡文迪什，但他不是维多利亚时代的人。卡文迪什出身贵族，年轻时是剑桥大学彼得豪斯学院的学生，但是他不好好念书，父亲因此很生气，只给他一点糊口的钱。后来卡文迪什周游世界，回来后就在自己家里建立了一个实验室，进行了大量物理、化学方面的研究，发现了水的组成和氢气的性质，预言了稀有气体的存在，发明了测量地球密度和引力常数的方法，还发现了电学中两个最著名的定律：库仑定律和欧姆定律。但他不与人交往，终生未娶，从不理财，也不屑于发表自己的研究成果。直到维多利亚时代，麦克斯韦将他的研究成果整理出来以后，人们才知道这位隐士般人物的成就。

另一位有趣的人物是托马斯·杨。他是一名医生，也很富有，几乎会演奏当时的所有乐器，擅长骑马，会耍杂技，走钢丝。同时他广泛涉猎光学、声学、流体力学、数学等科学领域，还自己动手制造天文仪器，研究保险问题。更令人惊奇的是，他是最早解开埃及象形文字秘密的两位学者之一（另一位是法国人商博良）。我把他叫做"玩主"，他也是前维多利亚时代的人。

维多利亚时代"绅士科学家"的代表是优生学的提倡者高尔顿，他是达尔文的表弟，家庭富有，衣食无虞。在对遗传规律感兴趣之前，他的主要成就是在地理探险、气象学、心理学和人类学方面，他也是指纹学的开创者。他有一

句名言："无论何时，能算就算。"高尔顿是伦敦生物统计学派的创立者，但从不在大学或研究机构任职。他对生物统计学的最大贡献是引进了两个重要的概念：相关与回归。特别是后者，被人称为"生命常青系数"。

再来看看年轻的达尔文，说他是"纨绔子弟"并不夸张。他出身高贵，父系和母系前辈中不乏闻人。先在爱丁堡大学医学院学习，但他讨厌解剖学教室里的血腥气息。从当时他与家庭的通信来看，父亲对他的学习成绩和生活态度很不满意；后来只好把他送到剑桥基督学院学习神学，在老人眼中牧师也是一个令人尊敬的职业。2009年为了纪念达尔文诞生200周年与《物种起源》问世150周年，这所学院在庭院的一个角落安放了一尊雕像，年轻的达尔文斜坐在长椅的扶手上，风流倜傥的样子完全不是人们印象中那个老成持重的形象。其实达尔文也不喜欢神学，在剑桥的多数日子他都忙于参加博物学小组的活动和野外考察。1831年机会来了，达尔文以博物学家和舰长伴侣的身份参加"贝格尔"号的环球考察。舰长是贵族出身并热爱自然科学的费兹罗伊，但那个"伴侣"身份是要自付食宿费用的，而且价格不菲。幸运的是另一位竞争者后来放弃了。这一去就是五年，回来后达尔文娶了比他大一岁的表姐为妻，这是一块真正的"金砖"，因为女方（也是达尔文的母系方面）是皇家瓷器商的后人，嫁妆颇丰。之后将近20年的时间里，达尔文都在家里整理考察搜集到的标本和资料，关于生物演化的想法他只对少数密友讲过。直到有一天他突然收到一位年轻博物学家华莱士从印尼寄来的长信，发现其中已含有类似的想法。达尔文的第一反应是烧掉自己的手稿并向林奈学会推荐华莱士的文章，只是在知晓内情的朋友赖尔与胡克的坚决劝说下，他才同意将自己的成果与华莱士的文章一道发表。

四、第四个话题，应运而生的大侦探：福尔摩斯的科学素养

财富分配不均引起犯罪率增长，这一点构成了侦探小说流行的社会基础。达尔文的后辈校友柯南道尔塑造的福尔摩斯，是一个通晓多门自然科学知识、精于观察和逻辑推理的侦探，他的助手华生则是实验与分析的高手。科学深入

维多利亚时代普通民众的生活这可以算一个佳例。

柯南道尔从爱丁堡大学医学院毕业后，一面开业从医，一面开始写小说，1887 年出版《血字的研究》一炮而红，从此一发不可收拾，到 1893 年写《最后一案》时，他已感到疲倦，于是让福尔摩斯殉职了。结果引起读者的强烈不满，柯南道尔只好继续写下去，一生共写了 120 种小说，其中一半是福尔摩斯探案故事。在这些故事中，作者经常强调福尔摩斯的化学、地质学、解剖学、植物学知识对于破案的作用，并屡屡通过助手华生之口，说明逻辑推理的力量，宣传福尔摩斯不同于苏格兰场警员的是"科学探案"。

在《血字的研究》一开头，作者就借助华生的一个老熟人小斯坦弗之口说道："我看福尔摩斯这个人有点太科学化了，几乎近于冷血的程度。我记得有一次，他拿一小撮植物碱给他的朋友尝尝。你要知道，这并不是出于什么恶意，只不过是出于一种钻研的动机，要想正确地了解这种药物的不同效果罢了。平心而论，我认为他自己也会一口把它吞下去的。看来他对于确切的知识有着强烈的爱好。"

随着福尔摩斯探案故事的走红，许多仿作也纷纷出笼，一部名为《神秘的中国船》的作品杜撰了一个以所谓"电力移位"为依据的科学骗局，内中提到许多重要的科学史实和重要的当代科学进展，涉及的人物包括爱迪生、法拉第、约瑟夫·亨利、本杰明·富兰克林、德谟克利特、丁铎尔、康拉德、伦琴、居里夫人及皮埃尔·居里等。

值得注意的是，比柯南道尔稍迟，英国又出了一位叫做切斯特通的作家，创造了一个不同于福尔摩斯的侦探形象，名叫布朗神父。这些作品带有一定的神秘色彩，强调心理分析与灵感，与福尔摩斯注重物证和推理完全相反。布朗系列的侦探小说只有很少几个短篇被翻译成中文，但在维多利亚时代之后的 20 世纪初与福尔摩斯系列一样流行，真是"萝卜青菜，各有所爱"。

五、第五个话题，文学与科学：从狄更斯到威尔斯

维多利亚时代的文坛也是人才辈出：狄更斯、萨克雷、勃朗特姐妹、乔

治·艾略特、哈代、王尔德、华兹华斯、丁尼生、勃朗宁夫人、马修·阿诺得、卡莱尔等人的名字，对每一位英国文学的爱好者都是耳熟能详的。那是一个崇尚科学与进步的时代，也是科学与宗教的矛盾、科学与人文的冲突逐渐激化的时代，这些在当时的文学作品中都有所反映。

比如说哈代《塔楼上的两个人》就描写了主人公们在天文台上探索太空的情景，作者在再版序中提到写作此书的动机是"试图通过两个渺小生命面对宏大星际世界的对话来建立他们的感情史，从而向读者传递一个具有鲜明对比意义的观念：微小的可能成为伟大的，就像人类一样"。艾略特的《米德尔马契》以进化论的观点考察人生，内中塑造的大约 150 个人物被安置在错综复杂的社会关系中，再现了一个完整的英国乡村社会结构，这一结构服从生物生存的规律。狄更斯称"科学让我们摆脱迷信，也让我们认真思考更好更美的事物，提升灵魂，更加崇高"。他在《艰难时世》《我们共同的朋友》和《小杜丽》中都创造了与科学有关的形象，既有正面的也有反面的。更令人称奇的是，狄更斯还以他的生物学家朋友欧文和计算机先驱巴贝奇为原型创造书中的人物。

1983 年，剑桥大学的英国文学教授毕尔出版了一本名为《达尔文的密谋》的专著，内中令人信服地揭示了达尔文的生命演化理论对艾略特、哈代等人的影响。她认为，在维多利亚时代存在着一种共识，使得"科学家与非科学家之间能够自由而迅速地"交换思想、隐喻和叙事模式。美国人莱文则在 5 年后出版的《达尔文与小说家们》中讨论了狄更斯和其他一些英语作家与进化论的关系。在莱文看来，维多利亚小说不过是维多利亚科学的"文化孪生子"（cultural twin）：维多利亚科学思想的要素——真理、超然和自我克制，在维多利亚作家的伟大美学思想中都有回应。

维多利亚时代最富战斗精神的自然科学家是托马斯·赫胥黎，他与牛津主教关于生物进化的辩论早已脍炙人口，但很少有人知道他与"英伦大儒"阿诺德还打过一场恶仗，后者是当时英国最有名的文学批评家。他们的辩论事关科学教育和人文教育之间的冲突，可以说是 20 世纪中叶斯诺演讲（1959 年）之前有关科学与人文关系的最高水平论战。

威尔斯是赫胥黎的学生，后来成为科幻小说的鼻祖。他的几部有名的科幻小说都出现在维多利亚时代晚期。今天我们读到的形形色色的当代科幻小说，或看过的根据前者改编的科幻大片，基本元素都可在威尔斯的作品中寻到踪影。如《时间机器》（1895 年）中的超越时空和返回过去，《莫洛博士岛》（1896 年）中的兽人，《隐身人》（1897 年）中利用自己的发明危害社会的科学家，《星球大战》（1898 年）中人类与外星文明的接触等。

六、第六个话题，徒弟盖过师傅：赫胥黎与丁铎尔

赫胥黎号称"达尔文的斗犬"，丁铎尔是法拉第的高足。从某种程度上讲，他们二位在维多利亚社会上的名气比其导师还大，这与他们热衷于向公众普及科学知识大有关系。

达尔文是不喜欢与别人争论的，由于宗教的原因，他的学说在社会上引起了轩然大波。代替他出场应战的是赫胥黎，后者不但因为与牛津主教辩论而名声大噪，而且不遗余力地以各种方式宣传和捍卫进化论。中国人得知进化论，在很大程度上也是阅读了严复翻译的赫胥黎的《天演论》，尽管此书和中译本与达尔文的原始思想都有较大的偏离。

赫胥黎还与不少科学界的同行斗过嘴，包括与数学家西尔维斯特就数学的本质，以及与物理学家开尔文勋爵就地球的年龄，后者也与进化论和《圣经》的"创世纪"传说有关。

法拉第倒是重视与公众交流。不过到了维多利亚时代他已垂垂老矣，承袭他衣钵的人就是丁铎尔。今天看来，丁铎尔不过是位二三流的物理学家，然而在当时社会上的声望却如日中天，绅士淑女们都以听过丁铎尔的科学演讲为时尚。顺便说一下，国际知名刊物上最早发表的中国人的科学研究成果，就是以传教士傅兰雅给丁铎尔的一封信的形式出现的，那是 1881 年 3 月 10 日《自然》杂志上一篇题为"声学在中国"的短文，内中介绍了明代朱载堉对律管校正的方法及当时中国学者徐寿的实验工作。

赫胥黎、丁铎尔等人还组织了一个 X 俱乐部，其宗旨之一就是向公众传播科技知识。这个俱乐部的另一名重要成员是斯宾塞，他自学成才却无事不通，后来成了社会达尔文主义的提倡者。

七、最后一个话题，君子动口也动手：开尔文勋爵

承续培根传统的英国科学一向重视实验与归纳推理。法拉第之外的另一名角是威廉·汤姆生，后来因为科学贡献被王室授爵，遂以"开尔文勋爵"行世。科学上有许多以他命名的事物，最有名的当然是表示绝对温度的开尔文温标，其他还有开尔文循环定理、开尔文方程、开尔文公式、开尔文波、开尔文水滴、开尔文—亥姆赫兹不稳定性、开尔文—亥姆赫兹发光度、开尔文—焦耳效应、开尔文—斯托克斯定理、开尔文电桥、开尔文测试、开尔文探针等。

他的主要理论贡献在热力学和电磁学方面，特别是本演讲一开始提到的"三大发现"，其中的能量守恒与转换定律，后来被称作"热力学第一定律"，就是由他加以数学化的；"热力学第二定律"的建立也有他的很大功劳。

值得指出的是，开尔文还是一位优秀的实验物理学家与工程师，由他主持完成的大西洋海底电缆敷设工程是 19 世纪末的一项工程奇迹。晚清时代的许多西学著作和出洋人士的笔记中都提到过这一成就。1896 年夏天李鸿章作为钦差大臣访问格拉斯哥时，两人之间还发生过一场有趣的对话，这里就从略了。

最后总结一下，看看能否从这些七零八碎的图景背后找到什么有意义的东西？

现在我要把万花筒换成聚光镜，同大家一道观察和思考：所有这些美妙的图画为什么属于英国和维多利亚时代？而这一切对于我们今天的科学文化建设又有什么启发？

维多利亚时代总体上是进步向上的。政治上君主立宪制已很成熟，国内相对稳定，对外经过一系列的海外战争获得大量殖民地，成了真正的"日不落帝国"。贸易立国的国策与海外资源的保证，加上工业革命的胜利，使英国成为真正的"世界工厂"。另一方面，由于经济的快速增长，在表面的欣欣向荣背

后，也隐含着大量的社会问题，特别是财富分配的不公，马克思和恩格斯在很大程度上就是参照维多利亚时代英国的现状去考察与批判资本主义的。19世纪中叶，整个欧洲到处都爆发了革命，法国、德国、奥地利、匈牙利、意大利都出现流血斗争。英国也发生了持续多年的"大宪章运动"，社会上曾产生过激烈的动荡，但是基本上没有发生流血事件。1851年，英国成功地举办了世界上第一个博览会，为此兴建了水晶宫，维多利亚女王的丈夫阿尔伯特亲王亲自领导组织工作。博览会的盈利用作文化建设的资本，伦敦南肯辛顿一带的许多科学文化设施，如维多利亚与阿尔伯特博物馆、阿尔伯特厅（国家音乐厅）、皇家音乐学院、自然历史博物馆、科学与工业博物馆等，都是在这一"取之于民、用之于民"的思想指导下得以建成的。

说到启示，我在这里归纳出四点：第一，合格的现代公民应该具备均衡的知识结构和与时代相适应的终身学习的热情，在学习过程中要尽量做到科学、人文并驾齐驱；第二，社会和谐要求进步成果的合理分配；第三，在处理复杂的社会问题时要善于寻找平衡点，在诸如公平和效率、国家和个人、尊严和职守、信仰和理性、激情和冷静、斗争和妥协、权威和多元等问题上维系必要的张力；第四，现代化不仅意味着工业化和经济起飞，还应该体现在一个国家在社会生活、政治制度、市场环境、教育水平、公民意识和人民精神面貌发生根本变化这些方面。

原载《科普研究》2012年第5期

科普图书"再加工"的有益尝试

——以《彩绘名著科普阅读》和 《闪电球探长》为例

胡 萍

引进版科普图书近年来大有跃增之势。简单地将原书照搬照译无可厚非，但考虑到中外文化的背景差异等因素，有时进行适当的"再加工"也很有必要，而且会给原书增色不少。

一、以知识之链应对"拦路虎"

科学普及出版社（以下简称科普社）最近引进了由英国 DK 公司组织改写的《彩绘名著科普阅读》丛书。该丛书选择 10 本名著进行了改编，其中包括儒勒·凡尔纳的《海底两万里》、安娜·赛威尔的《黑骏马》、查尔斯·狄更斯的《雾都孤儿》和《圣诞颂歌》、丹尼尔·笛福的《鲁滨孙漂流记》等。它们都闻名遐迩并长久流传于世，堪称年轻的家长们为孩子挑选图书之必选。

《海底两万里》这部科幻小说问世于 1870 年，内中许多科学预言如今已经变成了现实，它们距离现实世界并不遥远。改编者以科学的视角审视每一页上的文字所涉及的知识点，将其扩展成短小精悍的文字，链接在正文旁边。这样，既补充了相关的科学史资料，又给孩子们无限的好奇心带来一点小小的满足与启迪。实际上，是用一条条知识的链子，把人类的过去、现在和未来串起来：基于现实编织幻想，经过一番努力将幻想变成现实，又在新的现实基础上构思更美的世界，再将它们一一变成现实……

我们都有这样的阅读体验：被故事深深地吸引，但不时也会遇到"拦路虎"——由于知识有限，不懂的地方只好忽略过去，这对读书人是个遗憾；而孩子"卡壳"了，一般都会缠着父母问这问那，但父母并非全能，这又成了父母的遗憾。可以想见，小读者的疑惑如果总也得不到解答，久而久之，也许就习惯了无解，失去了好奇，这是更大的遗憾。

《彩绘名著科普阅读》丛书恰恰弥补了这些不足与遗憾。在科普版《海底两万里》中，围绕"海"的主题，书中链接了"斯科迪亚号"客轮、独角鲸、美国海军驱逐舰、纽约港、渔叉，等等，当然也补充了其他方面的知识。小读者可以一口气读完凡尔纳写的故事，也可以时不时光顾一下书页两侧各种有趣的链接，从而让自己的好奇心得到一定程度的满足，乃至增强探索的欲望。儿童的这种好奇心，正是一个民族源源不断的创新活力的源泉。

不止于此，改编者还在文后做了其他一些"功课"。比如，《海底两万里》以具体而生动的例子，对凡尔纳作品的改编情况及广泛影响进行了解说。又如，《黑骏马》对安娜·赛威尔反对虐待马的创作意图做了背景介绍。尤其令人动容的是，在作者故去36年后，她的愿望终于得以实现：1914年英国皇家防止虐待动物协会（RSPCA）实施法令，拆除了马车上的轴式缰绳，孩子们终于可以为"黑骏马"时代的结束而欢呼雀跃了。如果说安娜·赛威尔有一颗热爱动物的童真的心，那么，编辑们则有一颗保护童真的善良的心。

二、以互动助力阅读思考

科普书难做，为儿童写科普书难乎其难。

由德国施耐德出版社出版的《闪电球探长》，是风靡全球的少儿科学探案系列图书，在德国本地畅销近30年，销量已超过400万册；该系列图书还被翻译成30多种语言在全球销售，并成功入选德国阅读阶梯系列推荐书目，广受孩子们的欢迎，在德国可谓家喻户晓。

科普社在引进《闪电球探长》系列图书时，并没有简单地将原书照搬照译，而是在忠实于原文的前提下，于每个侦探故事的结尾都增设了谜题。这样既可以培养孩子们反复阅读、检索阅读的能力，又能使他们养成阅读时主动总结故事大意和记忆故事重点信息的习惯。针对书中所呈现的闪电球探长行走于世界各地的探案故事，科普社将科学探案的过程与日常生活中的科普知识巧妙地结合起来：编辑们在每册书后特别设计了"科普知识串串烧"环节，将书中的侦探情节和科普知识融合在一起，在满足少年儿童探案好奇心理的同时，又授以其有趣且有用的科普知识。

比如，当电闪雷鸣时，你在房间里敢接听手机吗？或者走在空旷地带，遇雷雨天气时，你还敢用手机吗？有些胆子小的人，一遇雷雨天干脆就把手机关了。《闪电球探长·密西西比河失踪案》的"科普知识串串烧"给出了正确的做法。

闪电球探长的故事毕竟是德国人写的，它们都发生在西方世界的背景下，许多知识对西方小读者来说，可能是浅显的、甚至人人皆知的。如被称作"老人河"的密西西比河，新奥尔良与爵士乐的起源，波斯猫长什么样，关于葡萄酒的酿造传说。然而，这些内容往往会成为中国小读者阅读时的"拦路虎"，免不了留些遗憾。科普社推出的《闪电球探长》中译本充分考虑了这些中外文化的背景差异，把每本书涉及的西方历史知识都编排于文后，既有趣，又解渴。

更特别的是，书中还附带破案小工具（红色解密卡），帮助小读者检验自己的侦探推断是否正确。解密卡这一小工具无疑有助于提高阅读兴趣，激发小读者探索和思考的主动性；此外，在培养逻辑推理能力的同时，还养成了使用工具阅读的习惯，使小读者的思维能力得到训练，观察力、注意力、想象力得到提高。为了帮助小侦探迷们更深入地思考，每册书后设置了"小侦探在行动"互动环节。小读者们开动脑筋自己先设想种种破案方法，或者行动起来寻找答案，还可以上闪电球探长中文网站（http://www.sdqtz.cn）验证、求解。这种边读书边思考的习惯养成，对小读者今后的成长也是有利的。

科普社在原版书的基础上增加的一些环节，使得其中译本丰富了原著的内容，变得更加生动、有趣，并受到了原书作者的高度赞扬。作者同意科普社根据中国民众的喜好续编《闪电球探长》的续集；还有一些小读者们也热烈追捧，依照书中故事排演情景剧。

新近获悉，《闪电球探长》中译本首批刚出版8册，即当选2012年度中国桂冠童书。这说明，科普社的努力已然得到了"回报"。这是引进版科普图书的一次有益尝试。我们希望，它能给我国科普图书的引进出版带来启示。

原载《科普研究》2013年第2期

在量子论剧场里卖鸡蛋

金峥华

2012 年 6 月 22 日是端午小长假的第一天，上海科技馆里观众如织，不少观众正在"探索之光"展厅的"量子论剧场"里等待演出的开始。突然工作人员宣布"因为设备故障演出无法正常开展了"。观众席里一片诧异，一个背着双肩包的中学生开始抗议了，一个卖鸡蛋的老妇人出现了……原来这是一场全新的关于量子论的科普剧。观众在全然不知中被带入了情节，孩子们在一片惊喜中开始触摸科学的点滴。

人群中有两位头发灰白的法国人，正以孩子般兴奋和期待的目光注视着这一切。他们是法国勃艮第大学副校长丹尼尔·阿伊西瓦（Daniel Raichvarg）教授和法国科普表演专家米歇尔·瓦勒梅（Michel Valmer）博士，开头的这一幕也是他们精心导演的。在 2012 年 6 月 17 日到 6 月 22 日这一个星期里，法国勃艮第大学和上海科技馆、华东师范大学共同开展了为期 6 天的科普剧培训，排演了《普朗克与量子论》等四部剧目。

而在此之前，阿伊西瓦教授已经两次从法国来到上海科技馆面谈培训事宜，对 science theater（展厅科普剧）的表演形式和创作理念做了深入的介绍，也是在此过程中，我对展厅科普剧逐渐有了了解并产生了相当的认同感，最后的培训和排演过程，更使我看到之前探讨的理论是如何呈现的。

阿伊西瓦教授将他带到上海科技馆的这种演出称为 science theater，将 science（科学）和 theater（舞台戏剧）结合在一起产生的新概念，虽然字面上的含义与中文的"科普剧"相似，但它的形式和内容都更为独特。根据资料显示，英美国家从 20 世纪 70 年代开始，"在博物馆内将戏剧元素纳入教育活动之中，作为沟通展品与观众之间的中介。"science theater 大体包含有以下三种形式：第一，取材于科学世界的表演，如将某位科学家的生平搬上舞台；第二，利用高科技手段支撑的表演，如使用微型摄像头或多媒体手段，以及在科学场馆内以表达科学知识和思想为目的的演出；第三，用完整剧目表述与科学相关的内容。

阿伊西瓦教授口中不断重复的 science theater 应该更接近于第三种，鉴于这类短小的戏剧是结合展览内容并在展厅内演出，我暂且把它译为"展厅科普剧"。

阿伊西瓦教授口中另一高频词汇是 culture（文化），"把科学和文化融合在一起，把科学作为社会构成的一部分来阅读和表述"。而这个"文化"涵盖也相当广泛，可以是科学史或科学家的生平、个性，甚至是当下的世俗文化。

情节不单为解释科学、颂扬科学家服务，也是创作者观点和思想的表述。在新编的"普朗克与量子论"展厅科普剧中，由讲解员扮演创立量子论的科学家——普朗克。"普朗克"先是做了一次时下非常流行的"时空穿越"来到了观众当中，然后亲自为课业繁重、应付不了考试的学生带来了轻松的片刻，将常人不易理解的"量子"概念转化成看得见、摸得着的"鸡蛋"，一下将学生的好奇心激发出来了，急切地等待剧情的发展，完成了一次对深奥难懂的"量子论"基础概念的解读。虽然这样的情节没有深入欧洲的科学史，但却暗合了当下的流行元素和社会热议话题。当然如果将这部剧目进一步打磨，可以尝试将普朗克生平的故事和他的科学思想融入剧目中，比如凸显"他的假说与当时流行的物理概念完全对立，但他同时也是以顽固保守而著称的科学家"这一看似矛盾的现象。科学固然是用理性思维来描述这个世界的，但是每个科学史上的成就无不来自人的信念与执着，任何成果诞生的过程都是科学家充满科学信仰的励志故事。

任何一种艺术化的表现形式，只有感动自己才能感动别人。面对一定知识结构和社会阅历的成年人，与其向他们讲述科学的前因后果，不如与他们分享科学之美。

正如意大利里雅斯特大学 Giuseppe O. Longo 教授所言，"舞台表演本身并不需要科学原理，而是人的内心需要这种情感与理性、舞台与科学的结合，这一点即使对于科学工作者来说也不会例外。表演和科学之间的联系是由作为人的科学家建立起来的，而不是来源于科学的观点或概念。单纯着眼于要将科学概念舞台化，难免是极为单调和低效的。所以我力图聚焦科学家的性格、经历以及他们的梦想来抓住观众的心。用挫折与梦想呈现科学历程的真谛。"

"故事"总是对孩子充满着吸引力，而每个成年人其实也都有一颗"爱听故事的心"，拿了诺贝尔奖的莫言也说自己只是个讲故事的人。伦敦科学博物馆 1993 年的观众调查表明：93% 的受访者认为在博物馆内戏剧形式的诠释比展示说明传达的信息更多；90% 的受访者觉得演员让展览更令人难忘了；85% 的受访者同意"历史人物"的诠释让他们更想了解展示内容。讲故事使科学普及不再是"权威式"的公众教育，而是平等地"分享"对于科学和社会人文的一些思考和感悟，观众在分享的过程中学习。对于个体而言"教育"是来自外界的意愿，而"学习"是个体自发的需求，"教育"和"学习"是相联系却又有一定区别的概念。科学普及者往往不缺乏热诚、迫切的"教育"之心，但更需要放下"施教者"的架势，潜心思考提升"学习"兴趣的手段。

场馆科普剧是如何完成在故事中分享、在分享中学习的呢？大致有以下四点。

第一，当观众站在展品前时，一段权威的解释说明文字往往已经印在图文板上了，而展厅科普剧是要提供给观众一个独特的角度，经过创作者个人咀嚼体会形成的，不是科学概念的复述。"普朗克与量子论"科普剧在解释量子论的过程中，"普朗克"打了个比方：鸡蛋是一个一个卖的，没法半个半个卖，就如同粒子能量是一份一份的，无法再进行分割。科学传播的效果和接收者原有的科学认知体系有密切的关系，新的信息能否镶嵌到原有的知识结构中去，能否和原有的信息相匹配是很重要的。一方面，量子论讨论的是微观世界的物质，它和人们日常工作生活中形成的对物质的认识有相当的距离；另一方面，量子论是一个有着百年历史还未最终定论的科学话题，每个人都可能有自己的理解方式。所以如果故事只是刻板地复述理论或是重复历史，那么观众在一开始就不会有多大的兴趣，传播的效果也就无从谈起了。

第二，如果表演有台上和台下之分，那么舞台很容易就会变得像讲台了。分享中的学习意味着平等和交融。展厅科普剧完全运用展区现有空间及展项条件就地发挥，演出在人群中开始，也在人群中结束，演员甚至不使用扩音设备，这种方式的灵感或许是来自欧美国家常见的街头即兴表演吧。观众并没有主动做好观看的准备，只是演出开始时的一些元素首先吸引了他们，比如宣布"量子论剧场设备故障"的工作人员一出现即聚焦了观众的注意力，观众以最自然的方式进入了情节，这样也能提高他们的参与感和认同感。我记得当两位法国专家和演员们一起走进量子论剧场后，他们抛开原有的剧场内容，现实的剧场环境激发了就在量子论剧场里演卖鸡蛋的想法，于是后来也就出现了正文开头的一幕，以意外的"设备故障"作为开场，现场观众都在无意识中成了演出环境的组成部分。

第三，戏剧总是允许开放式的结尾，分享关于科学的各种思索或是困惑，甚至是矛盾的认识。正如爱因斯坦所说的"科学是永无止境的，它是一个永恒之谜。"明确的结论并不是展厅科普剧需要的，留有疑问和多重答案更能产生深刻的印象，引发思考。所以这个在量子论剧场里的额外剧目，只是用鸡蛋开了个头，用最浅显的表述，吸引人们对"量子"更深入的思考。

第四，包括场馆科普剧在内的任何一种科普形式不存在单独代替系统学习的可能和必要，所以在创作过程中，创作者可以从容地从分享个人理解和体验的角度出发，不必纠结于有没有把一个科学理论或知识百分之一百全面而完整地解释清楚。

人们在日常生活中就有着丰富的渠道体验对科学的认知。很多时候我们很难确切描述对某个科学认知的来源，越是复杂的，我们越是熟悉的，越是牢记的，越是如此，或许只有那些学生时代从课堂和图书馆获得的认知除外。因为我们现在正处在一个更广泛并可以无限衍生的现实生活中的信息网，比如最新的科技成果报道、最新款电子产品的广告、法医探案类的影视作品、移动媒体上的科普宣传、微博间的转载、朋友间的闲谈，甚至每天被地铁安检的经历，这些都是社会大众生活中每时每刻在流淌着的科学信息。这是信息社会的必然性，很多信息的附带功能是科普，社会生活的信息渠道越多、角度越广，人们获得的科学信息形式和内容也越丰富。任何一种传播方式都不可能产生传统媒体诞生之初那如皮下注射般立竿见影的传播效果，也不可能不受其他渠道信息的影响。

最后我想说，不同国家的意识形态不同，历史上受宗教和艺术的影响不同，展厅科普剧或其他科学传播的方式和内涵上呈现出不同的风格，纷繁的内容题材和多变的表演手法固然为我们提供了广阔的学习空间，然而，更深入一些去体会创作背后的理念和态度，可以使我们向国外同行的学习获得更丰厚的给养。

原载《科普研究》2013 年第 3 期

放下情绪，听院士谈食品安全

——策划舆情热点科普书的体会

罗　浩　赵亚楠

在当下信息传播常常被舆情热点驱动的时代，从现象上看，"食品安全"这个词、这个话题无疑取得了传播上的极大成功。与此同时，食品安全研究领域的科学家、与食品安全相关的政府官员则认为食品安全科学传播远远未达到成功，反而存在诸多失败的地方。作为一个图书策划编辑，感受到这种反差，直觉认为围绕食品安全话题策划科普图书，应该既有社会效益，又有经济效益。而真开始行动起来时，才发现这活儿一点不简单。

一、说"什么"，是公众真需要的科学吗？

策划一部科普作品，首先需要考虑的就是"需求"，能满足某种需求的作品多数能取得某种成功。回顾科普图书出版的成功案例，这种规律一直在起作用，尤其是那些满足社会热点需求的科普图书往往能成功。

据夏文华的研究，民国时期的科普图书"选题"主要回应"救国"这一热点需求，因受制于知识群体的人才结构及其主观意见，选题以应用科学居多，最多的是医药卫生类图书。1949年至互联网普及之前，伴随出版业的"黄金时代"，科普图书的品种也增幅明显（1978—1988年间全国出版科普图书2000余种），其中不乏优秀科普读物，如1961年少年儿童出版社的《十万个为什么》丛书影响了数代中国人。大卖的"选题"多是满足因长期与先进的科学技术隔离所致的国人对于科学知识的需求，仍然以实用性为其特点（如畅销书《养鸡500天》）。

在极具形象性、生动性、广泛性和直观性的广播、电视等媒介技术进入大众生活后，科普图书的成功背后往往有电视等强势媒体的身影，如《时间简史》的销售引爆就得益于霍金 2002 年来华这一热点事件。即"热点"驱动的特点更明显了，"需求"不再仅仅着眼于知识、技术本身。

而互联网、移动电话、数字电视、车载电视等新媒介科普载体，以其跨时空、跨地域、大容量、个性化和交互性等特点赢得受众，这给科普图书带来新的挑战。科普图书表现出销售下滑的态势，1999 年每种图书的平均印数为 0.93 万册，2004 年下降到 0.79 万册；1999 年平均销售量为 0.77 万册，2004 年下降为 0.62 万册。这大概是因为当人们需要了解知识、技术等信息时，开始"习惯"使用"内事问百度，外事问 Google，房事问天涯"的策略，而不是查阅百科全书。

二、"怎么"说，是容易被公众接受的科学？

尽管科普图书的销量下滑，业界一些前辈仍坚定认为科普图书是科学传播的重要媒介之一，如清华大学的刘兵等认为科普图书的影响力虽还远不能与电视等大众媒体一较高下，但科普图书仍有其不可取代性，对中高端科普而言尤其如此，并引用波兹曼的《娱乐至死》一书说的"不论是在英国还是在美国，印刷术从来没有让理性如此彻底地出现在历史上的任何一个时期。但是，我们也不难证明，18 和 19 世纪的美国公众话语，由于深深扎根于铅字的传统，因而是严肃的，其论点和表现形式是倾向理性的，具有意味深长的实质内容"这段话以为旁证。另一些业界前辈则对大媒体时代科学传播的改变表示出担忧，他们认为大媒体时代以其虚拟性、开放性和信息的海量化给科学传播推波助澜的同时，也有"双刃剑"的性质，如模糊了通俗与低俗、庸俗之间的界限，混杂了一些妨碍科学传播健康有序发展的元素等，这都需要引起高度重视。

以上这些论述，只是从理论上阐述了科普图书必有续存的理由，实践层面的证据又是如何呢？互联网、移动电话、数字电视、车载电视等新媒介给传播带来的除了技术手段的革新外，更根本的是媒介环境的变化，进而带来整个传播文化的根本性改变——"公民媒体"时代到来。所谓公民媒体，也可称之为参与媒体、自媒体、私媒体、独立媒体等，是指公民利用简便的科技手段建构起来的公众都能够参与的媒体，此时"作者"与"读者"之间的分界模糊，对所谓"专业"的拒斥和对参与性的重视成为其重要特征。郭晶认为主体从"专业化"转为"大众化"、资源由"单一化"走向"多元化"、形式由"图片化"走向"形象化"、营销由"个体化"走向"群体化"、销售从"有形化"走向"无形化"，即在大众立场、大众利益上彰显自主、多元视角和观点的科普图书能成功。

　　而从另一角度来看，公民媒体时代的科学信息传播表现出"草根性"（grass-root）特征，不全是好处。社会底层、普通民众对科学的探索，由于其立场、观点、表述有别于精英阶层、专业人士，逐渐形成一种独特的所谓"草根科普"。此类"科普"的参与者具有两大明显特点：一是"非精英性"，如"鲜有机会和时间，如专职科学记者一般，亲临现场进行报道，或就专业问题与专家学者面对面进行交流。"二是"热点驱动"，这一方面是因为科技与生活的结合日趋紧密，社会生活热点总是与科学技术有关，另一方面是公民媒体时代普遍"围观效应"导致社会热点能更多引发大众关注，使舆情热点更容易成为话题。

三、只要"说"，都须坚持"有态度"的科学

　　当网络成为人们发布、获取信息并表达意见的重要渠道时，舆情热点成为舆论监督、情绪宣泄、反思质疑等内容的汇聚处。尽管大家愿意相信众多草根科普的发起者、参与者是有操守的、理性的，依然回避不了"伪科学"或打着"科学"旗号对精英立场的广泛质疑，更有甚者，给政府、大众都带来很大压力，比如"红心鸭蛋""染色馒头"等食品安全事件引发的舆情风波。

　　尤其是出现像食品安全、公共卫生等对科学性要求很高的舆情热点时，公民媒体的舆情表达一旦更多地被大众情绪所支配，就会出现令人担忧的负效应。比如以微博为代表的公民媒体因其极为便捷的评论、转发等功能，可实现

信息的指数级扩散，传播"新疆艾滋病人滴血感染"谣言事件时成为利器。赵路平、张裕的研究更是发现，风险社会下媒体传播食品安全信息时存在"报道失实""新闻炒作"的问题。罗云波、郝睿等科技工作者都曾直接指出过食品安全消息报道时存在科学性不足的问题，毛群安等政府主管部门的发言人也曾直言媒体人需提高食品安全事件报道中的科学素养；于普增、孙云龙等媒体工作者也意识到食品安全报道中存在缺憾。

策划《从农田到餐桌：食品安全的真相与误区》时，我们访问目前国内食品安全领域唯一的一位院士——陈君石院士，一位耿介的老科学家。陈院士知道网上有很多人骂他，他说被骂可以使他的观点被更多人注意、理解，他希望科学理性的声音传播得越广越好；陈院士很严谨，出版过程中出于迎合"草根"的目的，编辑时把他的某些观点进行了扩展，他说科学的表达就应该精炼、准确，坚持"食品安全没有零风险"等显得硬邦邦的观点；陈院士在应对"非理性"质疑时也会有情绪，比如，在演讲现场有听众拿着一根大脑袋黄瓜问他："这根黄瓜到底有没有问题？"陈院士微笑着回答："本人才疏学浅，这个问题可以请中国农业大学的罗云波教授来回答，这是他研究的领域。"我们访问的另一位作者是中国农业大学的罗云波教授，罗云波教授承担了繁重的科研和管理任务，也非常重视科普宣传，他对媒体报道时的"哗众取宠"颇感无奈（比如有的报道说：罗云波说他四条腿的鸡也敢吃），当被问及此事时，他苦笑着说："我确实说过，但当时主要是谈生物本质上不太可能会差别很大，都是水、蛋白质、脂肪、矿物质等东西组成的。"当我们站在公众立场请罗云波教授多写一些老百姓自己能用的"招数"时，罗云波说："不能把人民都训练得像士兵一样，警惕地拿着检测工具去市场上买菜，关键还是要提高大家的科学素养。"

两位作者所代表的所谓"精英阶层"的观点也和近年来的科普理念相吻合，即从强调知识普及和技术推广转向强调"传播科学的精神，科学的思想"，从专家"灌输"转向"公众理解科学"，从"授人以鱼"转向"授人以渔"。如果说舆情热点激发了公众的兴趣和需求，那么，传递、讨论一种能够习得且长期受用的思维方式和值得提倡并彰显文明的人文情怀就应成为科普的灵魂。或许只有在"科学精神"真正普及推广开来时，围绕舆情热点的种种声音、举措才能回到理性的轨道，"精英阶层"与"公民媒体"的观点自然殊途同归，相得益彰。

　　参与这一进程中的科普图书，不论是站在精英视角，还是站在草根视角，不论是讲科学，还是论人文，只要在言说，都须"有态度"——坚持科学精神。

原载《科普研究》2013年第4期

"沉不下去的橡皮鸭"与
科普工作者重任

孙　倩

最近，气功"大师"王林浮出水面，各种媒体纷纷报道评论，引发了新一轮对"特异功能"反思和科学精神之理性质疑的讨论，《南方周末》就此还专门采访了老一代"破迷反伪"的科普工作者，回忆了近几十年来破除当代迷信、反对伪科学的历史及其原因。

其实，这些问题在"法轮功"取缔之后，一些专家学者就"法轮功"坐大成势的原因——二十多年伪科学与迷信泛滥，进行了分析，科学精神得到了弘扬，同时科普专家学者指出，科学的理性怀疑精神应该作为社会公众具备的基本科学素养。但是，冰冻三尺非一日之寒，三尺冰冻亦非一日能解，"人体特异功能热"和"伪气功热"以及伪科学与现代迷信的流行，产生的影响极为深广，社会上对其思想根源上的澄清远没有完成。反映在社会思潮上，就是近十几年来科学与迷信、科学与伪科学、科学与反科学的理论和实践问题，出现了反复争辩与较量，从来没有停止过。有人说迷信、伪科学和神秘主义现象就像一只"沉不下去的橡皮鸭"，经过社会批评沉寂一段时间后，又会重新浮出水面，只是在表现形式上因话题与形势、事件等不同而各异。21世纪以来，特别是2010年以来，李一"道士"、张悟本"大师"、秦铭远"灵修导师"、王林"气功大师"再次冒出江湖，欺骗世人，就说明了这一现象。但是又有多少人仔细追究过，这样的欺骗背后真正的原因，不仅是社会的浮躁和利欲熏心，更有科学精神并没有在人们思想认识上形成思维习惯。这一切都反映出，在社会与公众这样的领域中，捍卫科学尊严和弘扬科学理性精神还任重道远，科普工作者应当承担这样的历史重任。

本文粗略描述近十几年来社会各界人士和学界同仁，捍卫科学理性的努力，展现科学与社会公众领域中，科学与迷信、科学与伪科学、科学与神秘主义等两条对立战线上的力量抗衡，从而理解普及科学知识和弘扬科学精神在当代的重要性，理解中国坚持"科教兴国"战略、加强思想文化建设、坚持社会主义核心价值观的实际意义。

一、复归、挑战与呼唤

1. 复归：科学理性复归社会主位的努力（1999—2002 年）

取缔"法轮功"邪教组织后，社会思想仍旧混乱，很多人对"法轮功"为何能成势，气功到底是什么，有无特异功能之说，对于科学与伪科学区别等问题，还存在模糊认识，在理论上还有亟待澄清的误区。正如《科学与无神论》发刊词（1999 年 9 月）中指出："近数十年来，一股反科学、反理性的思潮在西方逐渐泛起，它把个人的能力神异化，把个人意志、自由和创造随意化。在这股思潮的基础上，不断涌现出形形色色的教主崇拜集团。受这股思潮的影响，我国也有人以传统的'神功'，干扰科教兴国的大业；利用群众性的健身活动，宣扬'神功'和各种封建迷信，危害群众身心健康，破坏社会安定。对于这股思潮，我们不能听之任之，不闻不问。"因此，批评特异功能、伪科学和迷信成为思想理论界的一个重要工作方面。

思想理论界在这一阶段，对"法轮功"猖狂时期的伪科学（特异功能、伪气功）的批评成为主调，目的是在全社会营造弘扬科学精神、宣传科学理性的氛围。在反思"法轮功"何以成势问题时，专家们对产生它的那些伪科学和现代迷信的现象、根源以及判别标准进行了深入的探讨，批评伪科学与迷信对社会的影响与危害，从历史文化和现代科学成果角度进行了原因剖析，并就其对社会思想文化领域的影响进行了阐述。在理论上，澄清了有关气功治病的荒谬、伪气功的骗人实质、"特异功能"的巫术与翻版魔术的本质、古今中外同类"超常现象"研究的否定性结论；澄清了有关周易算命、风水预测、相术算命、灵魂信仰（鬼魂）等迷信问题，分析了迷信与神秘主义思潮的认识根源和社会历史文化根源，解答了如何以科学标准来判别它们；对一些混淆科学与伪科学、科学与迷信概念的言论，借机攻击反伪科学运动合理性的问题，专家学者也给予了反驳。

这个时期的反伪科学讨论，总体上是将弘扬科学精神，将科学理性复归到社会舆论的主位了。但这个过程也并非一帆风顺：在理论上，有些学者对科学与伪科学、科学理性与迷信等概念故意混淆，还有人为"法轮功"是"超常科学"进行辩护，也有人在网上发表文章，对反对伪科学的人士进行攻击。对此，反伪科学专家积极回应，撰文力驳这些论调的荒谬与本质。

在这次的思想讨论中，有几位鲜明的代表人物和特别的事件。他们的思想和做法成为一笔宝贵的精神财富。1999 年 6 月，《人民日报》刊载了任继愈先生的文章《社会主义建设不仅要脱贫，还要脱愚》，开启了揭露与分析新形式的迷信与伪科学的新时代；龚育之、何祚庥、潘家铮、胡亚东等人在 1999 年 7 月创办的《科学与无神论》杂志上撰文，从理论和实践上揭露和批判愚昧迷信和伪科学的实质与危害，特别是潘家铮院士的文章《向心陷迷信的科学家进一言》、对龚育之先生的专访《科学思想是重要的精神力量》，对弘扬科学精神问题做了深入的探讨，对那些曾经支持、参与过封建迷信和伪科学活动的领导干部和科学家们，提出了殷切的希望。特别提出共产党员、高级知识分子应注重培养科学精神，提出要对党员、公众和青少年进行科学无神论教育。1999 年 8 月和 2000 年 12 月，民间组织的两次表彰，鼓励了 1999 年以前一直在反对伪科学战线工作的"斗士"。同时，还有司马南与兰迪 1999 年联手挑战通灵人的义举，2000 年 1 月评出十大伪科学著作，以及更多的专家到高校进行科学精神的宣传。

很多专家通过对一些古老迷信和现代迷信问题在理论上的分析与澄清，提出了反对迷信与伪科学的对策，主要是要从消除迷信的社会根源、思想根源上入手，从发展科学教育、提高公众科学素质的战略上入手，从营造全社会崇尚科学、弘扬科学精神的氛围入手，同时要加强社会对迷信活动和伪科学的监管力度。在传统文化问题上要以正确的"扬弃"态度来对待。

这些观点至今仍为主流的观点。

2. 挑战：科学理性面临新挑战（2002—2006年）

2002—2006年，发生在科学与公众领域中的思潮之一，主要是把科学精神与人文精神分割对立起来，来讨论科学对社会的作用到底是好还是坏，到底是坚持科学发展还是要反对科学、以所谓的"敬畏"回到蒙昧状态，是要继续反对伪科学还是要在科普法中取消"伪科学"一词。

这次的论争是以反对"科学主义"问题开始的。在反思科学是把"双刃剑"时，一些学者给中国现行发展科技与向公众普及科学的政策和做法，冠以"科学主义"之词，加以反对。原因是认为科学运用给人类带来诸如生态危机、资源枯竭、环境破坏、人口爆炸、核武器恐怖等负面后果问题，同时科学把人机械化、工具化了，人性沦丧，道德败坏。由反对"科学主义"，而进一步出现痛骂科学危害人类的生存与发展，谩骂科学是社会毒瘤和邪教的"反科学"声音。同时在对待"非典"和海啸灾害问题上也出现混淆科学与迷信的界限、主张回归人类蒙昧状态的"敬畏说"言论。与之顺应的是捍卫伪科学的言论，如"为伪科学正名""反反伪科学""取消科普法中反对伪科学一词"等，认为存在所谓"科学外理论"，反对伪科学就是阻碍科学的发展，反伪人士是"科学警察"等。

当然针对这些言论，许多专家发表文章给予了透彻分析与批评。2004年龚育之先生在《自然辩证法研究》发表了题为《科学与人文：从分割走向交融》的文章，是较为全面分析并指出如何解决那些现实问题的代表作。他从"两种文化"问题的提出与争论的历史视角，描述了中外学界关于"科学大战""反科学主义"问题的历史与现实状况，提出了如何正确看待科学技术运用的负面的社会后果，如何慎言"科学主义"问题，如何看待社会科学、科学与迷信、科学与伪科学问题，提出要加强科学与人文交融的现代命题，并赋予了科学精神与人文精神的新含义，即"我们提倡的人文精神应该是具有现代科学（自然科学和社会科学）意识的人文精神，我们提倡的科学精神应该是充满高度人文关怀的科学精神"。

这一时段的思潮表现之二，是与之并行的另一条路径，仍是延续前几年的反对"传统文化"招牌下的迷信之风。从2002年到2006年，除了对"周易热"问题的讨论外，有两个与社会现实联系紧密的话题，一个是《道德经》引发的"熊良山现象"，另一个是"风水术是环境科学吗？"的讨论。这两个问题涉及科学与迷信的问题，涉及学术态度，是否要坚持实事求是的科学精神，是否要反对以弘扬传统文化为名的迷信与伪科学问题。

实质上，这段时期的讨论，对于我们了解科学对社会的影响，认识科学的深刻含义，理解科学精神，向公民进行科学教育，实施"科教兴国"战略，推进先进文化，有很大的相关性。学者出于对人类社会负责任的态度，进行科学与人类社会之间发展关系问题的讨论，是一件很有意义的事情。

有专家认为，在处理问题的具体细节上，把科学精神与人文精神对立起来，很容易在讲人文精神时，流入神秘主义和反理性主义；混淆科学与迷信的界限，就为打着传统文化旗号的伪科学开了绿灯；邪教滋生的理论土壤，就是这种思想是非上混乱不清。无论是谴责科学破坏生态平衡的罪过，还是要指责科学怎样具有局限性，抑或谩骂科学是邪教、毒瘤，对科学恨之入骨，所谓的以人文的名义来实现"终极价值"，实际上要否定科学，反对科学，要将坚持科学发展社会、造福人类的道路，重新引回到"敬畏"神灵的蒙昧时代而无所作为。科学本身只是认识世界，发现世界存在与运行的规律，没有解决"价值"这样的"人文"或"人道"的任务，使用科学不当所造成的危害是"人"的原因，应该从"人"的因素寻找答案，而不是谴责科学。科学理性是解决现代发展中问题的有效工具，历史经验已经证明没有其他更好的途径。中国现代化建设需要"科教兴国"战略，是要开启民智，运用科技成果来服务社会、造福人类，而不是要回到蒙昧时代和宗教专制时代。

有些专家敏锐地看到这场讨论的意义，"随着世界经济一体化进程的加速和全球信息网络化的形成，特别是随着中国成功加入世贸组织，东西方文明的碰撞、交融将在所难免。西方意识形态对中国的渗透将变得更为直接、迅捷、全面，并对我们已有的价值体系进行最大挑战和最大考验。新世纪或新时代运动所宣扬的恰恰是'反科学、反理性'，这种思潮已影响到我国，而且宣传这些思想的组织和膜拜团体有的已经发展成为邪教，成为一股反社会的逆流。而在我国，从所谓'神功异能'的兴风作浪到'法轮功'坐大成势，恐怕与那一时期的'非理性''伪科学'的宣传有关。而现在对'科学主义'的批判，似乎又在形成一股思潮，在概念或定义不清的情况下，让公众去接受'反科学主义'的宣传，会不会影响公众对科学价值的判断，导致新一轮思想意识风波，成为新'邪教'制造的理论先导和利用的工具？因为价值观念中，科学已经成为破坏人类的罪魁祸首，崇尚科学的社会主流被谩骂打击。这并非危言耸听，而是这20多年来，迷信、伪科学、邪教'法轮功'给我们的教训太深了，我们总不该重犯'历史的健忘症'吧。"

3. 呼唤：呼唤新启蒙运动（2006— ）

前述两条战线上的对立论战仍在持续，而且各种关于健康、养生方面的"超自然"和"超常事件"常为各种媒体揭露，如2010年8月曝光的"神仙"李一道长，利用电流断症、治癌的特别"医术"和养生国学达人身份实施骗术；2010年5月曝光的张悟本"绿豆"大师养生骗局的"神骗"事件；2012年4月曝光的以"身心灵修养"为名实则推行"性爱灵修"、鼓吹淫乱的秦铭远欺骗白领名人的事件，以及2013年曝光的气功"大师"王林的魔术戏法的骗局等，各个媒体尤其网上对此类事件的揭露，形成了对迷信和伪科学的"过街老鼠人人喊打"的舆论气势。这些揭露不仅引发世人对一次次骗局的反思，为何总是有人利用人性中轻信盲从的弱点来行骗而屡屡得手，而且也疑问：科学精神和科学理性宣传了那么久，竟然还不断有此类事情发生？那么深层次的原因是什么？

在学界，是否坚持科学理性问题的争辩，从前面两阶段非常具体的就事论事，逐步寻查到思维方式上，深入到观念层面上的认知，涉及科学与宗教、文化、伦理领域了，视角也扩大到国际上。这个时期争论的本质在于是否要坚持科学理性的文明传统，坚持世俗的人文主义，反对迷信、神秘主义和蒙昧主义。

我们首先看看这个问题的社会文化背景。继世界性的新时代运动、后现代主义思潮之后，国际上出现了一股融合传统宗教信仰复兴的新蒙昧主义和相信超自然现象的神秘主义的新思潮（如反对达尔文进化论、宣扬新的神创论——"智能设计论"、复兴基督教原教旨主义）。这股思潮对我国学界也有很大的影响。在我国学界随着国外宗教组织渗透而大量引入神学著作，有人宣称"没有基督教就没有近代科学"，声称"科学与宗教可以融合""宗教可以指导科学""宗教道德是最高的道德"。这些言论在思想界和社会公众中，尤其是对社会价值判断标准方面和公众的世界观、人生观、价值观方面，产生了实际的影响，如对科学技术产生不信任、怀疑甚至否定的态度，对现实社会道德失望转而求向宗教道德，产生追寻宗教的情感倾向。与此动向相对的，是在"科学"外延的问题上，国内学界进行了科学与宗教、道德方面的讨论，并大量引入倡导科学理性、批评性思考的现代国际组织——国际探索中心的"新启蒙运动"观念，对世俗人文主义运动和科学怀疑探索运动进行介绍和讨论。

这样，关于科学的话题已经不仅仅停留在其内涵和语义层面上了，而是延伸到更加广泛的社会文化领域；科学精神普及的重点从仅仅要澄清具体的迷信、伪科学、神秘主义的表现案例，开始转向科学与社会的价值评判以及公众"三观"的领域了。这个时期的无神论学者和科普工作者的具体活动是：开展了大学生信教问题的调查研究与讨论；对科学与宗教、道德与宗教问题进行了专题讨论；建立和加强了国际探索中心的联系与活动；呼唤新启蒙运动（世俗人文主义和科学怀疑探索运动）在中国的开展；对社会主义核心价值观的讨论，尤其是社会主义荣辱观（"八荣八耻"）之"以崇尚科学为荣，以愚昧无知为耻"的讨论；现代科学理性精神的教育。

二、何以形成这样的轨迹

三个阶段的思潮表现，在逻辑上存在着一定的联系，我们需要把它放在全球背景和我国社会转型期上来考察。很多专家认为 20 世纪六七十年代世界上的"新时代运动""新宗教运动""后现代主义"对蒙昧主义、神秘主义和反科学思潮的催动，加之我国社会经济转型期引发的各种社会问题，尤其是精神领域的信仰缺失、道德水平下滑、社会心理失衡等问题，导致我国公众在社会心理与社会行为上出现不正常状态，具体表现就是"人体特异功能"与"伪气功"等伪科学的流行，给社会和公众带来极大的思想混乱，造成社会不安定。因此，在"法轮功"问题出现后，思想理论界开展了一场正本清源、弘扬科学精神、科学理性复归社会主位的运动，正如第一阶段的情形。由于有了大量的反对迷信与伪科学的声音和材料，在一定程度上扭转了人们对"特异功能""伪气功"问题的不正确认识，遏制了愚昧迷信和神秘主义的肆意泛滥。但是在理论和实践上，这与根本解决科学与公众领域里面不断出现的现实问题，比如如何看待科学使用带来的负面影响，如何消除科学与人文的对立而实现融合等问题还有相当的距离。因此，在思想认识上，理论界展开是否坚持科学理性、反对蒙昧迷信与神秘主义、反对伪科学的争论始终不断，出现了第二阶段的情况。究其根源，也是随着全球经济一体化，世界多元思想文化中的各种思潮不断涌入我国，影响我国思想理论界。尤其是国外反思现代化而持续不断且日益增长的非理性、反科学思潮，追求超自然力量的神秘主义思潮和复兴传统宗教的蒙昧主义思潮，成为一些学者追捧与热心传播的内容，这也是为什么在中国李一、秦铭远、王林之流还可以兴风作浪的现实思想原因。

当然，中国当代无神论学者和科普工作者关注到这一动向，并对其进行了研究，同国际上世俗人文主义运动的学者一样，积极呼唤"新启蒙运动"，主张依靠科学理性解决现实问题、创造人间的道德与和谐社会，呼唤在我国坚持推动"科教兴国"战略的实施，主张依靠科技创新增强国家核心竞争力，在社会上大力普及科学，开启民智。这些形成了第三阶段的主要特征。

三、启示——"沉不下去的橡皮鸭"与科普工作者重任

三个阶段重点不同，实际上始终围绕着是否要坚持科学理性的问题。作为现代文明成果之一，它本来已经成为社会的共识，成为一种处理世事所坚持的原则。但是迷信、伪科学、"超自然"神秘主义的思想，在社会文化中和人们

的头脑中基于传统的原因而根深蒂固，它就像"沉不下去的橡皮鸭"，在批判声音过后不久，仍以新的形式出现。其表现是，第一阶段到第二阶段，在批判"伪科学""特异功能""邪教"的声音成为主流，科学理性回归主位后，又一次以批"科学主义""为伪科学正名""敬畏说"的新形式出现的反科学理性的回潮。而到了第三阶段，捍卫与反对科学理性思潮的争论，扩展到全球中，表现形式上就是在"科学与宗教关系""超自然现象"流行问题上争论不休，因而坚持世俗人文主义、以科学理性启蒙世人的无神论学者与科普工作者呼唤，要开启一场"新启蒙运动"，以应对"超自然的神秘主义""传统宗教信仰复兴的新蒙昧主义""后现代反科学"等三种思潮在全球的流行。这些说明神论思想还是根深蒂固，社会土壤相当丰厚，公众对科学与伪科学、迷信、超自然的神秘力量的界限还划不清。因此，在公众领域中发生和发展的捍卫科学理性思潮，便有了基础性的意义。这对我国政治、经济、文化、教育方面都会产生影响。

近十几年来，思想战线上捍卫科学理性的思想发展轨迹，经历了从回复主位到重新受到挑战，从不断地讨论面临的新问题升华到应对全球三种反科学理性增长的思潮，是一个曲折艰辛的理论澄明的过程，这里面有科普工作者、反邪教工作者、无神论学者和哲学界学者的共同努力。通过三个阶段的分析，我们看到，真正在中国社会营造崇尚科学氛围，普及科学知识，提高公众的科学素养，提高识别迷信与邪教的能力，还任重而道远。科普工作者应自觉承担当代文明传承的历史责任，推进科学文化在思想领域和公众领域的增长，通过具体的迷信、伪科学和神秘主义的案例剖析，捍卫科学理性的尊严，坚持反对反科学、反理性的思潮，积极传播识别真伪的科学方法，提高社会公众的科学文化素质；把科普工作者的知识和智慧，用于澄清理论是非与提高公众辨别能力上，从而更好地淘炼和澄清时代思想、把握时代精神，推动"科教兴国"战略的实施。

原载《科普研究》2013 年第 5 期

还原论与整体论的协奏曲

王志芳　　贺占哲

在人类探索自然、追求真理的漫长岁月中，一直存在着还原论与整体论两种主要的思维方式，二者分别从不同的视角引导人类在洪荒中认识客观世界。然而，两种思维方式间的差异牵扯了科学标准、科学范式等问题，从而引发了学科间方法论的激烈争论。科技的深入发展与新兴学科的日益繁荣，使二者在学科中的有效合作具备了丰富的土壤。

一、挑战：不和谐的音符

从德谟克利特到笛卡尔，古来的先贤们一直试图找到大千世界最真实的本原，再从这个本原条理清晰地构建这个大千世界。1687 年，牛顿的《自然哲学的数学原理》阐述了力学三大定律和万有引力定律，由此将天体力学与地球上物体的力学统一于经典力学的理论体系之下。牛顿力学体系的建立，标志着经典物理学的诞生。经典物理学基本假定所有物质现象都可以用一套预先确定的物理学定律加以解释。人类认识世界的终极目标眼看就要完成，科学家们迫不及待地认为真理就是将所有的现象分解为原子的运动。

牛顿的经典物理学获得如此巨大的成功后，物理学的思想和方法迅速向其他学科和领域扩展，在整个 18 世纪乃至 19 世纪，几乎所有的自然科学家都按这种模式去研究自然。物理学在整个科学领域的地位决定了物理学的思想和方法成为判断一切科学的标准，由此建立了还原论的科学范式。还原论是一种哲学观点，主张某一层次的现象都可以通过分析较低一级的各个组分的性质和相互作用而得到解释。即使是面对复杂而神秘的生命现象，也有还原论者认为同样可以用生物体内的原子运动、力的相互作用和能量变化来进行解释。

就在还原论的方法论一片繁荣之际，1859 年达尔文的《物种起源》问世。以进化论为基础的生物学的发展打破了人们的完美幻象，一系列生物学概念和理论独立于当时以物理学为楷模的科学体系的形式而产生。达尔文作为一名博物学家，根据自身多年的实地观察形成了进化论。在研究方法方面，更多地使用观察描述法，对生物的形态和结构作宏观的描述。在此基础上，使用整体论对自然选择的过程进行历史性叙述。由于当时生物学的理论结构及其研究方法与传统科学（物理学、化学）完全不一样，以至于有的科学史学家评价说"博物学家确实是一位受过训练的观察人员，但是他的观察和一个猎场看守人的观察只是程度上的不同，而不是性质上的差别。他的唯一诀窍就是熟悉系统命名"。

在此种情况下，生物学在物种进化、遗传变异等领域所取得的重大进展，为以描述性、非决定性为特性的整体论的建构提供了孕育的摇篮。整体论也是一种哲学观点，强调研究高层次本身和整体的重要性，主张一个系统（宇宙、人体等）中各部分为一有机之整体而不能割裂或分开来理解。以社会性昆虫蜂群为例，蜂王、雄蜂、工蜂分别承担不同的工种，蜂王负责生育，雄蜂负责同蜂王交配，工蜂负责收集食物、抚养幼蜂以及清洁蜂窝。如果不将三者从整体的角度进行解读，就不能深刻理解各种蜂类的行为以及蜂群作为大个体的实际存在。

随着整体论的逐渐清晰，生物学家和一部分哲学家开始用全新的视角审视生物学，并认为生物学将异于以往的科学体系而发展。他们强调基于生物自身的独特性，生物学应该采用整体论的研究方法。首先，即使是在研究对象上，生物学研究的对象是活着的客体，或者说是具有目的性和创造性的客体，而这正是物质所不具备的。其次，生物体作为复杂系统往往只是指出可能性，具有不确定性、概率性、偶然性和多解性等。此外，物理学和生物学用于分析客体的词汇是完全不同的，而且利用现有的物理学知识解释全部生物学现象有很大的局限性。例如，"性别"一词在物理学中没有任何意义，在生物学中又是极其重要的。许多最基本的生物学问题涉及"模式""位置""形状""功能"的问题，运用还原论将无法做出很好的解释。

与此相反，以物理学家为基础的科学哲学家们对生物学范式存有偏见。在他们看来，既然生物也是由物质组成，生物学在不同的表象背后一定有着与传统科学体系相同的研究内容与方法，20世纪中叶分子生物学的建立更使他们认为生物学的研究终会获得物理解释。他们指出，传统生物学与物理学研究方法的不同也只是由于二者缺乏广泛的学术沟通与深入的理解，随着科学的进步，生物学研究作为物理学的一个特殊分支必然会回到以物理学为规范建立起来的科学体系的正道上来。把生物学纳入物理学为主导的体系中，就是所谓的"学说性还原论"。

二、融合：真理的交响曲

19世纪末期，英国著名物理学家 W. 汤姆生在回顾物理学所取得的伟大成就时说，物理学大厦业已建立，所剩只是一些修饰工作。同时，他在展望20世纪物理学前景时，却若有所思地讲道："动力理论肯定了热和光是运动的两种方式，现在美丽而晴朗的天空却被两朵乌云笼罩了，第一朵乌云出现在光的波动理论上，第二朵出现在关于能量均分的麦克斯韦－玻尔兹曼理论上"。W. 汤姆生是19世纪英国杰出的理论物理和实验物理学家，他的说法道出了物理学发展到19世纪末期的基本状况，经典物理学的权威与危机并存。

正如 W. 汤姆生所言，20世纪早期物理学发生了革命性的变化。这"两朵乌云"成为20世纪伟大物理学革命的导火线。不久，便从第一朵乌云中降生了相对论，紧接着从第二朵乌云中降生了量子力学。物理学革命表现为，物理学本身出现了整体论思维方式。事实上，19世纪后期麦克斯韦电磁场理论的提出已经在传统科学中具备了整体论的雏形。在场的概念下，不必还原每个电子的移动方向，仅需对场的性质和功能有所了解。20世纪早期，对麦克斯韦有高度评价的爱因斯坦所创立的相对论和随之而来的量子力学彻底粉碎了以物理学为主导的旧科学体系的完美统一理想，其中海森堡于1927年提出的测不准原理对还原论的颠覆最为关键。

相对论是关于时空和引力的基本理论，彻底改变了人类对时空的认识，把以前认为是分裂的互不相关的时间、空间看作一个整体，从而使时间与空间相互联系。量子力学是研究微观粒子的高速运动，基本上是对随机事件的描述，基本规律为概率陈述，并不能由给定的初始条件预见一个粒子的确定轨迹，而只能给出取值的概率。在微观系统中，所有物理量在原则上不可能同时被精确测定。由于仪器的介入，当粒子速度可准确测量时，其空间位置却不能准确确定；而当粒子空间位置可准确测量时，其速度又不能准确确定，因此只能够确定大量基本粒子的平均行为。相对论与量子力学使得科学认识方法由还原论转向整体论，为自然科学在 20 世纪的发展开辟了广阔的前景。

物理学本身对整体论的接受推翻了传统科学范式，但生物学的一些分支却逐渐向还原论过渡。在 20 世纪 60 年代，分子生物学进入了全盛时期。分子生物学家认为生物学的所有现象最终必须被还原到分子的水平才能得到解释。1967 年，因为对视觉分子机制的研究而获得诺贝尔生理学或医学奖的瓦尔德曾雄心勃勃地宣布："只有一个生物学，那就是分子生物学。"不可否认，科研工作者在生命科学的微观领域沿着还原论的思路揭示了生命的众多信息，使更多的生物学现象获得了物理解释。然而，在分子生物学理论中存在着来源不同的术语及其构成的语言体系，一套是描述和表达生命机体的现象和功能，另一套是物理化学的概念和陈述。前者来源于对生命作为不需要进行进一步解释的基本要素和概念的认定，后者来源于物理和化学对无机世界的观察和实验。可见，在分子生物学中整体论与还原论两种方法并存。当前，分子生物学已与进化生物学紧密结合在一起，解决了系统发生树的客观标准、发育与进化的关系等重大难题，为进化生物学的发展提供了强大的工具。

此时的生物学与物理学在方法上相互借鉴，在理论上相互利用。还原论已经不是物理学的专利，整体论也不再是生物学的特权，各门学科的发展都在共同影响着科学方法论的走向。20 世纪七八十年代兴起的复杂性科学是科学史上继相对论和量子力学之后的又一次革命，主要表现在研究方法论上的突破和创新。复杂性科学以复杂性系统为研究对象，以揭示和解释复杂系统的运行规律为主要任务，以超越还原论与整体论为主要方法。

在方法论层面，复杂性科学对还原论进行批判和超越。由于复杂系统本身的多样性、相关性、一体性与其自身的整体性紧密联系在一起，复杂性科学势必举起反还原论的大旗。需要强调的是，批判、超越并不是绝对否定和抛弃，而是经过它又超越它，即为"扬弃"。另一方面，复杂性科学对整体论进行追求和超越。在复杂系统中，组分的新性质通过与其他组分的关系而表现出来。当具体分析某个组分时，往往不可避免地会改变其性质，从而影响了预测的准确性。因此，复杂性科学需要在超越还原论和整体论的基础上，将二者有机地结合起来，形成复杂性科学所独有的方法论。这样，既吸收了整体论从整体看问题的长处，又涵括了还原论深入分析问题的优点，使人类对客观事物的认识由简单还原论上升到复杂整体论。

三、溯源：历史的旋律

从科学史角度来看，还原论是人类认识的一个必经阶段，是对前现代神学思维的纠正，同时也是现代整体论思维方式发展的一个必要准备。近代科学的产生、发展与所取得的成就都离不开还原论的作用，同时以还原论为特点的传统科学体系下各学科的快速发展极大地拓展了人类的视野，日益丰富的研究对象使有限的科学知识逐渐难以应付。恰好，由于生物学本身的独特性为整体论的发展提供了成长的土壤，同时整体论的缓慢发展逐渐改变着传统科学体系的思维模式，直接结果是进化论的发展、物理学领域的变革及复杂性科学的诞生。

可以理解的是，传统科学产生的精确感与简单性让一些人难以接受以整体论为基础的现代科学。整体论的确大大削弱了建立于还原论基础上的科学的客观性和真理性，但整体论可以深化对系统功能的认识，并为现代科学的深入发展提供新的思路与理念。随着整个科学的进一步发展，还原论与整体论已经各自表现出极大的包容性。现代整体论在承认生命现象与非生命现象没有不同，生命现象完全是物理、化学作用的结果的同时，否认用还原分析的方法足以解释生命现象。现代还原论者也承认当各个组分被有机地组合在一起成为整体的时候，出现了新的性质。

直到 20 世纪七八十年代，复杂性科学的兴起成就了整体论，使得与复杂系统相适应的整体论逐渐被接纳。复杂性科学研究演化，研究系统从无序到有序或从一种有序结构到另外一种有序结构的演变过程。对复杂系统的研究依靠物理实验或模型、数学模型、计算机模拟等，因此其方法论在大方向上是整体论的，在局部采用还原论。另一方面，科学的高度综合造就了大量的新兴学科，包括交叉学科、横断学科及综合学科。这些学科对客观事物进行整体的动态研究，从而为科学主体提供了多层次、多角度观察世界的一系列新的思维方式。概括地讲，复杂性科学与新兴学科的研究方法，是在超越还原论和整体论的基础上，将两者结合起来形成的一种新的方法论。

总之，还原论与整体论的产生与发展有其特殊的历史背景与科学环境，它们之间的争论也是整个科学技术发展的不平衡造成的。随着科学的日益复杂化，单一的研究方法与理念已经不能支持科学与学科的建立与发展。可以理解的是，每一历史阶段的科学理论都是当时科学体系对自然界尽可能完满的解释，但随着科学的进一步发展，它必然会面对新理论的挑战。旧的科学体系由于先前研究模式及自身的背景知识、背景信念的影响，对新理论及新的科学范式会有一个拒绝接受到逐渐接受的过程，并最终产生更合理的科学范式。不可否认，在当前的科学领域中，科学研究还是更多地采用还原论范式，但整体论确实为人类深入认识客观世界提供了新途径。总之，科学实践使人们逐渐认识到科学方法多元性的合理价值。

原载《科普研究》2013 年第 6 期

解读哲学语境下的"植物庞贝城"

何琦　尹雁　王军

2012年2月21日,《美国科学院院报》刊登了中国科学院南京地质古生物研究所主持完成的"内蒙古二叠纪植物庞贝的发现及其对华夏区陆地景观的古生态和古生物地理区系的意义"的研究论文,该文引起了国内外学术界和媒体的广泛关注。植物庞贝城位于贺兰山西北角,内蒙古乌达矿区内,保存面积大约20平方公里,这片距今约三亿年的成煤沼泽森林,被火山喷发所埋藏,植被由石松类、有节类、瓢叶类、蕨类、原始松柏类、苏铁类六大植物类群组成,森林群落结构保存完美,其保存方式与古罗马庞贝城十分相似,是地球生物界的"植物庞贝城"。在十多年的研究过程中,科学家们先后对约1100平方米面积的森林面貌进行了三维重建,实现了世界上迄今为止对地史时期陆地景观最大面积的植被实际复原,成功绘制了远古森林的实际复原图。该项研究揭示了二叠纪初期植物群落的生态特征,对探测现代植被随气候变换的趋势也具有重要参考价值。

众所周知,著名的古罗马庞贝城位于维苏威火山西南10公里处,意大利那不勒斯附近,始建于公元前6世纪。公元79年,由于维苏威火山的喷发,庞贝城被掩埋于地下,在沉睡了1600年后,它被世人发现,从而成为研究古罗马历史文化和自然环境的确凿证据。和内蒙古的植物庞贝城相比,可以发现两者虽然是大自然中的不同生命体,但它们在不同时间、不同地点各自都经历了相似的灭绝过程——被大自然以相同的方式和力量所摧毁。在而后的历史岁月中,又各自被人类在不同时间和境遇中挖掘、发现并研究。无论是人类庞贝城还是植物庞贝城至今仍存在许多奥秘,有待于人类进一步的探索发现。

近现代以来，随着科技生产的飞速发展，人类文明进入了一个鼎盛时期，但随之而来的精神文明与自然之道的严重背离、科学技术的一脉独张、肆意破坏生态环境的野蛮经济活动等行为所造成的恶果，迫使人类不得不反思自身与自然的关系，并在实践中不断修正自己的行为，试图与自然和解。后现代哲学自然观认为，在科技全面控制和宰割大自然的情况下，必须寻求科技发展与人文精神的融合统一，探索大自然中其他生命与人均等的权利，恢复自然万物与人和谐共生的关系，使得自然摆脱科技掌控而重新获得解放，人类因此得以实现"天人合一"的终极价值关怀，成为自然生态系统中的重要一环。如果说古罗马庞贝城的毁灭与复苏揭示的是人与自然的关系，那么植物庞贝城的发现与探索则反映了自然、人类、植物三者之间的关系问题，为"自然面前万物平等""人类具有改造自然的主观能动性""道法自然"等命题提供了有力的证据，揭示了"认识自然→敬畏自然→与自然和谐相处"的逻辑顺序，从而使人们能够超越简单意义上的"环境保护"，从天人合一的层面上对待自然，思考未来。

一、自然面前万物平等

纵观波澜壮阔的地球历史，无数生命匆匆走过了历史舞台，在残酷的生存竞争中或生或灭。通过与其他生命的竞争，人类创造了一部短暂而辉煌的创业史，提升了自己在动物界的地位。可是在创造文明、积累财富的过程中，人类也暴露出了狂妄自大、贪婪无度的本性，人类以为凭着自身强大的科技力量就可以和大自然相抗衡，成为万物的主宰。他们肆意向自然索取能源，为一己之需残忍地捕杀其他动物，大面积地砍伐森林……如此种种劣行已经受到了大自然的惩罚。当能源枯竭、生物种群逐渐消失、环境恶化等现象接踵而来，人类才意识到自身的狂妄与无知。"与自然和谐相处""珍爱生命""保护环境"等主题逐渐成为这一时代背景下的主流思潮。

三亿年前，内蒙古乌达地区雨水丰沛，阳光和煦，原始森林树种繁多，壮阔茂盛，可是由于大规模的火山喷发，所有的植物都凝固在一瞬间，形成了人们今日看到的植物庞贝城；而三亿年后，相同的一幕又发生在经济富足、文化繁荣的古罗马庞贝城，同样大规模的火山喷发终结了庞贝城中的一切，庞贝人没有因为自身创造了发达的科技文明而逃脱死亡的厄运。在自然威力面前，人和植物都像长不大的孩子，脆弱而渺小，他们无法阻止大自然下一步的情绪变化。即便是在人类科技高度发达的今天，人类的命运仍然掌握在大自然的手中，自然灾难经常不期而至，比如2004年的印度洋海啸，2008年的中国汶川地震，2011年的日本地震……被毁灭的人，抑或被掩埋的植物，都生于天地之间，为天地所养育，最终回归天地之间。

地球生物圈是一个结构完整、运转精良的组织系统。这个系统中的各种生命有机体都是经过亿万年的自然选择和遗传演化被精选出来，它们以最有利于这个完整系统的生态平衡的方式存在着，发展成众多彼此可以共存的个体，而那些与整体不能共存的个体则在长期的演化中被抛弃。正如美国斯坦福大学生物学专家保罗·埃利希在谈到保持物种多样性时形象的比喻："地球好比是一架飞机，每当一个物种灭绝，就好像从飞机上摘掉一颗螺钉；当另外一个物种在某一点上灭绝的时候，就好像拆除飞机上的最后一颗螺钉，整个生物圈将会轰然倒塌。"

《道德经》（第42章）曰："道生一，一生二，二生三，三生万物。"可见，包括人在内的万物皆以"道（事物本身的发展规律）"为本源和生存依据，而且构成万物的物质基础也是一样的。因此，自然万物都有平等的生存权，它们是地球生态系统中不可或缺的一环，人为地破坏其中的生命体或是制造出自然界不存在的生物，都可能导致生态链中某一环节的断裂，并引起地球生态系统的失衡。人是大自然孕育出的高等动物，但也仅仅只是地球生态系统中的一个因子，尊重其他生命，维护人与人、人与生态环境的平等和谐状态，才能保证地球生态系统的良性运转，这应是人类追求和谐的终极目标。

相比较而言，当前人们的环保意识更多地停留在关注生态恶化的种种现象之上。"因为能源短缺了，土地沙漠化了，空气污染了……所以我们要保护环境。"这种浅层次因果关系的宣传与强化，并没有跳出人类中心主义的怪圈，它仍然以人类自身为中心作为逻辑起点考虑环境问题，其他生命体的生存权显然属于人类可掌控的范畴，"尊重生命"某种程度上只是出于人类现实的需要，至于两者之间的平等关系则无从谈起。

所以，"自然面前万物平等"不能是应付自然的假意奉承，而应该是人类命运遭受挫折、面临挑战之后的深刻反思，是对人与自然关系的重新构建。

二、人具有主观能动性是区别于其他生命体的重要特征

古罗马庞贝城沉默了 1600 年后重新回到了人们的视线，它的发现不仅带动了当地旅游业的发展，而且为研究人类学、考古学、地理学等学科提供了良好的客观条件，迄今为止人们仍然进行着大量的关于庞贝城的研究工作。同样地，植物庞贝城在沉睡了近三亿年后被人类发现并研究，深埋在火山灰下的各种植物化石茎干保存完好，支脉清晰，经过长期的实地考察和对比研究，科研人员将它的真实面貌清晰地呈现在世人面前，极大地推动了古地理、古气候、埋藏学等相关研究领域的发展。在与大自然相处的众多生命体中，人类脱颖而出，成为唯一的能够主动探索自然奥秘而逐渐掌握自然发展规律的生命。显而易见，植物庞贝城的发现充分地体现了人类的主观能动性，否则它将是一座永远的死城。

人和包括植物在内的其他生命一样，是地球生态系统中的组成部分，依据自然规律繁衍、发展与灭亡；可是人又是有别于其他生命的高等动物，因为人类在各种生物中独具思考和预测能力，他们在对自然必要的服从中还有着选择的余地，而且，随着人类不断地开发自身的能动性和创造性，人类已经逐步形成了在自然界中的主导地位。地球历史清晰地表明，和其他生物比较，人类起源时间最晚，演化历史也最短。但也只有人类在短短的 300 多万年的历史中，经过艰苦曲折的奋斗，在与自然不懈的斗争与妥协的交替中完成了从猿到人的转变，而且人类还充分发挥自身的聪明才智，认识自然、利用自然、改造自然，成为生物王国中最高级的生命形式，这是其他生物所无法比拟的。

20 世纪以来，人类取得了一系列科学技术的辉煌成就，并形成了电子信息、生物技术、新材料技术、航空航天、原子能等高技术领域和高技术产业，尤其是电子信息技术的高速发展，对人类社会产生了深刻影响，人类开始利用系统分析的信息化方法来研究人——自然系统，探索人与自然生态环境之间相互关联的各种通道和对自然进行调控的可选择的最佳途径。随着信息资源的不断开发与全球化，它将在很大程度上减少不可再生资源的消耗，使宝贵的自然资源得到更加合理的配置，而且通过高效的信息反馈与控制，有助于人们及时发现问题，提高问题预测的准确性和化解自然危机的能力，并不断促进新的创新和超越，最终形成一种人与自然相互适应的新型模式。

人类在长期的繁衍发展过程中，形成了与自然既斗争又妥协的生态关系。面对大自然提出的种种挑战，人类的智慧不能只停留在如何发展科技应对挑战，而更多的应该是对"与自然和谐相处"的追问。

三、人法地，地法天，天法道，道法自然

公元 79 年，规模巨大的火山灰将富庶发达的庞贝城封存起来，城中的一切都定格在一瞬间。1600 年后当这座古城重见天日的时候，城中人的骨架、物品，甚至于墙上的刻字、标语都清晰地呈现在人们的面前；时间追溯到三亿年前，同样规模巨大的火山灰掩埋了生机勃勃的原始森林。今天，当人们揭开这片原始森林的神秘面纱，惊异地发现了各种结构完整而清晰的树种……自然之手毫不留情地摧毁了人、摧毁了植物，似乎创造了一个又一个的悲剧。然而，也正是通过火山灰的作用，大自然以一种其他外力永远无法企及的方式将这些人类、植物生存发展的奥秘完好地保存起来，见证了辉煌的生命历程，点燃了人类解读自然的希望之光。试想，如果没有规模巨大的火山爆发，我们也就没有今日的古罗马庞贝城和植物庞贝城，人类只能依靠间断的、无序的生命碎片探寻生物进化过程中跌宕起伏的一幕幕，或许在断壁残垣中获得人类的蛛丝马迹，或许在碎石瓦砾中查证到植物的残枝末叶，但无论如何依靠现代科技力量也无法还原当时的庞贝城。大自然无情地伤害了人类，但也给聪明的人

类一个绝好的、利用自然了解自然的机会，自然对人类心智的启发是永无止境的。

中国伟大的哲学家老子早在 2500 年前就提出了"人法地，地法天，天法道，道法自然"的著名论断。他认为，人为大地所养育和承载，所以应当以大地为法则，效法大地；地为天所覆盖，所以地当效法于天；天为"道"所包涵，所以天当效法"道"；"道"指事物本身的发展规律，它以自然为法则。人是天地自然的一部分，应当法地则天，又由于天地因"道"而生，天地均以"道"为法则，师法自然，所以人法地则天的实质就是师法自然，以大自然为自己效法的对象和行为的法则。显然，老子提出这一命题已深怀敬畏自然之心，这与当时科技力量薄弱、自然知识贫乏有极大的关系，自然被披上了一层神秘的面纱。不过，"道法自然"的思想并不是简单顺从自然的宿命论，因为老子所追求的"道"是心物一体、天人合一的境界，没有对自然的体察和认识，就无法感悟"道"的真谛，"道法自然"就成为没有根基的水中浮萍，所以这一命题也包含了认识自然的积极意义，短短的一句话深切地反映了人应该了解自然、敬畏自然，才能真正遵循自然的逻辑关系。

在现代科学发展语境下，当我们重新审视人与自然的关系，依然无法抛弃敬畏自然之心。这里的"敬畏自然"与 2500 年前先哲们秉持的"敬畏自然"已然不同，现代科技的发展早已使人们摆脱了对自然蒙昧无知的认识状态，人类也从未停止过探索自然的脚步。但现代生物学研究表明，一切生物（包括细菌和病毒）都在不断地进化，整个生物圈始终以一种动态的方式存在着，当人类揭开一个自然奥秘，就会发现有更多的未解之谜，试图历史性地逼近完全把握大自然奥秘的最高点都是徒劳的，人类揭开的永远是大自然的"冰山一角"，当人类认识到这一点，也就真正体悟到了敬畏自然，当然这并不排斥人类继续运用科学方法了解自然，多一分了解，多一分敬畏，才能多一分和谐。

人类已经拉开了研究植物庞贝城的序幕，并在不远的将来可能获得更新更多的研究成果，植物庞贝城的存在和意义是属于人类的，更是属于自然的。正如美国著名生态哲学家罗尔斯顿说的，自然不是我们伸手拿过来就可以作为我们的家，我们必须生活在"建造的环境"中；但归根结底，人类只是自然界的一部分，生命是自然赋予我们的，人类与自然在一种既对立又交流的关系中不断前进着，揭示着生命的进程是怎样和应该是怎样的。

原载《科普研究》2014 年第 1 期

优秀科普图书是怎样炼成的

——《科学的旅程》编辑、出版手记

陈　静

笔者于 2006 年初来到北京大学出版社，加入教育出版中心这个团队。可能因为我的理科专业背景，中心主任周雁翎老师有意培养我成为一名主攻科普图书的编辑。他策划的科普书更侧重选题的经典性、权威性和作品的生命力，也更强调"科学精神"和"科学方法"的提炼，而不单是具体科学知识的传递，因为在科学结晶的背后，精神和方法才最具永恒的意义。

比如，自 2005 年开始倾力打造的"科学素养文库·科学元典丛书"（以下简称"科学元典丛书"），目的就是要把读者带到具体的历史场景中，体悟原汁原味的科学发现，了解这些发现背后的"真实"故事。编辑在工作中要特别注重科学与人文的有机结合，并在此基础上努力呈现给读者"科学思维"的训练，这种思维，是"渔"而不仅仅是"鱼"。

《科学的旅程》是周雁翎老师策划的又一个体现上述思想的经典案例。这是一本颇受好评的科普读物，得到了政府和社会的充分肯定。该书于 2008 年11 月推出，上市不久便荣获文津图书奖，至今已获得 12 项荣誉：从我国出版领域最高奖——中国出版政府奖（提名），到行业协会奖，到社会团体奖，到民间组织奖，等等。

该书作者雷·斯潘根贝格和黛安娜·莫泽是美国著名记者，也是一对专门从事科普写作的夫妻。他们擅长讲故事，写作角度新颖，在创作理念上也有别于传统的科学史图书作者。所以，尽管国内关于科学史的图书已经很多，且大多也是引进版的优秀图书，但《科学的旅程》仍能从众多同类图书中脱颖而出。作为该书的责任编辑，我有机会数次通读全书，因而也有一些心得体会，愿意借《科普研究》这块园地跟大家分享，希望能为国内科普图书的创作和出版提供一点有益的借鉴。

《科学的旅程》（插图版）

《科学的旅程》（珍藏版）

一、保证翻译质量，使译文生动传神

　　《科学的旅程》原著的一大特色是口语化的叙述风格，随处可见的小幽默往往会令读者会心一笑。然而，越是这样的语境，就越需要优秀的译者。我们请到清华大学的郭奕玲教授和沈慧君教授以及上海师范大学的陈蓉霞教授来承担翻译与校译的工作。他们都长期从事自然科学史、科学哲学方面的研究和教学，著译也很丰富，是该领域内受人尊敬的学者。更重要的是，他们都是相对感性且富有人文情怀的人。记得有一位读者跟我分享过："有人情味的译者才能译出感动人的文字。"陈蓉霞教授在应允承担这部书稿的翻译工作后说："令我心动的正是这些科学大师身上体现出的那种纯真的游戏精神。"我们相信一个易感的、有科学精神的人，能翻译出同样有趣的文字来。

优秀的译文堪称对原著的再创作，其中的妙处亦能在字里行间显露。比如，书中在描述牛顿经常鼓励朋友参与争论时，译文用"煽风点火"来形容他喜欢吵架的性格，让读者认识到一个可敬又可爱的牛顿。我们知道，artist 一般对应于汉语的"艺术家"，但作者在有关伪科学猖獗的描述中，也用到了 artist，译者精明地领会到了作者的幽默用意，将之译为"行骗大师"。当自学成才的列文虎克被选为英国皇家学会会员时，他"几乎有些不知所措"，在他 84 岁接到 Louvain 大学授予他的奖章和赞美诗时，他"眼泪夺眶而出"。这些恰当的翻译将列文虎克的心理状态描绘得栩栩如生，巧妙地表现了一个平民布料商在突如其来的官方认可面前的那种"受宠若惊"。

16 世纪末的迪伊曾经是受人高度尊重的科学家和数学家，又是占星术、魔术和炼金术的早期实践者。在评价他复杂的一生时，有这么一段译文："迪伊是一个有疑问的人物——才华横溢，着迷般地追求科学真理，却不幸迷了路，徘徊在玄想和法术的黑暗胡同里……在今天看来，迪伊的故事无疑是一场悲剧，它清楚地表明，一个聪明好问的头脑，由于雄心而误入歧途，因为缺乏耐心而陷入神秘主义及其自命不凡的泥潭。"这些句子读起来既流畅又优美，堪称是阅读的享受。

类似这样的细节不胜枚举，用当下流行的话来说：因为译者的巧妙用词，这段文字顿时"亮了"。

二、打造一个好书名，使其从同类书中脱颖而出

有调查显示，读者在图书选购过程中，首先关注的是书名。业内编辑也常说："好的书名就成功了一半。"书名作为图书销售的第一幅广告，可以诱发读者去注意图书，产生购买冲动，甚至会成为流行语，成为一种固定的表达模式或生活态度。而作为译作，书名不能与原文意思相去甚远，要尽量忠实于原文，严复先生提出的翻译准则——"信、达、雅"，"信"是第一位的。但若生硬的直译也会丢分不少，甚至会南辕北辙、词不达意。

《科学的旅程》英文原名为 *The History of Science*，按时间顺序分为 5 个小

册：The Birth of Science（Ancient Time to 1699）；The Rise of Reason（1700—1799）；The Age of Synthesis（1800—1895）；Modern Science（1896—1945）；Science Frontiers（1946 to the Present）。内容是从古代科学的萌芽到现代科学前沿。考虑到 5 册套书不仅会使印装成本增加进而导致定价提高，而且不便于读者在阅读时前后比照，割裂了原本一脉相承的人物故事。综合各方面因素后，我们决定将之合并成一本 16 开的"大书"。原先分册的名字分别作为书中的 5 个编：科学诞生、理性兴起、综合时代、现代科学、科学前沿。

本书的书名若直译为"科学的历史"则平淡无奇；有人提议译为"科学通史"，一个"通"字便有了贯通感和动态感，但我们总觉得这个书名少一些生动和亲切的力量。为了使本书能从众多同类图书中跳跃出来，同时更能吸引目标读者，编辑部同仁对书名展开了热烈探讨并反复锤炼。经验丰富的周雁翎老师突然想到"旅程"一词，大家都觉得眼前一亮，这个词更生动更亲切，恰好体现了这种现场感觉：就像一位智者陪着读者在风景各异的路上散步，时而驻足欣赏，时而娓娓而谈。而阅读本书时，也是经历一段趣味盎然、回味无穷、充满收获的旅程。"一段通往科学殿堂的旅程"——也许正是作者想传达给读者的一个重要信息。

三、装帧设计体现科学的人文内涵

现代出版已经越来越意识到装帧设计的重要性。虽说形式永远是为内容服务的，但作为"形式"的"装帧设计"若做好了，便不仅仅是"锦上添花"那么简单，富有艺术表现力的装帧设计，往往体现了一本图书的基调和一个编辑的品位。形式与内容相得益彰，自然能更好地吸引目标读者。

对《科学的旅程》而言，内容与"科学史"相关，从这个角度出发则形式上最好偏向端庄严肃的风格，体现"史学"的人文内涵；可是，图书的写作风格非常活泼，更适合作为青少年的"普及读物"。从这个层面考虑，又更适合采用亲切活泼的装帧设计。综合上述两个因素，为了使图书"内外兼修"，达到科学和人文、艺术的巧妙结合，我们反复修改版式和风格，其中融入了欧洲古典的元素图案，既保持了正文的连续性和整体感，也丰富了图书的设计感。

在当下这个注重包装的时代，封面的重要性不言而喻。常常见到出版界的案例，一本书换了封面就突然销量猛增。我们自然对此也颇为重视。至今我仍然记得当时在图书馆到处查找合适的图片资料，与设计师沟通并不断推翻封面方案。在反复20余次"折腾"后，我和设计师都感到巨大的压力，已接近精神"崩溃"。还在追求完美的周雁翎老师及时地施以援手，提了很多具体的建议和要求，后来我们将内文中欧式典雅的"拉花艺术"运用到封面的书名字体上，并且最大程度地展现图片的魅力，让适合的图片"直接说话"，不作过分的装饰。

功夫不负有心人，最终，《科学的旅程》（插图版）封面获得了一致好评，并荣获当年我社评选的"十佳装帧设计奖"。封面采用的三幅美丽图片，其背后的故事也很动人。一张表现了18世纪时天文观测是上流社会的时尚活动，认知天空的美丽和有序已经在受良好教育的人群中变成一种普遍的追求；另一张表现早期炼金术士在工作室里虔诚且繁忙的场景；还有一张是1805年的版画《丘比特在热带地区唤起植物的爱情》，表现了植物的特性是支撑林奈理论的基础，他的整个分类体系就建立在这个基础上。这三幅场景生动的图片，就传递了天文、物理、化学、生物等自然基础学科的基本内涵，与图书的定位相符合。

我们常说编辑工作是一门手艺活，著名出版人刘瑞林女士在2013年香港书展国际论坛上的一次演讲中也谈道："以手艺的精神，对待每一本书。赋予书籍更有尊严的形式，给予读者更美好的阅读体验。"忠实于对品质的信念，也会让一位图书编辑或一家出版社赢得更多更高品质的读者和作者。《科学的旅程》采用16开软精装的设计，在第一次印刷时，考虑到568页的书可能会比较"沉重"，我们决定采用轻型纸。遗憾的是，轻型纸的韧性和白度都欠佳，图片表现力减弱，最终使得图书的整体形象缺少"气质"，也不够"雅"。于是，在第二次印刷时，我们果断换成了质量较好的胶版纸。

四、为原书提供更多的附加值

《科学的旅程》不是简单地重复"科学的历史"，而更侧重呈现真实的人物及其科学精神。比如，书中既描写了一个全神贯注、不懈思考的牛顿，又描写了一个高度自我、常常与人争吵的牛顿。这个牛顿虽然颠覆了我心目中"伟人牛顿"的形象，但却因为更真实而更显可爱。

书中展现的伽利略也有别于其传统形象。他脾气暴躁、老于世故，感情也比较丰富——终身未娶，却和情人生下了三个孩子。还有莱布尼茨，这位数学大师在成名之前，只有两三个学生来听他的课，甚至曾因为讲课不够好而被学校辞退。我们熟悉的诗人、作家歌德，20多岁时就写下《少年维特之烦恼》，还是个优秀的画家，但很少有人了解到，歌德同时在科学领域也做出了令人称赞的发现，《科学的旅程》就肯定了这一点。费恩曼——现代最不寻常的科学天才，他在加州理工学院的演讲，受欢迎的程度不亚于如今流行歌星的演唱，我们常常说他是物理学家、演讲家，甚至是畅销书作家，而《科学的旅程》在写"费恩曼的遗产"一节时，更强调他解决问题的思路，这种思路影响了后来许许多多的年轻科学家。

我在《科学的旅程》编辑过程中，经常为书里呈现的诸多精彩故事所吸引，所感染，不时也思忖，科普的意义在于什么？是不是多认识几种类型的恐龙，多了解几项前沿成果，多知道一些遥远星系奥秘？应该远远不止这些。

我觉得，值得思考的是：如何让这本已经拥有大量精彩故事的图书更鲜明地表达出深层次的科学精神？如何让读者更真切地感悟到书中人物的情感与思绪，并在阅读过程中得到更多愉悦的体验？几位贤哲的话语给我以灵感、启发。龚育之先生有言："科学思想是第一精神力量。"余英时先生也说过："中国'五四'以来所向往的西方科学，如果细加分析即可见其中'科学'的成分少而'科技'的成分多，一直到今天仍然如此，甚至变本加厉。"

这也关涉编辑的鉴赏力和整合力问题。为成就一部优秀的科普图书，在保障编校质量的基础上，我们还需要做更多体现编辑价值和策划思路的工作，为图书制定最佳的表现形式。

此前在编辑"科学元典丛书"时我们就一直遵循着这样的工作思路，也正因为这份坚持，我们的工作赢得了中国科普作家协会原副理事长王直华先生的称赞："'科学元典丛书'为什么如此受欢迎？最简单的回答是：编辑不是简单地找来元典、翻译出版、印刷发行，他们做了大量的策划、设计、组织、实施工作，以求内外兼修、通情达理……在'科学元典丛书'里，读者看到的不仅是科学，而且还有人文！编辑的工作把我们带回了古老的从前，带回了元典作者的生活情境，让我们有亲切感、亲近感、亲历感，甚至亲为感。"

我们把"科学元典丛书"的成功经验部分复制到了《科学的旅程》中，提炼出图书亮点，提升其思想内核，以期为原书提供更多的"附加值"。

首先，增选大量彩色的历史图片并撰写生动的图说。每张图片虽然只是科学史上某个割裂的节点，但按一定脉络串联起来后，既梳理了作者的写作思路，也再现了科学思想史的内在线索；不但展现了科学发展的主要历程，而且展现了当时广阔的社会文化背景以及探究过程等。这些丰富的资料，大大增强了图书的可读性和视觉效果。

其次，将图书每一部分的主题词和核心语句提取出来，重新编写，放在每一部分的开始位置，起到该部分导读的作用。同时，总结全书的特色和亮点，放置到环衬上，使读者在翻开图书的第一时间，最快地获取最有价值的信息。对有创新的观点，可以适当放大，并结合当今中国科学教育的现状和热点，直接指出本书可以作为科学教育的首选教材，使目标读者更加清晰明确。

一本科普图书的成功，并非单一的因素，总是需要著译者、出版方和市场大环境等多方面的资源整合、良性互动及通力协作。不论是从内容层面、创意层面、技术层面、营销层面甚至管理层面，都可以分别写出长长的论文，但有一点，我始终深信不疑，那就是编辑的真诚和努力，读者会在作品中感受到。在我8年的编辑工作中，《科学的旅程》并不是最让我难忘的编辑经历，但一定是让我受益最多的一段旅程。很多工作思路和方法都是从2008年的这本重点书开始打开的，它深深地影响了我后来的成长，也有幸成为北京大学出版社培训新编辑的经典案例之一。

接踵而来的荣誉和乐观的销量，让《科学的旅程》同时获得了良好的社会效益与经济效益。有很多年轻读者反馈称，因为阅读《科学的旅程》而爱上了原本以为刻板枯燥的科学。其中，有个生物系的学生给我的留言，更直率地表达了这一点，也让我这个责任编辑深感欣慰："在科学的迷途中偶遇此书，读罢，仿如拨云见日，豁然开朗。真切体会到科学由量变到质变的缓慢过程；从失败了无数次的科学家身上，也能看到另外一种勇往直前！"

原载《科普研究》2014 年第 1 期

"搞笑诺贝尔奖"和《泡沫》的前世今生

潘　涛

一、一场"科学狂欢"

"菠萝科学奖是一个严肃认真的科学奖项，我们以'向好奇心致敬'的名义，广泛征集、褒奖和传播有想象力的科学研究成果与实践，找到那些并无野心改变世界，但也不会被世界摧毁好奇心的人，和更多的人一起分享科学。每年四月的第二个周末，我们会揭晓本年度的奖项，并对获奖者致以最崇高的敬意。"

2014 年 4 月 12 日晚，由浙江省科技馆和果壳网合力打造的第三届"菠萝科学奖"在杭州揭晓获奖名单。本人再一次躬逢其盛，见证另类科研的另类解读。

2012 年 4 月 7 日，咱们中国人创设的第一届"菠萝科学奖"正式在杭州诞生。它的发起人，是大名鼎鼎的科学松鼠会、果壳网"总舵主"姬十三。它能够落地杭州，乃是"姬总"跟浙江省科技馆馆长李瑞宏一拍即合的结果。松散的民间组织与正规的官方机构携手？有点匪夷所思。

当天晚上的"科学狂欢夜"，我应邀见证了颁奖时刻，还终于见到了 2005 年真正的诺贝尔奖得主巴里·马歇尔，并用手机同他合影留念。我告诉马歇尔教授，《病因何在——科学家如何解释疾病》，"哲人石丛书"之一，里面主要叙述他后来得到诺贝尔奖的故事。自然，颁奖晚会的场景当即被传上微博。议论一下，必须的。"很正经的哦""可好玩了"……菠萝科学奖为什么要如是宣称？有这样"搞"科普，乃至科学传播的？在当代中国，放在 10 年前，简直难以

《泡沫》封面

想象。

科学，是社会公器；科普，科学传播，是很严肃、认真的事体，怎么可以胡乱开玩笑？如此胡搞科学，简直大逆不道？"北京时间 9 月 21 日晚，第 22 届搞笑诺贝尔奖在美国哈佛大学桑德斯剧院如期上演。" 9 月 24 日，第二届"菠萝科学奖"（2013）的"巡回路演"，已然在浙江大学启动。如今，这已然是《人民日报》（海外版）、新华社、CCTV 等官方的主渠道媒体竞相及时报道的内容。菠萝奖的评选、颁奖，并未引起轩然大波。可见，时代是在进步的，读者、公众是有鉴别力、幽默感的。

"路演"的策划人王丫米告诉我，受我当年引进的《泡沫——"搞笑诺贝尔奖"面面观》（以下简称《泡沫》）的启发，松鼠会决定创建有中国特色的"菠萝科学奖"。庄小哥，科学松鼠会的文艺女校对，"果壳阅读工作室"掌门，微博私信我，还有出色的文字编辑罗岚，伊妹儿我，松鼠会已然买下《泡沫》再版的版权，重新校订译文，改名《别客气，请随意使用科学》，连同《笑什么笑，我们搞的是科学》《靠近点，科学是最性感的世界观》，冠以"搞笑诺贝尔奖那些事"丛书，即将由浙江大学出版社推出。好玩、有趣、谐趣、性感，难道不是科学探索的本质？看来，中国搞笑科学事业，正呈现蓬勃发展之势，大有"星星之火可以燎原"之状，有识之士不可不察啊！

正好借此机会，我把过去始终没能有机会讲的故事讲一把。从中，读者也许应该能够管中窥豹，见识一下"另类科普"的观念演变乃至搞法的历史。

于是，翻出保存近 20 年的剪报，结合我于 2001 年引进出版的《泡沫》，夹叙夹议吧。剪报虽已发黄，字迹仍然清楚可见。

二、最初的"邂逅"

遥想 20 年前的 1993 年，我还在江西医学院物理教研室任教，偶然注意到《读者》第 9 期摘登了一篇短文，题为：美国的"可耻诺贝尔奖"（篇末注明：周晨摘自《中国青年报》1993 年 3 月 6 日）。这还了得，诺贝尔奖还有"可耻"的，即刻引起我的关注。

该文开篇即言："诺贝尔奖声名赫赫，能获得它是一种殊荣。但美国去年却出现了一种'可耻诺贝尔奖'，与之相映成趣，1992 年 10 月，由美国麻省理工学院博物馆和《不可再现成果杂志》（一种嘲讽研究论文的幽默杂志）联合举办了第一届'可耻诺贝尔奖'评选颁奖仪式，授'奖'的原则是：获奖者的'创造发明'都无法再现，而他们却靠这些不能再现的'成就'窃取荣誉。"

该文的理解和表述，显然不尽确切，如今回视，可商榷之处甚多。其实，后来看到《泡沫》一书，方知文中的 1992 年，实为"1991 年"之误，那可是第一届搞笑奖。把"诺贝尔奖"冠以"可耻"，确实够抓人眼球且相映成趣的。该文的结尾："当然，你可以想象，没有一位获奖者会欣然接受这项'特殊荣誉'。"此言差矣，假如作者知悉此奖并非像他"想象"的那么"可耻"，就不会凭想象下此断言了。

"摘取可耻诺贝尔文学奖'桂冠'的则是大名鼎鼎的埃里奇·冯·丹尼肯，他在《众神之车》（此书已有中译本）等书中，凿凿地为读者描述了一幅外星宇航员史前曾多次造访地球的科学神话，列举了世界各地大量'耸人听闻'的'事实'，曾一时引起轰动，而实际上大多毫无根据。"如此这般，这位获奖者的"事迹"，倒是让我基本明白了，似乎设奖者、颁奖者有更深的用意（见《泡沫》第 81 页）。

第二届搞笑奖的线索，从 1993 年第 5 期《科学美国人》中文版（译自 *Scientific American*，Vol. 268，No. 1，Jan.，1993）第 65 页找到，题为"最差诺贝尔奖"。瞧瞧，"最差"是第二种译法。英文原文题为"Booby Prizes"。可惜，中译文没有全文照译，删去了开篇、结尾两段精彩的话。原文还有一幅插图 Weird Science prevails at the Ig Nobels，中译文也未用。每年 10 月举行的"最差诺贝尔奖"颁奖仪式，已经成了科学界讽刺低水平的和粗俗的科学研究的一种新的传统活动。

原文 in bad taste and indifferent science，恐怕不是"低水平"和"粗俗"二词能够简单概括的吧。"今年举行的是第二届授奖仪式，由马克·亚伯拉罕斯（Marc Abrahams）主持。"这位主持，就是《泡沫》的主编。最差诺贝尔文学奖，授予了莫斯科有机化合物研究所的 Yuri Struchkov，这位"多产"的研究人员在 1981 年到 1990 年期间发表了 948 篇科学论文——平均每 3.9 天发表一篇。简直难以置信，高产的科研人员的论文，也可以获得文学奖，评奖者可谓别具慧眼（见《泡沫》第 78 页）。

紧接着，我又非偶然注意到，同年 10 月 17 日的《参考消息》，刊登"你方唱罢我登场天涯何处不设奖"一文，开篇即言："〔合众国际社坎布里奇 10月 8 日电〕麻省理工学院的科学家们，利用世人垂涎的诺贝尔奖英文字的谐音，搞了个'伊格诺贝尔奖'，英文原意是'丢人现眼奖'。"不得不承认，《参考消息》的译者着实了得，翻译文字非常传神，"搞"字极具中国文化特质，"丢人现眼"可谓既吸引眼球，又引人好奇。"伊格"乃是音译，我后来给《青年周末》的介绍文章转译为"贻格"，取"贻笑大方"和"格格笑"双重含义。"他们今天把'丢人现眼和平奖'授予菲律宾百事可乐公司。因为该公司发起一次百万元大奖赛，但宣布中奖号码时搞错了，结果导致 80 万人中奖，'在该国历史上第一次使许多交战的派别走到一起来了'。"简直匪夷所思（见《泡沫》第75 页）。

三、大牌科学刊物也关注

1993 年第三届"丢人现眼奖"的"文学奖"：奖给 E. 托波尔和另外 972 名著作者，他们联合发表一项医学研究文件，著作者的人数竟为文件页数的十倍。好玩。其实，"文件"应该译为"论文"。"十倍"，可是在《泡沫》第 74页，为 100 倍，莫非翻译时缩水十倍？医学奖：奖给詹姆斯·F. 诺兰等三人，他们煞费苦心地搞出一份题为《拉链夹住阴茎后的紧急处理》的研究报告（见《泡沫》第 74 页）。"诺兰"大名前，还有一个定语"仁慈的男医生"。该文最后指出："丢人现眼奖是由麻省理工学院《不可再现成果杂志》发起主办的，该奖授予那些'其成就不能或不应该重复的'人。"此结语，基本到位。不过，获奖作品似乎不能简单归为"丢人现眼"。他们可是十分认真地搞科学研究。后来，此文先后被《海内与海外》1994 年第 3 期、《读者》1994 年第 8 期转载。

最令人惊奇的是，我根据颁奖时间，竟然在大名鼎鼎的头号科学刊物《自然》（Nature）周刊 1993 年 10 月 14 日第 365 卷第 599 页的"新闻"栏目里，找到了相关报道，题为 Ig Nobel prizes reward fruits of unique labour，作者 Steve Nadis。其中，颁奖晚会的主持人，除了《泡沫》的主编马克·亚伯拉罕斯，还有 1979 年诺贝尔物理学奖得主格拉肖、1976 年诺贝尔化学奖得主利普斯科。只可惜，这些报道在《泡沫》一书里没有出现，但配发了一幅示威者抗议的照片。自然，在 1993 年 10 月 22 日的《科学》（Science）杂志第 509 页 Ivan Amato 主编的 Random Samples 栏目，也找到了一篇报道，题为 Ig Nobels: Not the Real McCoys。作者把第三届 Ig Nobels 称为 a satric version of the traditional awards，"传统诺贝尔奖的讽刺版"。世界科学界最看重的两份顶级科学期刊，每年都愿意辟出宝贵的版面，刊登获奖消息和评论，这是怎么回事？假如这个"跟风者""冒牌货"真的那么荒诞不经，《自然》会糊涂到把它们当作《科学》事件？

《科学美国人》英文版 1994 年 12 月号第 17～18 页，作者 Steve Mirsky 以 The Annual Ig Nobel Prizes 为题进行了报道，副题是 This year's winners are, well, just as pathetic as last year's。在中文版第 63 页，副题译为"本年度的获奖者和去年的一样的悲惨"。李光耀，新加坡前总理，最差诺贝尔生理学或医学奖得主。因为他对反面加强作用（effects of negative reinforcement）进行了 30 年研究，也就是说，"每当新加坡市民随地吐痰、嚼口香糖或是喂鸽子时"他们就会受到惩罚。这里，译者误把"心理学"看成了"生理学"（见《泡沫》第 70 页）。本年度的文学奖，被译成"智力学"，这实在有点搞笑，它颁给了曾经风靡一时的《戴尼提》(见《泡沫》第 69 页)。

不过,《怀疑的探索者》(*Skeptical Inquirer*) 1995 年 1、2 月号第 7～8 页的报道(作者为科学作家 Eugene Emery, Jr.), 以 "Ig Nobel Awards Go to the Most Deserving" 为题, 则重点介绍了哈伯德所获得的文学奖, 且指出获奖者未能出席颁奖仪式的原因有二: 哈伯德死了; 这毕竟是 Ig Nobels。结束语则是, JIR 的编者发现, JIR 没有什么幽默感, 所以不辞而别, 另外创办了 AIR (定性为 "a journal of offbeat pseudoscientific studies")。JIR 是《不可再现成果杂志》的简称, AIR 是《不可思议研究年刊》的简称。JIR 如何孕育 AIR (见《泡沫》第 11～13 页)。

四、"引进"中国的历程

1995 年初, 我终于与《泡沫》主编马克先生取得了联系, 他给我寄来一些宣传品。其中, 有 1994 年搞笑诺贝尔奖各位得主的"获奖成果"。马克先生给我的信, 还不忘附上两篇报道的复印件: 1994 年 6 月 9 日《自然》周刊的报道 "Irreproducible" team clones a rival; 同年 6 月 24 日《科学》杂志的报道 "Mutiny on the Joke Journal"。JIR 是最老的讽刺科学杂志, 马克如何自立门户, 创办 AIR? AIR 的定位是: The journal of record for inflated research and personalities。宣传品的背面, 是《泡沫》的征订单, 以及 1994 年 12 月号的要目。

我发现, 马克先生的幽默感, 还体现在双关语、俏皮话等文字游戏中。这一定是继承了美国魔术师、科普作家、幽默大师马丁·加德纳(Martin Gardner)的衣钵。因为, 在《泡沫》一书"特别致谢"的结尾, 已经交代其"把我引向不可再现性(irreproducibility)和不可思议性(improbability)道路"。马克的信, 祝词也是别出心裁 Sincerely and improbably (but not irreproducibly)。是啊, 假如搞科学的、传销科学的, 都那么无趣、乏味、沉闷、严肃、紧张, 科学怎么会让人欢喜、让人爱呢?

第五届,《科学美国人》1995 年 12 月号英文版第 13～16 页, Steve Mirsky 以 "You May Already Be a Wiener: The Ig Nobel Prizes surprise again" 进行了报道。中译文标题"最差诺贝尔奖再度使人感到意外", 只是译出了原文的副标

题。刘义思译，郭凯声校。颁奖仪式于 10 月 6 日在哈佛大学举行，5 位真正的诺贝尔奖得主躬逢其盛。不过，中文版第 66 页，在"其他 Ig 得主是……"的专栏里，省略了因拳打脚踢的议会功夫而获本年度"和平奖"的台湾得主（见《泡沫》第 64 页）。不过，这回，中文版虽然误把画家莫奈（Monet）译成了马奈（Manet），却照刊了英文原文的照片，则是一个进步。

第六届，《科学美国人》1996 年 12 月号英文版第 22 页，以"The Victors Go Despoiled"的报道，开篇是"Fool me once, shame on you; fool me twice, shame on me"。获奖者们，被简称为 Igs。《科学新闻》（*Science News*）周刊 1996 年 12 月 7 日第 354 页，则刊登了《不可思议研究年刊》的征订广告。其广告语除了 The journal of record for inflated research and personalities，还有 Genuine and concocted research from the world's most and least distinguished scientists and science writers。当然，还有《泡沫》的网址和联系方式。其时，我虽然在北京大学读博，仍一如既往地关注搞笑奖的进展。

1998 年 7 月，我加盟上海科技教育出版社，开始张罗"哲人石丛书"。整套书，大体上是硬科学，不便搞笑，否则会不和谐，尽管一不留神塞进了一本《我思故我笑？——哲学的幽默一面》。于是，借用"风清扬"名义，另搞一套，"八面风文丛"，其中，不乏另辟蹊径、搞点另类科普的尝试。

1999 年 12 月 20 日，《科学时报》发表北京大学哲学系刘华杰的文章"学术冒泡与伊格诺贝尔奖"。其时，我一直为 AIR 的译法苦恼，百思不得佳译。有一天，忽然顿悟，索性就叫《泡沫》。伊格诺贝尔奖，广大的中国读者自然不容易搞懂，干脆把它命名为搞笑诺贝尔奖，岂不相对容易穿帮。

终于，《泡沫——"搞笑诺贝尔奖"面面观》于 2001 年 11 月出版，我的两个顿悟"啊哈效应"的成果，都体现在书名里，其实，英文版的原意只是《AIR 精粹》。译事，约请徐俊培先生担纲，他曾经是《技术的报复》的译者。

五、"知音"难觅

《泡沫》问世了，似乎应者寥寥，知音难觅。2002 年 3 月 7 日，《中国图书商报》发表了江晓原的书评《泡沫也是物质》。他认为，关于《泡沫》杂志和"搞笑诺贝尔奖"，由于此前在国内的媒体上几乎从无介绍，目前《泡沫》这本书成为国内公众了解这方面情况的主要来源（所以说它"填补空白"）。结语是：

> 这些在我们这里显然不会被容忍（至少现在还是如此）的活动，在美国却进行了多年，而且似乎成了一点小小气候，原因在哪里呢？我想主要在文化的差别上。毫无疑问，这些搞笑活动绝大部分是完全"无用"的，按照我们现今的主流标准，这些活动既没有"经济效益"，也没有"社会效益"，充其量，也就是有可能使公众觉得科学不一定那么神圣遥远，高不可攀，或许因此容易和科学亲近一点？
>
> 如果我们试图从积极的方面来考虑这些活动，最主要的一点，应该可以从中看到，西方文化中源远流长的对"无用"之物的欣赏传统，在《泡沫》杂志和"搞笑诺贝尔奖"活动中再次得到了体现。哪怕当下毫无用处，哪怕属于搞笑胡闹，只要是人类的智力活动，就能由衷表示欣赏，还能从中看出幽默，这对于中国人来说至今仍是很难做到的。要说《泡沫》一书的引进有何积极意义，我看首先可以从这个角度去考虑。

2004年9月16日《文汇报》发表刘华杰的书评《搞笑版"诺贝尔奖"》。他开篇指出：在诺贝尔奖问世百年前后，出版这本闻名遐迩的科学幽默杂志、美国《不可思议研究年刊》（英文缩写为AIR，中文可译作"冒泡"）的精选本——《泡沫》，让人看到科学的另一幅令人惊奇的样子，它幽默的一面，还听到这样的天方夜谭：自1991年开始由该杂志颁布"搞笑诺贝尔奖"，该奖每年由诺贝尔奖得主亲自颁发，向那些取得"不可或不应再现"的研究成果的人颁奖，每年这个时候，各种各样的科学家汇聚一堂，妙语横生，从一种别出心裁的角度打量自己的科学研究。在这里，似乎真的如他们所说，我们听到了

"一种不同凡响"的笑声。

身在北京大学科学传播中心，他自然免不了三句话回归本行：

> 科学传播要传播什么？要传播作为文化的科学，既要关注轰轰烈烈的科学革命，也要关注科学的日常行为；既要向公众传达科学及科学家圣洁与理性的一面，也要时常提起其中一些并非圣洁也并非理性的诸多事件。科学的真实形象一定由某种张力状态构成，如果担心嘲讽或者仅仅是幽默就能摧毁自誉为"理性"与"强力"的代表——科学——的话，这种自誉一定是有水分的。"搞笑诺贝尔奖"每年受到科学家兴致勃勃的关注，也是由于该奖并不是致力于对科学的嘲讽，不是要突出坏科学而是颂扬科学，表明科学家确实享受到工作的乐趣，表明科学确实是生气勃勃、富于人情味和惊人离奇的事业——而非提炼什么古怪想法的可怕之事。

2006 年 10 月 22 日，《科技日报》发表尹传红的"科学随想"专栏文章。他觉得：

> 亚伯拉罕斯还有一种观点，他说他要表彰那种伟大的困惑不解。因为大多数人一生中都有所成就，或者至少做成过某种事情，然而，他们却从未被授予过任何可让人感到春风得意的奖项。"这就是我们为什么要颁发'搞笑诺贝尔奖'的缘故。"
>
> 他认为，如果你赢得这样一个奖项，那么这将向你及所有的人表明，你已经做成了某件事情。那件事情是什么，可能比较难以解释，甚至可能完全无法解释。你的成就是否能够造福公众，解释起来可能比较困难，甚至比较痛苦。但事实却是，你做成了这事，并且你也为此而得到认可。至于其他人爱怎么解释这种认可，就让他们解释好了。
>
> 这么看来，"搞笑诺贝尔奖"还能起到一种抚慰作用呢！我想，人

《别客气，请随意使用科学》封面

从天性上讲，还是需要某种成就感的，不管他做的是什么工作。

纸质媒体，对搞笑诺贝尔奖的关注，比较有深度的讨论，仅此而已。那么，新兴的网络媒体，又如何呢？

2005 年 3 月，刘兵、刘华杰、黄集伟做客新浪网，就谈及"搞笑诺贝尔奖"和《泡沫》。2008 年 1 月，"何许人"在心门网发帖子谈及，亚伯拉罕斯一帮人创办的"搞笑诺贝尔奖"影响为什么这么大？一个重要的原因就在于他们拥有自己的一个宣传阵地，即《泡沫》（AIR）。《泡沫》的全名是《不可思议研究年刊》，这是一本记录"华而不实的研究和人物"的刊物。它的影响力非常之大，以至于《自然》《科学》《纽约时报》《时代》以及 BBC、ABC、CNN 等诸多媒体都对其特别照顾。《联线》杂志说："《泡沫》是西方文明一个最杰出的贡献。"

直至 2011 年，《泡沫》中文版出版 10 年后，本人愚钝至此才第三次顿悟：姬十三博士，不啻是"搞笑诺贝尔奖"在中国最大的知音。他带领下的松鼠会、果壳网十分活跃，在网络世界里，关于"搞笑诺贝尔奖"，已经铺天盖地。

2012 年，"菠萝科学奖"横空出世；2013 年，在果壳网的主持下，《泡沫》重新校订出版，改名《别客气，请随意使用科学》。

原载《科普研究》2014 年第 3 期

《相同与不同》的科普理念及其对中国科学家科普的启发

高衍超

美国化学家、1981 年诺贝尔化学奖获得者罗尔德·霍夫曼（Roald Hoffmann）是少有的活跃在科学前沿和科普创作一线的科学家。他是国际化学哲学杂志（HYLE）的编委，50 多年来一直坚持致力于化学科普创作，长期为《美国科学家》杂志撰写科学随笔专栏，发表了大量科普作品。因在化学科普方面的杰出贡献，他获得了许多奖项。其中，1986 年获 Pimentel 化学教育奖（美国化学会为奖励化学教育而设立），2009 年获得 Grady-Stack 奖（美国化学会为奖励科学写作而设立），以及美国国家科学委员会颁发的"公共服务奖"。他的著作《相同与不同》影响广泛，深受读者喜爱，是他诸多科普力作的代表。

当前科普作品获得公众的推崇和喜爱，通常得益于内容上的新、奇、特，以尖端科学知识和社会关注度较高的主题来吸引读者眼球。这也是目前科普图书市场上的一般规律。可想而知，以化学这样的传统科学作为素材的创作所受到的关注度是无法与前者抗衡的。然而，在这样一种大环境中，霍夫曼以化学为素材的科普作品却得以在出版后持续十几年仍备受读者追捧，被翻译成多种语言，而且在科学传播以及化学哲学等领域也备受推崇。他所得到的认可和关注也印证了其作品不同凡响的思想魅力。

那么，霍夫曼的创作何以能够在低迷的化学科普市场逆势前行呢？他的科普创作理念是如何在他的创作中得以贯彻的呢？本文力图对其创作的特点和规律进行微观考察，希望能给我国科学家从事科普创作带来一些启发和参考。

一、《相同与不同》的思想特点

1. 立足于科学实践的人文反思

科学实践是霍夫曼反思科学的根基，也是其作品带有鲜明的个人魅力的原因所在。他的科学人文创作不失时机地融进了他的生活、教育、科学研究的经历，引入大量的生动案例来印证所阐述的问题，其中蕴含着作者多年从事化学工作的心得和启发，体现出很强的思想性。

霍夫曼擅长以带有个人特征的案例和故事来诠释科学家对于科学的理解和科学家的思维过程，他大都是在自己的科研及生活经历的基础上阐发自己的理解和体会，从整体风格上体现出他自成一格的独到理解。霍夫曼将个人化的经历和理解以一种活泼的方式展示给读者，可以让公众近距离地接触科学研究，以更直观的视角去了解科学，拆除科学事业与普通民众之间的藩篱。相比从知识的角度进行介绍，这样的一种传播方式更好地激发了公众对科学的兴趣。

此外，霍夫曼灵活而广泛地运用了类比的修辞，更形象化地对化学问题进行了展示，同时也使语言上的表述更为直观。这无形中拉近了读者与科学及科学家之间的距离，较好地把读者的注意力集中在所探讨的主题上。从理论偏好上看，霍夫曼比较强调科学的特异性和自主性。在他的作品中，强调化学在思想方法上不同于其他科学的地方，着重去探讨化学学科存在的内在合理性。这在科普作品中是不多见的。霍夫曼将化学最难以描述和把握的层面——思维展现给读者，对科普创作而言是高难度的自选动作，巧妙地将读者带入科学家的思考，带给读者耳目一新的参与感。从而，读者不再是被动接受的客体，这样一种视角的转变成功地增强了读者的阅读体验。

2. 科学形象的多维度呈现

多重维度地展现科学的形象，是《相同与不同》的另一个重要特征。在大多数科普作品中，科学大都以正面的形象出现。不过，霍夫曼在表述中用了较多笔墨着力于化学知识形成中的相对性和局限性，从而使其科普著作较多地带有批判和反思的意味。他以诗意的语言尽可能地向读者介绍科学体系的繁复与巧妙，与此同时丝毫不吝惜笔墨，对科学在思维层面和社会层面所存在的限度，以及所带来的负面效果进行了翔实的分析和探讨。由此，霍夫曼科普著作的思想性内涵就凸显出来。

以霍夫曼对"双重性"的探讨为例，他把对化学的理解与物质的"双重性"问题联系起来，从而把他的思考由化学研究的对象转向了化学研究的主体——人类的思维。他实际上是从人类的思维活动的层面去反思科学认识的能力和限度的。在《相同与不同》中他写道："公正的人类对化学物质的感情是矛盾的，看到了它们的利，也看到它们的害。这不是荒唐，而是人的本性决定的。'可以利用'和'又有风险'就是双重性的两个极点。"双重性是化学家对研究对象的重要的形而上学预设，而事实上，"双重性"首先体现为一种特定的认识方式，是化学家在工作中所主要采取的思维进路，而并非是一种在本体论意义上的物质属性。离开了人的思维，物质的双重性无从谈起。每一种物质都是独立于其他物质的客观存在，是人类在研究中根据自己的思维范畴作为标准对客观实在进行了区分和整理，因此才有了所谓的"相同"和"不同"的划分，以及所谓的"双重性"。在"双重性"的视野下，两个相对的方面又同时存在于所研究的对象，是无法分离的，化学家所做的工作是探索和把握物质性质在两极之间的位置。正是通过双重性的认识形式，化学家将研究的对象与人的思维建立起了内在的关联。

另外，透过科学技术的表象，深入分析与化学有关的严重负面效应在经济和社会层面的原因，也是《相同与不同》的重要主题。以药物"反应停"所导致的致畸后果为例，霍夫曼探讨了由于科学文献的引证和药厂对药物说明的修辞的处理，导致存在致畸作用的药品在临床上被广泛使用，从而引发严重的社会问题。霍夫曼这样写道："……我想是科学的毛病，但不仅仅是科学的毛病。这是体制内部的错误，照汉娜·阿伦特的警句说，是它的无能。……这些人中没有一个是地地道道的恶人。我以为他们是有毛病的好人，他们都有自己的小算盘。"

通过把科学中的案例放在整个社会背景中进行具体考察，从而使读者意识到，科学技术所引发的负面效应不是一个纯粹的科学技术问题，在经济层面和社会层面也有其原因。相比之下，同样是谈到科学中的负面事件，专业科学家创作的科普作品则比较侧重于从原理的角度强调知识的客观性、中立性、规范性，把科学的负面效应理解为是由于人们对于科学的滥用造成的，强调从科学本身的角度避免有意为之的恶性事件，很少有对社会层面和人文层面的思考。霍夫曼则跳出了这样一种话语，把科学负面效应的产生与人们的"无心之过"联系起来。他指出，人类的行动大都带有自身的目的性和自己的主观意图，在每一个看似公正、中立的行动中多多少少都存在着人们所看不到的意图。在这个过程中，人们有意识地夸大、隐去、减弱一些信息，从而为更好地实现目的对于客观实在的表达进行人为的加工。每一个过程的改变可能都是微乎其微的，但是在整个链条形成之后，往往就在体系上造成了一个难以挽回的风险。

由此可见，在霍夫曼的科普作品中，科学并不是以真理的形象而出现的，而是一种存在一定限度的人类思维的产物。这样一种对科学的理解直接影响了他的科普创作，也塑造了其科普作品中的科学图景。那么，这对于公众理解科学会带来怎样的影响呢？反观目前的科学家科普著作，对科学的反思与批判不是太多，而是很少。正如刘华杰所说："破除科学主义的迷信，这既是社会发展的要求也是科技创新的要求。公众应当在一种全新的平台上理解当今世界的科学技术与工程，而不是几十年不变地在唯科学主义的框架下让百姓被动地接受现成的知性结论。"

霍夫曼对科学的批判反思对于公众加深对科学的理解大有裨益，其视角则更倾向于科学的社会建构理论，他透过科学技术有关的恶性事件本身，去进一步探究了科学知识形成过程中的人为因素，从人文的视角去审视科学活动的深层内涵。

3. 有"我"的话语与科学理解的客观性

从事科普创作的科学家应该如何处理"我"在作品中的位置呢？

科学通常被理解为一个客观的知识体系。因此，人们在有意无意中不愿意使陈述变得主观，特别是在向公众传播科学的时候。科学的普遍性、客观性成为一个约定俗成的标准。因此，有人认为，对科学的描述也应当是客观、中立的，这样才能够保证概念陈述的准确性。这样的一种态度也影响了科普创作。所以，一般认为科普作品很少带有作者个人化的东西。很多作者也尽量在作品中隐去具有个人色彩的东西，有意识地使用理想化的语言，并在表述中尽量采用客观化表述以体现客观的特征。与此不同的是，霍夫曼把科普创作作为展示自己的舞台，读者几乎都是在每一个关键环节，通过霍夫曼讲述自己亲身经历的故事来了解相关情况的。因此，在很大程度上，与其说霍夫曼是在介绍科学，不如说霍夫曼是与读者一起分享他的科学经历。

对从事科普创作的科学家来说，作者个人化的经历同时也是科学自身的一种在生活世界的呈现。科学家思考问题的过程，他们如何提出问题和在科学共同体中活动，他们在实验中个人化的实验操作习惯和思维倾向，实际上都是对科学活动本身的一个绝佳的展示。这也与作者的侧重点有很大的关系。侧重于知识介绍的作者一般不喜欢在著作中为自己留有位置，而在科学家所进行的科普创作中，作为科学活动的亲身经历者，作者本身不可缺席，自然也是著作内容不可分割的一部分。作者通过一种类似人类学研究的方式，可以向读者真实地再现科学活动的情境，从而把读者带入一种全方位的、立体的情境当中。田松更是将作品的人称问题理解为新旧科普观念的对立。他指出："传统科普是在推广无人称的绝对真理，是静态的、俯视的、系统严密的教辅材料，而现代科普是有人称的、动态的、平视的，它所强调的是公众理解科学而非信仰科学。……在这种环境下，科学只能受到人们的崇拜、学习、遵从，而不能是批评、怀疑、亲近的对象，公众对于科学知识的信赖有时甚至到了盲从和迷信的程度。"作为科学研究的亲历者，霍夫曼在内容与叙事的角度上都直接基于自己的科研经历，尽管这样的话语有失"中立"，但却更为直接地向读者展示了科学活动的原貌。

可见，巧妙运用"主观"的素材比生硬地维持"客观"的形式能够更好地实现作者的写作意图。霍夫曼超越了传统科普"无人"的创作模式，打破了科学研究与公众之间的界限，得以把科学研究中最鲜活的东西带给读者，从而让读者能够原汁原味地体会到科学研究的魅力。这样的工作对于职业的科普作家和一般的职业科学家而言都是很难实现的。

《相同与不同》的创作特点也直接反映了霍夫曼的科学观念。科学家与普通人一样，都是带有自己的立场的，并不存在对科学绝对客观的理解。越是强调没有倾向或者绝对客观的理解，就越是可能失之偏颇。恩格斯指出："自然科学家相信：他们只有忽视哲学或侮辱哲学，才能从哲学的束缚中解放出来。但是，因为他们离开了思维便不能前进一步……所以他们完全做了哲学的奴隶，遗憾的是大多数都做了最坏的哲学的奴隶。"很显然，霍夫曼不是恩格斯所说的那种"自然科学家"。关注对科学的反思是他的科普作品的重要特征之一，这种反思是站在科学哲学的基础上进行的。对科学他写到了科学家是怎样进行思考的，写到了科学家在科学认识过程中的思想历程，写到了科学家的科研活动与人文理念，等等。与此同时，他通过这些紧密与科学实践相关的科学案例来阐释科学哲学，从科学家的角度去反思现有的、以物理学作为科学范本的科学哲学在认识科学其他领域时的作用和限度问题。在霍夫曼的科普创作中，作为哲学家的理论反思与作为科学家的具体实践始终在场。如此，霍夫曼的科普创作已经完全超越了通常以科学知识为主要内容的科普创作，而是致力于丰富读者对科学理念、科学方法、科学的社会影响等方面的认知和思考，从而实现了科学与人文的统一。

二、科学家与科普创作的关系及其问题

《相同与不同》受到关注，很大的原因在于它的作者是前沿科学家。目前，由科学家参与创作的科普作品越来越多，对公众理解科学产生了较大的影响。在读者的眼中，科学家意味着专业和权威，代表着知识和真理的化身。读者对科学家创作的科普读物期望大都比较高。对出版商而言，科学家的身份是吸引读者的一个亮点和卖点。但是，科学家的情况也并不一样。一般情况下，科学家撰写科普读物大多是由于个人爱好，也有是在出版机构的邀请之下完成的。很多科学家分身乏术，还有的科学家对写作并不擅长。如果要他们勉为其难地

进行科普创作，则很难保证出版质量。

有关科学家在科普创作中的地位，以及科学研究与科普的关系问题的探讨一直是科学传播领域的热点。科学家是科学知识的"第一发球员"，以李大光为代表的学者认为，没有科学家参与的科普是不成功的。他主张，科学家应当关注自己所研究的领域的思想形成过程及其对其他领域的影响，如果科学家过分固守自己的领域，其认识的广度和深度就会受到限制，反而对科研有负面的影响。而也有观点侧重于强调专业化科普力量在科学传播中的作用。他们认为，"在科学知识的生产早已专业化、职业化后，科学知识的普及、传播以及科普创作也在不断走向专业化和职业化，科学知识生产者和科学知识传播者两者的分工已在所难免。"因此，在科学技术高度专业化的今天，不应当苛求科学家一定要身体力行地参与到科普工作中来，而应当由专业科学传播工作者来进行科普工作。

以上两种观点体现了目前科学传播模式变迁中的两种较为典型的科学传播模型，我们可以分别表示为"模型1"和"模型2"。"模型1为：信息传播者→信息→传播渠道→信息接收者，模型2为：科学知识生产者→信息1→科学知识传播者→信息2→传播渠道→科学知识接收者。"对模型1而言，知识的生产者与信息的传播者具有同一性——都是科学家来担任。模型2则把信息的生产者与信息的传播者区别来对待。

两种模型所共同关注的还是科学传播的效果问题。在模型1中，信息直接由信息生产者传递给信息接受者，学界通常认为，在科学传播尚未独立于科学活动的阶段科学传播主要以此形态存在。模型2则被认为是对科学传播独立于科学活动之后的描述。这一模型表征了科学知识产生后与公众之间的对接的问题。两种模型一般性地对科学传播的宏观路径进行了表征。不过，在面对科普创作这类具体的科学传播形式而言，无论借用以上哪种科学传播模型都无法对科普创作中内在的传播机制提供有效的表征。模型1的问题在于它对科学家作为信息的生产者和信息传播者双重身份的转换机制没有进行具体化的表征，即科学家是如何将自己的理解传达给公众的？模型2侧重于信息生产者和传播者在职能上的分工，但是传播者何以通过自己的表达本真地传递科学家的想法和意图？什么样的科学传播的过程既能够保证公众的可读性，又能最大限度地传递科学研究内部的微观意涵？这些是直接关系到科学传播效率的问题，直接关系到科普创作能否形象而具体地将读者带入科学，能否带给读者"纤毫毕现"的阅读体验，能否实现科研与科普之间的深层对接。因此，对此应展开更具体的分析。

科学不仅仅体现为一种知识体系，还是一种动态的人类活动。然而，这两种模型的思路都是建立在"科学是一种知识体系"的基础上。当前，科普在科学知识层面的传播功能已经逐步让位于教育，如此一来，科普创作的着眼点逐步聚焦于全方位地提高公众的科学素质的思路得到越来越多的认同。这要求科普创作不能停留在传播科学知识的阶段，而是传播科学方法以及科学理念，科普使公众"懂得并能熟练运用科学方法、理解科学对社会的影响从而具有参与国家科技决策的意识和能力在内的综合的科学素质"。因此，科普不仅是对科学知识的传播和介绍，而且是把科学的多个维度全方位展示给读者，从而带给读者耳目一新的丰富体验，深化和提升读者的科学素养。在科学建制内部，有关科学共同体内部的生活世界以及在科学发现过程中的切身实践往往带有科学家个人的体验。以此作为基础，才能够将科学方法、科学理念、科学精神、科学的社会影响等方面的理解具象化，而科学家丰富而生动的科研经历为他们进行思考和写作提供了得天独厚的便利条件。这样看来，科学家的参与对深度的科普创作具有不可替代的重要性。此外，科学研究是社会公共事业的一部分。因此，科学家有义务把自己所从事的工作介绍给公众，让公众了解科学家的事业与自己的生活以及生活的环境之间的关系。

深度的科普创作需要科学家的参与。但是，科学家的专业水平只是其中的基础要素，科学家能否顺利地把自己在科学上的经历、思考和启发成功地跟读者对接，关键在于科学家的科学人文旨趣。

三、创造科学与人文结合的土壤

当前的中国社会处在一个科学知识和科学精神都相对缺少的状态。这表现为，中国人尚未完全树立起科学理性的旗帜，形形色色的伪科学仍然很有市场，而公众无从辨别其真伪。其中的原因一方面是知识层面的欠缺，而更重要的则是相当一部分公众并不理解什么才是科学。因此，需要对科学理念传播的重要性给予充分重视。

一方面，公众需要在科学知识的层面上尽快实现"脱毛"；另一方面，科学理念的渗透也是对整体科学素养提升的环境培育过程。如果仅仅从科学知识的层面展开科普，那么很容易使公众仅仅把科学理解为一种操作性的手艺，是属于少数科学家和技术人员的一种封闭性的认识，这样就无法实现公众理解科学的本质意涵，同时也会增加伪科学滋生的风险。实际上，具有反思和批判特点的思想性科普著作的产生和流行对于科学本身绝非坏事。科学传播的目的并非将科学推上神坛，而是更全面地理解科学的不同侧面。因此，在观念的层面反思科学，认识科学的限度，对于促进公众形成健康、全面的科学理念具有积极意义。数学家李大潜院士指出："科学一方面推动物质财富的创造，另一方面则推动社会向更高的精神层面发展。要建设理想的社会，科学精神、科学的世界观非常重要。对科学的好奇心和探索精神，可能暂时带不来物质上的好处，但是对培养一个完整的人非常重要。"对于科学理念的传播是提升公众对于科学活动的判断能力的有效措施。只有在思想基础的层面对公众产生深远的影响，才能从本质上提升公众的科学素养。

对于科学理念的传播要比对于科学知识的传播需要更多的智慧。海洋地质学家汪品先院士认为，"……要告诉孩子、学生和社会公众，科学是有用的，科学更是有趣的。"因此，科普创作不但要实现科学知识深入浅出的转化，更重要的是科学家与读者之间的想法能在多大程度上实现对接，效果如何。科普创作对于科学传播的效果的要求比对科学知识方面的要求更高。这个难度不在于内容有多高深，而在于一个"巧"字。我们需要一批具有思想性的科普作品，来带动和形成一种对科学进行人文反思的氛围，使一种问题意识产生于科学传播的土壤里。

当前，公众对高质量科普读物有着较高诉求，政府的资金和政策支持力度也不断加大，特别是2006年国务院颁发了《全民科学素质行动计划纲要》之后，科普创作也开始进入发展的快车道，国产科普作品的出版在近年来呈逐年上升趋势。随着公众科学素养的提升，科普作品的思想性内涵会越来越为读者所重视。公众需要，时代也呼唤真正"接地气"的中国特色高端科普读物。

好的作品往往是不可重复的。但是，每一个好的作品的产生都与社会背景，与作者自身的经历密切相关。因此，尽管优秀的科普作家的产生有其独特的原因，但是他们的成长也并非不可复制。从霍夫曼在哥伦比亚大学的求学生涯我们可以发现他受到了颇深的艺术以及非自然科学课程的熏陶，"几乎要加入了艺术的职业"，他写道："我必须说明，在非自然科学的课程中向我呈现的世界，就是我所记得的在哥伦比亚的最好时光。"由此可见，人文和艺术对霍夫曼的全面发展产生了积极而深远的影响。他的人文素养促进了他的科学鉴赏力，而在科学前沿的研究工作也为他的科普创作增添了信手拈来的素材，其实科学与人文原本就是他同一生活的不同侧面而已。具有科普兴趣和深厚人文素养的思想性科学家应当成为科普创作的中坚力量。思想性的科普作品创作需要开阔的视野，需要能够使思维游刃有余地在生活与科学之间跳跃。因此，培养具有科普旨趣的科学家必须进行体系化的建设。"头痛医头、脚痛医脚"式的解决办法可能短期内可以作为权宜之计，但是如果要从根源上解决问题，彻底地解决长久以来科学与人文相割裂的状况，就必须从科学教育的维度切入，在科技人才的成长过程中加入科学与人文的元素。尽管可能大部分科学家不会从事科普创作，但培养具有科普素养的科学家同时也是培养具有反思性的科学家的过程。从博雅教育的角度来看，只有这样才能够从总体上提高科学工作者的科学人文素养，从而为高端科普创作人才的涌现创造条件。这不仅有利于繁荣科普创作，对科技工作者全面的发展也是大有好处的。以往我们强调科学家要对自己所从事的工作及其对社会的影响进行反思，然而，我们却并未交给他们从社会的视角上对科学进行反思的理论工具。培养科学家的科普创作旨趣会改变这一学术生态，从而打破思想方式的局限，这也会对科学研究起到积极的促进作用。科学与人文结合的环境得以改善，高水平的科普读物和科普作家自然会涌现出来。

原载《科普研究》2014 年第 4 期

历史叙事的实验：论《哥本哈根》中科学与人文的辩证关系

胡宇齐　詹　琰

　　《哥本哈根》是英国剧作家迈克尔·弗雷恩创作于 1998 年的一部话剧。同年 5 月，这部话剧被英国皇家国立剧院搬上舞台在伦敦首演。这部话剧斩获了普利策、托尼等多项大奖，并被评为 20 世纪最好的 50 个剧本之一。中国国家话剧院也早在 2003 年就由王晓鹰导演将其呈现给了中国观众，反应热烈。

　　《哥本哈根》脱胎于物理学史上一段著名的公案——"哥本哈根之谜"。在话剧中，已经死去的丹麦物理学家尼耳斯·玻尔及其夫人玛格丽特，和德国物理学家沃纳·海森伯以灵魂的形式再一次"在场"，重新叙述玻尔与海森伯 1941 年的那次会谈，并试图弄清其前因后果：海森伯为什么要来哥本哈根？他究竟对玻尔说了些什么，以至于两人父子般的感情从此破裂？

　　《哥本哈根》与历史和科学的天然联系使得学界纷纷将其视为严肃的科学剧，或者历史剧，探索其历史真实性，或是其涉及的科学的正义、伦理、国别等宏大话题，当然也有学者从哲学层面分析认知真相的不可能。而本文将从这部话剧的形式出发，剖析内容与形式的同构关联，从而探讨其中科学与人文的辩证关系，进而探索科学传播的路径。

一、历史剧的失实

　　《哥本哈根》以历史为题材，不少学者于是以历史的真实性来衡量它。在国内外学者严谨的考据之下，《哥本哈根》不合史实的地方——暴露。

　　比如，因研究尼耳斯·玻尔而被丹麦女王授予"丹麦国旗勋章"的戈革先生结合当时紧张的国际和学术环境，指出《哥本哈根》的不实之处主要有三：其一，海森伯与玻尔的见面地点应该在玻尔的办公室；其二，玛格丽特不应在场；其三，会谈持续的时间很短，应该不会有"滑雪"等叙旧细节。研究沃纳·海森伯的历史学家 Cassidy 提出，虽然《哥本哈根》成功地将一些历史和科学议题带给了公众，但作为一个历史学家，我必须表达一些失望：它并没有对"哥本哈根之谜"给出一个合理的解释。

《哥本哈根》以悬而未决的著名历史片段为题材，也无怪乎各大历史学家会以真实、准确为标准来要求它。然而必须看到的是，《哥本哈根》并不是历史教科书，而是一部话剧。话剧作为一种古老而经典的文学形式，从来都需要编剧的独创与虚构。非但需要，也正是弗雷恩天才的演绎才使得这部剧作经久不衰，获得了独特的魅力。况且，当后现代思潮把所谓确切唯一的历史解构成一地碎片，真相何在？从这个意义上讲，历史学家们指出的《哥本哈根》的"失实"之处，却正是弗雷恩的匠心独运之处，也正是他为了成就《哥本哈根》实验结构与哲学内核的必由之举。

二、作为形式的实验结构

1. 实验室设置

《哥本哈根》的舞台布景是极简的：三把凳子，两扇门，写着演算草稿的背景墙，连最开始的舞台色调也是几乎没有任何感情色彩的冷蓝色。人物关系也是极简的：作为学生的海森伯，作为老师、与海森伯情同父子的尼耳斯·玻尔，以及玻尔的妻子玛格丽特。从一开场，剧作者就借玻尔的口说出"现在我们三个人不是都已死了，不存在了吗"。既然不在人世，就自然不用考虑曾经那些纷扰的诸如生命安全等一系列在 1941 年成为谈话障碍的因素。剧作家的这种"天堂"设置，排除了一切可以不用考虑的因素，为历史叙事的反复实验提供了最为有利的平台。

而这种天堂平台的设置，无独有偶，与西方近代科学实验的内在逻辑拥有着相当的一致性——通过控制变量的方法，排除干扰情境，为实验目的的实现搭建最便利的环境。也正是因为这种"实验室"设置，才为历史的反复"重构"提供了无限可能。

2. 粒子碰撞

如果说舞台是一个实验室，那么三个主要人物便会获得一个更抽象的身份，正如话剧中反复提示的那样：

> 海：听着！哥本哈根是一个原子。玛格丽特是它的核。尺度差不多吧？10000 比 1？
>
> 玻：是的，是的。
>
> 海：喏，玻尔是一个电子。他正在城里的什么地方在黑暗中游荡着，谁也不知道是什么地方。他在这儿，他在那儿，他在每一个地方，而又不在每一个地方。走向人民公园，去了卡尔斯伯，走过市政大厅，走到了海港一带。我是一个光子，一个光的量子。我被派到黑暗中去找玻尔，而且我成功了，因为我设法和他碰上了……但是，发生了什么事呢？请看——他减慢了，他偏转了。他不再确切地做着我遇到他时令人发疯的那种事了。
>
> （《哥本哈根》第 68～69 页）

玛格丽特是原子核，玻尔是电子，海森伯是一束光子。于是，我们可以毫不违背编剧原意地说，在玻尔家中上演的这一场三人会见，也同时是一场微观世界的粒子碰撞。弗雷恩不只把舞台设计成了实验室，还把活生生的宏观世界与量子世界巧妙类比、联结了起来。

需要注意的是，玻尔、玛格丽特、海森伯三者之间的关系并不是在所有时候都等同于原子核—电子—光子的关系。Dekker 认为，这是因为玛格丽特是玻尔的妻子，其与玻尔的关系明显比海森伯来得亲密。这种说法自然是可以成立的。但更重要的原因或许在于，在戏剧的动态发展过程中，三者的关系必然会随着语言、逻辑的推进而发生变化，如此情节才能得以进展。弗雷恩虽然多次以粒子碰撞来类比戏剧中的人物，但这并不意味着存在于量子世界的粒子关系是三者间唯一的关系。甚至在更多时候，作为原子核的玛格丽特还有着观众、观察者等多重身份。

3. 观察者

　　其实哥本哈根会谈是发生在玻尔和海森伯之间的，玛格丽特也许真的如戈革先生考证的那样没有参加。但弗雷恩却在一开头，就把玛格丽特摆在了十分重要的位置，因为无论是回忆也好，历史的叙事实验也罢，都需要一个第三者在场——倾听、观察甚至裁决。于是就在玻尔和海森伯刚刚见面的时候，弗雷恩就为玛格丽特安排了这样的台词"他们非常希望能见见面，尽管发生了这么多事。但现在，他们却都避免看到对方的眼睛，以致他们几乎看不到对方了"（《哥本哈根》第 12 页）。

　　所谓"当局者迷，旁观者清"。正如玛格丽特所说"如果在宇宙中心上的是海森伯，则他所不能看到的那一小块宇宙是海森伯"（《哥本哈根》第 58 页）。她以相对局外者的身份观察在侧，并不停地追问、推动，甚至质疑着"实验"持续前进。尤其是在海森伯和玻尔相争不下的时候，玛格丽特偏向一方的表态就显得尤为重要。就像天平的两端放着等质量的砝码静止不动时，就正需要外力施予一样。并且，这样的外力还必须是偏向一方的。如果把外力不偏不倚地施加在天平中间，那么静止状态将会继续胶着。相反，如果外力偏向一边越大，那么对平衡状态的冲击也越大，便会激起对方更强烈的反应。争论越激烈，情节越紧张，故事也就越精彩。

　　除此之外，玛格丽特的在场，也是外层公众的代表。

　　玻：只有玛格丽特。我们将使玛格丽特明白整个的事情。你知道我多么强烈地相信，我们不是为了自己而研究科学的，我们研究科学是为了向别人解释事物。

　　海：用日常的语言来解释。

　　（《哥本哈根》第 37 页）

玛格丽特的在场使得玻尔和海森伯之间的争论得以用日常语言进行。我们似乎应该感谢弗雷恩悖于史实的安排。她的疑问、她的顾忌，她非科学家的身份，毫无疑问拉近了两位科学家与外层公众的距离。

三、同构的哲学内核

当然，弗雷恩花费心思搭建实验平台设计粒子对撞并非只是为了追求科学形式。科学形式和哲学表意的同构性是这部话剧的显著特点。而其中最容易被发现的，便是"测不准原理"和历史真实性的同构表达。

《哥本哈根》试图以科学谨严的实验手段来求取终极的、唯一的真相，这并无不妥，甚至是现代人在面临问题时首先会想到的方法。然而问题在于，这真相并不是客观物质世界潜藏的规律，而是历史的隐秘。这似乎注定了，哥本哈根的真相是不可能向在场的任何主体解释清楚的。它只能面向未来，被"阐释"甚至建构或者重构。"解释"向"阐释"的悄悄偏移早已先在地宣告了寻求真相的实验必然失败。在后现代的意义上，历史是语言、文字的一套叙述装置，具有明显的主观性和虚构性，和小说、戏剧并无本质的差别。于是，"测不准原理"所指的准确测得了粒子的一个变量，便没有办法测准另一个变量这条法则似乎也"主宰"了被实验的历史的命运。

尽管在实验设置中，三人一次又一次逼近可能的真相，但最终历史叙事的实验也未能还原所谓真实。但故事并未结束，真实的不可知只是表意的第一个层面。观众在刚刚逃出"测不准原则"的模棱泥沼，便又进入了互补性原理的多元领地。

按照玻尔的说法，"我们订立了和约。测不准性和互补性成了量子力学哥本哈根诠释的两个中心信条"（《哥本哈根》第71页）。互补性理论非但与测不准理论同等重要，甚至还是其必要补充。而按照玻尔的互补性理论，海森伯可以这样定义自己的多重身份："我是你的敌人，我也是你的朋友。我是人类的一大危险，我也是你的客人。我是一个粒子，我也是一个波"（《哥本哈根》第78页）。于是，科学惯常的唯一确定性在量子的世界里消失得无影无踪。科学于此表现出的多元性，与历史的多次重构又暧昧地相似起来。没有唯一的答案，却每一个答案都是正确的。非但真实不可知，《哥本哈根》所演绎出的每一个真相的可能性便都有了存在的合理性。从这个意义上讲，也许弗雷恩实验性的历史叙事才是最明智的。而不合于史实的各种存在于聊天中的小故事，便是对哲学表意的多次例证罢了。

"测不准"和"互补性"似乎已经足够说明科学原理与哲学表意的同构性，但弗雷恩并未止步于此。如果我们沿着粒子冲撞的实验继续前进，便会发现更多的秘密和人文内核。

既然玻尔、玛格丽特和海森伯三者可以是电子、原子核和光子，那么无疑，测不准原理和互补性原理这量子世界的中心信条也同样作用于他们。因为测不准，所以海森伯来哥本哈根的意图并不可知。因为找不到轨迹，我们同样只能通过粒子的"外部效果"来寻求答案。虽然互补性原理支撑着每一种可能性，但我们寻找答案的途径仍然只有推测，或者说，想象。

弗雷恩布置粒子冲撞实验打通了可见与不可见的屏障，连接了宏观与量子世界，让玻尔、玛格丽特和海森伯三者的真实意图通过宏观的话语逻辑和微观的粒子碰撞"互文见义"。而让人惊奇的是，当不确定性原理消解了科学的确定性，互补性原理消解了科学的唯一性，在量子力学的世界里，人与粒子有着何其的相似性。只不过当实验室所能提供的手段也只能通过"外部效果"来推测或者说想象的时候，探索个人意图的旅程也注定失败。

科学形式退场，人文内涵显露。当我们把弗雷恩的整个设计放置于微观实验室的时候，他所要真正表达的内容才终于出现。正如弗雷恩所说，"这部戏剧是关于我们是否能够确切地知道我们的意图的"。人并不能了解自己行动的意图，这相较于科学、历史、伦理、正义等细小却又深刻永恒得多的议题，似乎才是他费心搭造实验室、设计实验、制造类比所追求和试图论证的。而面对《哥本哈根》揭示出来的认知困境，或许我们所能做的就是跟剧中人一起呼唤：我们的时代需要一种新的伦理——量子伦理，以及一种新的认知范式——量子哲学。

四、科学与人文的合谋共赢

尽管《哥本哈根》被批评没能妥善地处理历史问题，但正如上文所析，《哥本哈根》由一个细小的历史碎片而呼唤了一种新的认知、伦理范式，不仅显示出对历史更深入的把握与判断，也唤起了观众对科学伦理、历史真相等一系列问题的思考。宏观世界与量子世界，历史与实验，人文与科学，这看似分离的轨道最终并驾齐驱，既彼此冲突，又合谋共赢，统一于话剧之中。

科学求真，人文求美，而二者最终都以更大、更根本的善为愿景。纠缠于玻尔与海森伯间的所有问题都脱离不了不同层次的"善"——从科学家群体考虑，从国别身份考虑，从人类整体考虑，我们究竟能否制造核武器？人类究竟能否使用核能源？在二人激烈的言语交锋与内心冲突之下，我们看到了科学的人文关怀与人性温度。说到底，《哥本哈根》借由科学和历史双重维度上共有的碎片，最终讨论、反思的是人的问题，人文性才是《哥本哈根》的真正内核。但在这个过程中，《哥本哈根》确实对科学原理、现象、历史和伦理等内容都实现了相当有效的传播。这无疑给了科学传播路径新的启示。

《哥本哈根》中的科学内容甚至实验设定都不是孤立于内容的，相反其中的科学成分对于剧情的发展和哲学意味的表达起到了相当重要的作用。量子世界的科学原理阐明并解构了宏观世界三个人物的言行，与人文表达难以分割。非但如此，量子世界似乎并不要求科学的唯一正确性，其模糊和包容的状态正与人文的多元性相互对应。进入到量子层面，被人为分割的科学与人文又神奇地融合到了一起。

而如果按照内容与形式的分法，《哥本哈根》无疑是以科学的外衣，包裹着人文的内核。这种"科学为表"的作品并不鲜见。比如《生活大爆炸》正是以Sheldon等四位科学家在专业领域的"高智"和某种程度的"低能"作为卖点。《黑客帝国》也因其科幻元素吸引眼球。然而需要注意的是，"科学为表"的作品能否成功，还取决于是否有足以支撑、推动科学形式的文化内里。

一说到"科学传播"，最常规的思路便是：鉴于科学的枯燥无味，我们需要以文艺的形式包装科学，让其在表意上更生动形象。殊不知在当今社会，科学以其"高大上"的精英形象已经成为广受瞩目的传播点。反而科学作品的"文化中空"，才是科学传播的败笔所在。衣服鲜亮，终掩不住空洞苍白的人文性缺乏。从这个意义来讲，我们进行科学传播，需要的也许不是花哨的包装盒，而是丰富充盈的文化内核。

也许从表面上，这一传播策略似乎是有意无意地放弃了科学传播的第一位性，是需要警醒的，但是作为同样是向着未来的科学及其传播，动机恐怕迟早会淹没在历史的尘埃中。我们只能以"外部效果"来推演和重构。《哥本哈根》用自身成功的效果强有力地说明，偏移可以更好地让目的达成。

原载《科普研究》2014 年第 4 期

科学意识之呼唤与弘扬

——重读《科学救国之梦》，兼庆中国科学社百年华诞

卞毓麟

今天，中华民族伟大复兴之梦深入人心。这也令人分外感念百年前"中国科学社"的始建者们。

1914 年夏，正在美国留学的任鸿隽、杨杏佛、胡明复、赵元任等前辈学人伤怀祖国内战连年、外辱交加，乃酝酿发起中国科学社。经 1915 年春改组，同年 10 月全体会员通过章程，中国科学社遂宣告正式成立。任鸿隽等刻苦节约留学生活费用，在 1915 年元月始创《科学》杂志，树起了"传播科学，提倡实业"的旗帜。其发刊词曰："世界强国，其民权国力之发展，必与其学术思想之进步为平行线，而学术荒芜之国无幸焉"，是以率先将科学与民主并提，以为救国之策。百年以来，"提倡实业"虽因时势变迁而有所变异，"传播科学"却为任何时代之所必需。或问：百年《科学》之业绩，可否一言以概之？窃以为那就是：

昔为唤起国人科学意识筚路蓝缕，

今为提高公众科学素养一往无前。

此处所谓"科学意识"，其语境大体与今之"环保意识""安全意识""忧患意识"相仿。举凡对于"科学为何物""科学之内容""科学之方法""科学之精神""科学之为用""科学与社会""科学与教育""科学与道德"等之领

129

悟，皆属科学意识之范畴。曩昔《科学》创刊之际，国人对这些都很陌生，亟待启蒙，故任鸿隽等人以无比的热情，不遗余力地在《科学》杂志和其他场合对"科学"进行全方位的宣传，其志正在于唤起国人之科学意识。

而今"科学"二字家喻户晓，人们对"科普"的理解与实践也在与时俱进。2002年6月，《中华人民共和国科学技术普及法》颁行，科普之重要乃以立法形式得到更充分的肯定和体现。科普法中写道："本法适用于国家和社会普及科学技术知识、倡导科学方法、传播科学思想、弘扬科学精神的活动。开展科学技术普及（以下称科普），应当采取公众易于理解、接受、参与的方式。"这里既确定了"科普"包含"科技知识、科学方法、科学思想和科学精神"四大要素，又特别提到了公众的参与。无疑，社会公众参与科普活动越积极，其科学文化素养就会越高。

所有这些，正是中国科学社的创始者们和《科学》杂志梦寐以求的。以下就知晓科学为何物、了解科学之方法、领悟科学之精神、把科学当作国策、阐释科学与教育五个方面，分述他们和《科学》为唤起国人科学意识所做的努力。

一、知晓科学为何物

近世科学肇始于西方，明末清初始随传教士零星"东渐"。起初固有徐光启等有识之士热心绍介，但本质上尚属个人行为。有清一代，以康熙为典型的一些统治者曾对西方科学感兴趣，清末又有李鸿章、张之洞等重臣热心洋务，且有李善兰、严复之辈奋力译介西方名著，但囿于当时政治、经济、文化等整个社会背景，科学实在很难达于民众。即以"科学"一词而言，自1897年康有为将其自日文汉字转为中文后，直至任鸿隽辈，其与"格致"之分野始得明朗。后来，任鸿隽曾对此以一言概之："盖言格致犹近于以中印西，言科学乃代表一种新精神新态度也。"

在《科学》第一卷第一期中，任鸿隽对"科学"作了定义性的解释："科学者，智识而有统系者之大名。就广义言之，凡智识之分别部居，以类相从，井然独绎一事物者，皆得谓之科学。自狭义言之，则智识之关于某一现象，其推理重实验，其察物有条贯，而又能分别关联抽举其大例者谓之科学。"尔后又屡次言及"科学者，发明天然之事实，而作有统系之研究，以定其相互间之关系之学也"等，基本上道明了科学的实质。

然而，"以传播世界最新科学知识为帜志"的《科学》问世未久，即有"海内大雅"以"沮疑之词"相劝。"综言者之意，盖谓国人此时未尝需求科学也。"任鸿隽遂作《解惑》一文，指出"国人不可不知科学之为用。知之矣，而后科学之需求从此出也"，并进而阐明"本杂志之出现，不当在科学已盛之时，而当在科学萌芽之际，不待言矣"。

1926年，商务印书馆出版任鸿隽著《科学概论》上篇。其第二章"智识的进化"不仅阐述了"智识的要素和进化的条件"，且专有一节分析"智识不进的原因及其特征"。"依赖陈言"是其列举的四个特征之一，其中议及"诚然，在道德、美术、文学方面，古人的意见和言语，是不能完全不顾的；因为在这些方面，可以说意见就是实际，而留贮人心的思想感觉，也就是我们工作的原料。但在科学智识方面，我们的书本，乃是自然界自己；我们要以观察代阅览，以试验代注释，以归纳代批评，以发明家代绩学者"。实际上，这正是科学与传统国学的一道分水岭。

很值得注意，《科学概论》上篇第三章"智识的分类及科学的范围"中专设"科学与假科学"一节，言殊简而意殊赅，曰："我们要注意的，不在某种现象是否适合科学研究的问题，而在研究时是否真用的科学方法的问题。如近有所谓'灵学'（psychical research），因为他的材料有些近于心理现象，又因为他用的方法有点像科学方法，于是有少数的人居然承认他为一种科学……但是细按起来，他的材料和方法却大半是非科学的。这种研究只可称为假科学（pseudoscience）。我们虽然承认科学的范围无限，同时又不能不严科学与假科学之分。非科学容易辩白，假科学有时是不容易辩白的。我们看了下章科学方法的讨论后，这个分别当能明白。"

关于科学之为何物，中国科学社的先行者们论述宏富。由上述数例，当可一睹彼等对时人理解"科学为何物"之期待。

二、了解科学之方法

"科学之所以为科学，不在他的材料，而在他的研究方法。"树立科学意识，科学方法乃其重要一端，试看任鸿隽所述：

综观神州四千年思想之历史，盖文学的而非科学的。一说之成，一学之立，构之于心，而未尝征之于物；任主观之观察，而未尝从客观之分析；尽人事之繁变，而未暇究物理之纷纭。取材既简，为用不宏，则数千年来停顿幽沉而无一线曙光之发见，又何怪乎！

盖科学特征，不外二者：一凡百理解皆据事实，不取虚言玄想以为论证。二凡事皆循因果定律，无无果之因，亦无无因之果。

研究者，用特殊之智识，与相当之法则，实行其独创且合于名学之理想，以求启未辟之奥之谓也。夫为学之术，莫要于发展学者之本能，与以相当之训练，使遇新问题出，得用正确之方法以行独立之研究。若是也，岂独科学为然哉，岂独发明为然哉，凡欲昌明神州之学术，而致之于可久可大之域，举不可不以此为帜志矣。

1919年10月，《科学》刊出任鸿隽的《科学方法讲义》，凡七节：一、引言；二、科学的起源；三、科学与逻辑；四、归纳的逻辑；五、科学方法之分析；六、科学方法之应用；七、结论。如第五节"科学方法之分析"，首谈科学的方法，是从搜集事实入手；而"搜集事实的方法有二：一曰观测，二曰试验"。有了事实之后，"中间还有许多步骤"，即"分类""分析""归纳""假设"；假设经若干证明后，最后可成为"学说与定律"。

值得顺便一提的是，1923年1月《科学》刊出任鸿隽的"绍介《科学大纲》"，文中称"此书所贵者，不在其包罗万有，可以束置高阁，备吾人须要时之顾问，而在其传述科学之方法，能使坚冷无生气之智识对于吾人举生趣味，读者不但了然于科学之进步，且将奋起其自行研究之心焉，此真绍介科学者所馨香祷祝者也"。可见在传述科学时，方法是很有讲究的。

三、领悟科学之精神

谈论"科学精神"，而今几成时尚。国人何时始有悟于"科学精神"而予以关注者？任鸿隽《科学精神论》一文曰：

> 科学精神者何？求真理是也。……科学家之所知者，以事实为基，以试验为稽，以推用为表，以证验为决，而无所容心于已成之教，前人之言。又不特无容心已也，苟已成之教，前人之言，有与我所见之真理相背者，则虽艰难其身，赴汤蹈火以与之战，至死而不悔，若是者吾谓之科学精神。
>
> 所谓科学精神者无他，即凡事必加以试验，试之而善，则守之勿忽；其审择所归，但以实效而不以俗情私意羼之是也。

换言之，或可曰检验真理的唯一标准是实践。

《科学概论》上篇第四章专论"科学智识与科学精神"。其中明确设问："科学精神究竟是什么？"答曰"最显著的科学精神，至少有五个特征"，即：（一）崇实，"科学的结构是建筑在事实的基础上的，所以第一须确定所研究的事实。"（二）贵确，"上面所说的'实'，是指事实；此处所说的'确'，是指精确。"（三）察微，"我们此处所说的'微'，有两个意思：一是微小的事物，常人所不注意的；一是微渺的地方，常人所忽略的。"（四）慎断，"不轻于下论断。"（五）存疑，"慎断是把最后的判断暂时留着，以待证据的充实，存疑是把所有不可解决的问题，搁置起来，不去曲为解说，或妄费研究。""以上所述的五种科学精神——崇实，贵确，察微，慎断，存疑——虽不是科学家所独有，但缺少这五种精神，决不能成科学家。我们要说的完备一点，还可以把不为难阻、不为利诱等美德，也加入科学精神的条目里去。"

1931年，任鸿隽在《科学研究之国际趋势》一文中又提到："所谓下帷专精，目不窥园，闭门造车，出门合辙，此昔日研究学术之方法也。今之研究科学者，则公众组织当与一人独奋并重。盖无一人之独奋，当然无所谓学问。而无公众组织，则于科学之广大与普遍性，得有不能发挥尽致者，是吾人所宜留意者也。"盖谓科学研究须具团队精神是也。

中国科学社的另一要员竺可桢，也是对科学精神屡陈灼见的代表人物。如1935 年 8 月，他讲演《利害与是非》时，明白晓畅地说道："科学精神是什么？科学精神就是'只问是非，不计利害'。这就是说，只求真理，不管个人的利害，有了这种科学的精神，然后才能够有科学的存在。"

1941 年 5 月，他又一次演讲《科学之方法与精神》："近代科学的目标是什么？就是探求真理。科学方法可以随时随地而改换，这科学目标，蕲求真理，也就是科学的精神，是永远不改变的。了解得科学精神是在蕲求真理，吾人也可悬揣科学家应该取的态度了。据吾人的理想，科学家应取的态度应该是：（一）不盲从，不附和，一以理智为依归。如遇横逆之境遇，则不屈不挠，不畏强御，只问是非，不计利害。（二）虚怀若谷，不武断，不蛮横。（三）专心一致，实事求是，不作无病之呻吟，严谨整饬，毫不苟且。"

大半个世纪过去了，竺可桢这些入木三分的论述依然令人肃然起敬。"只问是非，不计利害"，永远是我们不断追求的精神境界。

四、把科学当作国策

科学与社会的关系，当从"科学对社会的影响"和"社会对科学的影响"两方面观之。

就科学对社会的影响而言，中国科学社的缔造者们当初即申言，"人类幸福之增进，必有待于三类人之力。三类者何？一曰真理之发见者，研究天然界之现象。二曰真理之传播者，普及智识于畴众。三曰真理之应用者，发明制造之新法以供人生之需求。是三者，其有造于人类之幸福同，而取程各殊。"且夫"一国国政之整紊，与人民生计之苦乐，与科学家之数为正比例。假定此论理不谬，吾人乃于我国生死问题上，得一最简单之答案，即欲富强其国，先制造科学家是也"。

1922 年 4 月，任鸿隽在中国科学社演讲《科学与近世文化》，更阐明了"科学在人生态度的影响，是事事要求一个合理的。这用理性来发明自然的奥秘，来领导人生的行为，来规定人类的关系，是近世文化的特采，也是科学的最大的贡献与价值"。

日寇侵华，国人再次深受落后就要挨打的切肤之痛，使任鸿隽等前辈更坚决地认定：

> 在现今的世界，科学是立国的根本，这是谁也不能否认的事实。
>
> 今日世界各国，无不以发展科学为立国条件之一，而在凡事落后之吾国，尤当以发展科学为吾国之生命线。
>
> 无论从哪方面说起，科学在现世界中，是一个决定社会命运的大力量。

往者甲午之战中国败绩，张之洞在其《劝学篇》中常有沉痛激励之辞。任鸿隽对此感同身受，乃曰："我们当前的国难，比三十七年前要严重十百倍。"觉得他的说话还有一听的价值。现在再引几句如下：

> 国之智者，势虽弱，敌不能灭其国。民之智者，国虽危，人不能残其种。求智之法如何？一曰去妄，二曰去苟。固陋虚骄，妄之门也。侥幸怠惰，苟之根也。二蔽不除，甘为牛马士芥而已矣。

今天常有人说"科学技术是一把双刃剑"。关于科学技术的负面影响问题，任鸿隽早在 1922 年已"有一言为读者正告。自欧战以后，或以西方物质发达过甚，终召毁坏，因致疑于科学之真正价值，或以为欧洲思想已离弃科学而别寻途径者，殊不免神经过敏之病"。至 1948 年，他仍说，"唯有把工程技术用到毁灭人类的战争上，它才与人类的前途背道而驰。然而这个责任似乎不应该由科学家来负担。"应该说，其思想既是一贯的，也是正确的。

至于社会对科学之影响，任鸿隽的见地亦甚精当："盖科学家虽不必待外界之尊崇以为重，而科学之发达，则必有待于社会之赞助，有断然者。"他认为："我们科学不发达的根本原因，实在由于国家对科学未尽其倡导与辅助的责任。我们自来不曾承认科学为重要国策之一，因之也从来不曾有过整个发展计划。"

中国科学社的前辈们，是向前看的实干家。他们在批判旧事物的同时，必提出建设性的新主张。第二次世界大战之后，他们强烈地感到，"现在推进科学的有效方法，就是要把科学当作国策。这是第二次世界大战后一般科学发达的国家都是如此的……希望大家将此做一个目标，定出一个国策来。"

他们的这一夙愿，在新中国见到了曙光。由是，任鸿隽在1949年的"敬告中国科学社社友"中说："人民政府成立，政协会议通过的'共同纲领'，明白规定'中华人民共和国的文化教育为新民主主义的，……科学的、大众的文化与教育'。又把'爱科学'与'爱祖国、爱人民、爱劳动、爱护公共财物'同等列为全体国民的公德。又专条规定'努力发展自然科学，以服务于工业农业和国防的建设。奖励科学的发现和发明，普及科学知识'。这些都表示在中华人民共和国人民政府之下，科学研究已不是少数人的兴趣事业而成了新政府的国策。故从人民政府成立，国家进入了一个新时代，科学事业也进入了一个新时代。"

五、阐释科学与教育

这一标题涵盖两个方面：一是科学与教育的关系，一是"科学教育"本身。

1915年，任鸿隽在《科学与教育》一文中提出："科学于教育上之重要，不在于物质上之智识而在其研究事物之方法；尤不在研究事物之方法，而在其所与心能之训练。"嗣后，他又次第论及"西方大学之教育精神，一言以蔽之曰：重独造、尚实验而已"；"科学之可贵，不徒在其传导有用之智识而已，乃在其方法之可尚。吾人每每以科学实际应用价值之大，遂忘其纯粹教育之方面"；如此等等，均宜细细体味。

任鸿隽等疾呼科学教育之重要，针砭中国科学教育之时弊，至今依然给人很深刻的印象：

现今的时势，观察一国的文明程度……是拿人民智识程度的高低，和社会组织的完否作测量器的。要增进人民的智识和一切生活的程度，唯有注重科学教育。

问今之科学教育，何以大部分皆属失败，岂不曰讲演时间过多，依赖书本过甚，使学生虽习过科学课程，而于科学之精神与意义，仍茫未有得乎？

1939 年，在《科学教育与抗战建国》一文中，任鸿隽更深入地论述科学教育之意义：

所谓科学教育，其目的是用教育方法直接培养富有科学精神与知识的国民，间接即促进中国的科学化。科学是二十世纪文明之母，是现代文明国家之基础。已为大家所共知。所以要中国现代化，首先就要科学化，抗战需要科学，建国亦需要科学。国内科学化运动不是已有很高的呼声么？除呼声之外，要促其实现，教育方面就是最重要的一条途径！亦是最切实的一条途径！为什么呢？

文中所列理由有三："第一，因为科学教育可以养成科学的精神，教导科学的方法，与充实科学的知识。……学生们既熟习了科学方法，于是凡事不轻信，不苟且，求准确，求证实。这就熏染了科学的精神。我们知道非但自然科学知识极为可贵，其方法和精神亦同样地可贵。学生经过十数年小中大学里科学课程的熏陶以后，将来无论跑到社会上哪一个角落里去，都会利用其已获得的科学知识、科学精神与科学方法，而促进科学化运动。""第二，因为科学教育可以栽培新进技术人才。""第三，因为科学教育可以提高科学文化的水准。……

以后，科学在文化运动中，可以和哲学、文艺、新闻出版等各界分工合作，促进中国之现代化。"因此，"教育家应赶紧负起责任，从速充实科学教育，促进科学教育之发展，以求中国之科学化。"

《科学》树起"传播科学，提倡实业"的旗帜，必当论及科学、教育与实业之关联："科学是实业之母。要讲求实业，不可不先讲求科学。""实业之得阑入学程，为言教育者所注意，特近数十年之事耳。""实业教育，高等者必兼虚、实、狭、阔四义。何谓虚？谓物理、化学、算术、图画诸学科，凡为制造工业所基者，其要义理论不可不习也。何谓实？工场经验，为必要不可缺之须求，非是无论其理论学科如何美备，不得为实业教育。何谓狭？学者当专习一门，以求至乎其极，凡其藩内之事，无不豁然贯通。何谓阔？学者于一实业，不但既其内蕴，又当通其外缘，期能随处取材以增进实业之效率。若是诸义，诚非一蹴可跻，而以高等实业教育揭橥者，不可不勉。"斯言可谓至确。此外，尚有"农业教育与改良农业""科学与工业"等诸多专论，诚难逐一枚举也。

六、尾声

91 年前，1923 年的冬至那天，任鸿隽写了《中国科学社之过去及将来》。那时还没有中国科学院。他在文末非常动情地说："夫英有一皇家学会，实开科学之先河，美设斯密生学社，亦树华国之宏规。吾人处筚路蓝缕之后，当康庄大启之时，尚不能从当世学者之后，以为世界学海增一勺之量乎？我言及此，吾心怦然，吾尤知海内外期望吾社之贤达同此心理也。"

斯人既逝，音容犹在。如今，中国的国力已今非昔比，从事科学活动的良好条件也是《科学》创办时难以预见的。然而，千里之行，始于足下，所有这一切，还只是开端。今天，我们讲科普做科普，最需要注重的还是增强国人之科学意识。此种意识与时俱进，渐至贯穿于日常行动，则于梦圆中华民族伟大复兴善莫大焉。任重而道远，吾人其勉之！

原载《科普研究》2014 年第 5 期

科学性是科学普及的灵魂

刘嘉麒

生活中无时无地不存在着科学，无时无地不需要科普。

比如，我们在开会的时候，面前往往摆着供与会者饮用的茶水或矿泉水，抑或两者都有。喝茶水还是矿泉水？自然任人选用。但是，如果有的人既喝茶水又喝矿泉水，且饮用二者的间隔时间不长（不到两小时），就不利于身体健康。因为茶水往往呈碱性，而矿泉水多数呈酸性，饮用这两种饮料间隔的时间短，二者会在体内发生酸碱中和反应并生成盐。这样一来，不仅破坏茶和矿泉水本来的功能，甚至还会产生副作用。当然，这些细微的事情通常不会对人体产生明显的影响，但日积月累，也许会出毛病。喝水是这样，吃东西也是这样，有的相补，有的相克。这表明，在我们生活中无时无地不存在科学，小事情有时蕴含着大道理，所以人人都要学科学，用科学，随时随地进行科学普及。

近年来，我国的科学普及事业呈现出欣欣向荣的景象，不仅颁布了科普法，实施了"提高全民科学素质行动计划纲要"，设立了科普日，还建立起许多科普场馆和设施，开展了一系列科普活动，涌现出一大批优秀科普作品。

从近年来各类优秀科普作品奖的参评作品可以看出，我国科普作品整体呈现出数量稳步增长，种类多种多样，内容丰富多彩，形式新颖动人，水平日趋提高，原创作品越来越多、越来越好的发展态势。这些成绩的取得来之不易，凝聚了每一位科普人的心血，值得每一位科普人自豪。但是，对于我们这样一个有着13亿人口、公民科学素养总体还比较低的大国来说，我们科普的力度、广度和深度都还远远不够，我国的科普事业依旧任重道远。

　　我国科普事业取得的成绩是有目共睹的，问题也是客观存在的。如果以科学性、应用性、趣味性、艺术性、通俗性、时代感等要素来衡量科普作品的优劣，排在首位的要素应该是科学性。科学性是科普作品的内涵，是科普的灵魂。如果科学上出了问题，即使表现手法再好、艺术性再高、趣味性再强，这样的作品也是不合格的，甚至是骗人的。所以，我认为，科学上有问题的作品，与其有，不如没有。

　　当前有些科普作品和科普设施却本末倒置，形式上搞的天花乱坠，科学性上却存在不少问题，突出表现在以下四个方面：

　　（1）缺乏科学内涵。有些作品"下笔三千，离题万里"，文字很多，却不知所云；有些作品文笔优美，但是缺乏科学内容。例如一些影视科普作品中，拍摄画面很美，艺术性很高，却没有涉及科学的道理，与其称为科普作品，不如称为风光片更为贴切。另外，在属于科学文艺范畴的一些传记体作品中，记述某科学家生平事迹方面写得还比较丰满，但主人公的科学思想、科学精神、科学方法、科学成就等方面却表述得很单薄，读起来似文学作品而非科普作品。

　　（2）缺乏科学依据。现在的很多科普作品所引用的概念、数据、理论等均无出处，是否准确无从追查，不仅科学性受到质疑，也存在知识产权问题。有的作品虽然也讲述了一些科学知识，但讲得似是而非，只知其然，不知所以然；甚至为了吸引眼球，将道听途说的言论也当作科学依据，哗众取宠，夸大其词。

　　（3）知识陈旧老化。科学技术正日新月异地发展着，许多科学的原理、方法、数据等都在不断地改变、改进和提高，新的科学知识层出不穷，但在一些科普作品中所引用的却是陈旧的、过时的，甚至是错误的知识点。

　　（4）伪科学。有人将非科学甚至反科学的东西披上科学外衣，用唯心的理念或庸俗的故事说明一些自然现象，给人们以错误的认识，蒙蔽公众，具有非常严重的欺骗性。从近几年的一些热点事件和市面上屡禁不止的伪科学出版物中可以看到，伪科学的危害依然存在。从某种程度上可以说，这是由于我们科普力度不够大、科普面不够广、科普不够及时，从而给伪科学提供了空间和土壤所致。只要有一点空间和土壤，伪科学就会泛滥，给社会造成不良影响或者很大的危害。

上述问题，除了出现在一些出版物中，也出现在一些科技馆、博物馆、展览馆等公共场所的展品中，一些媒体的宣传报道和广告中，一些旅游景点的解说词中。随着社会的进步，百姓生活水平、文化水平、思想水平都有所提高，相关公共场所、媒体以及景点应借着我国科普事业发展的大好形势，本着面向群众、对群众负责的态度提升其相关展品和宣传报道的科学内涵。

要解决上述问题，加强科普的科学性，必须从科普创作的源头抓起，要用科学的态度对待科普。第一，力促创作队伍整体素养的提高。作者要树立好的科学态度，提高知识产权意识和文责自负意识，对于一些重要的科学成果、科学数据、科学资料等，必须注明出处，不能随意抄袭他人的东西，更不能剽窃他人的成果。第二，强化产出部门的编审制度和职责。产出部门要增强质量意识，加强质量管理，确保出版物的高水平、高质量。

一部好的科普作品，是科学、文学、艺术等多方面的高度集成和结晶。在科学方面，至少要让专家感到不俗、不错，让非专业人员能够读懂、觉得有趣。要保证作品的科学性，最好的创作者应该是科学家本身，特别是那些既具有科学素养，又具有文学、艺术修养的科学家。实际上，国内外许多优秀的科普作品大都出自著名科学家之手，媒体或出版界中涌现出的优秀作者，也都有深厚的学术背景。

科学普及与科学研究密切相关。科普的营养和精髓主要来自科研的成果。科研的水平决定着科普的水平；反过来，在科普中又会发现新问题，对科研提出新要求，促进科研的发展。科研的灵魂是创新，是探索，它充满着疑问和求证；科普则是把由少数人取得的科研成果让广大民众去掌握，去分享，其主要任务是推广，是传播。传播形式需要丰富多彩，需要创新，但在科学内容方面，最重要的不是创新，而是尊重，是把人类已经取得的成熟的科研成果传递给广大民众。真理不能随心所欲，在传播科学理念、科学知识、科学原理、科学技术时必须准确，必须正确！尚存争议、尚存疑问的问题不是科普的主流，即使传播，也要摆事实、讲道理，尊重客观，而不能主观臆断，强词夺理，误导民众。

2014 年 6 月，习近平总书记在两院院士大会上发表的重要讲话指出："科学技术是推动人类文明进步的革命力量。科学技术是第一生产力，而且是先进生产力的集中体现和标志""科技是国家强盛之基，创新是民族进步之魂……从某种意义上说，科技实力决定着世界政治经济力量对比的变化，也决定着各国各民族的前途命运"。这就是科技的魅力，科技的重要性也凸显其中。然而，科学技术只有被广大民众所掌握，才能发挥更大的作用。所以，习近平早在2012 年就强调，"各级党委和政府要坚持把抓科普工作放在与抓科技创新同等重要的位置，支持科协、科研、教育等机构广泛开展科普宣传和教育活动，不断提高我国公民科学素质。"

人们常常形容攀登科技高峰如同攀金字塔，能达到塔尖的人固然荣光，但是这样的人毕竟很少，并且如果没有塔基、塔身的坚强支撑，塔尖是不可能鼎立其上的。塔基越广大、越牢固，塔尖才能越高、越稳定。要建设我国的科技大厦、科技高塔，还是要从基础抓起，这基础就是教育，就是科普。

原载《科普研究》2014 年第 5 期

推销科学和消费科学

刘华杰

面对工业化—大科学的社会现实，科普界和科学传播界学者这 20 多年已经提出许多新鲜的理念，比如公众理解科学（PUS）、推销科学（selling science）、专家与公众的民主协商等。这里谈一下消费科学（consuming science）的想法。PUS 重视科学家的认知优势和上下沟通，"推销科学"非常强调媒介所起的作用，民主协商的进路将政治学引入科学传播，而"消费科学"与科学技术提供方保持一定的距离，以消费者的角度考虑问题，希望把抽象的认知诉求曲线做实。推广消费科学的理念，在社会层面可以部分解决科普的动力问题。当前，科普在政策口、宣传口喊得很响，而用户端缺乏动力是一个明显事实。不解决科普动力问题，国家再重视科普，效果也不会很好。动力应当来自上头和下头，现在是一头热一头凉。

"消费科学"是指公众像消费普通商品一样对科学、技术与工程产品、服务进行消费，在消费过程中公众以多种形式了解、试用、质疑甚至参与研发相关科技产品。

"消费科学"概念初看起来面对的主要不是科技过程和方法，而是科技的结果，即科技知识和科技产品，包括科技服务。有些科技知识是免费的公共产品，使用时无须付费，不过通常纳税人供养一部分科技工作者，因而即使免费的科技知识，纳税人也等于先期支付了，而大部分科技服务和科技产品是需要另外购买的。

但是，消费者对结果（产品）的关注不得不牵涉到对过程的关注，消费过程存在着选择和反馈行为，因而消费科学最终既关注结果也关注过程。比如专家称某奶粉是安全的，消费者可能要问：什么检测证明它是安全的？专家告知通过了 A 检测、B 检测等，消费者进一步追问：三聚氰胺毒奶在若干年中都通过了规定的检测，按理说它是安全食品啦？事后，更多的人明白过来，所谓的安全检测都是相对的，科学检测并不能百分百保证通过检测的食品就是安全的，因为问题可能出在第 N+1 项，而当下并不检测第 N+1 项，更不用说第 N+2 项。问题还可能出在别的环节。上海福喜食品有限公司涉嫌用过期原料生产加工食品，有关部门 7 次科学检查都没有查出任何问题，最后是记者卧底调查揭开了黑幕。当然，由此并不能推论出"检测不重要"的结论。一些科学家说转基因食品是安全的，公众可以问：哪些证据表明它是安全的，都做了哪些检测，实质等同原则有效吗？现在就有必要冒风险推广转基因主粮吗？这些提问并非是有意找碴儿，更不是不相信科学，而是希望了解细节、过程，规避风险。通过这些追问，公众才能成熟起来，真正理解什么是科学、科学是如何运作的。

在"消费科学"这个概念中，公众既是认知、学习的主体，也是消费主体。作为消费者，公众有权获悉科技产品、服务的许多信息，包括生产者不情愿提供的部分信息。公众想知道什么呢？消费者可能关心产品的原理、研发过程、功能、使用后果、环境影响等。首先是经济学上的考虑，购买此商品或服务是否划算？于是出现好科学坏科学、好技术坏技术之分。比如"道道通"汽车导航仪（2012 年购买）产品质量奇差：在高速路上不断提醒有闯红灯拍照，在几处限速路段提示限速每小时零公里（有两处真实情况是限速分别为每小时 40 公里和 120 公里）！作为消费者，想知道此科技产品使用了何种原理、新技术，错误是如何产生的，以及如何能够改进。

其次，从消费的角度考虑，有效的科技伦理监督也将进入视野。以前，讨论科技伦理科技界不太上心，科学家对于伦理考量的现实需求也不够强烈，百姓也觉得不关自己的事。如果推广消费科学的理念，事情可能变得不一样。作为消费者，公众有权利要求研发者公开更多背景资料，如伦理考虑是否充分，是否通过了伦理审查。消费者可能关心某项科学成就是在什么条件下取得的，某项实用技术是如何研发的，用户在心理上和理念上是否可以接受相关条件，研发或者生产过程是否有违动物伦理、环境伦理，是否有侵害弱势群体的风险？更具体一点，消费者是否愿意购买需要破坏环境、牺牲他人生命而获取的知识，通过非人道或者不符合动物伦理规则而获得的知识与技术，损害部分族群利益而研发的产品和服务等。比如，许多人喜欢使用苹果手机，但是消费者可能也关注其代工企业的重金属和废气污染、己烷毒害事件以及员工跳楼事件，消费者个体的购买行为最终是否加剧了伤害？苹果手机设计是在美国完成的，却是在中国等国家生产的，其光鲜的外表下可能隐藏着多种罪恶。在这些方面，当然有法律法规可以遵循，但更多的情况是依消费者个人的态度、倾向来做判断，暂时没有普遍接受的标准。消费者的购买选择，将约束科技界的行为、引导未来科技的发展方向。

消费科学的概念也会面对一些质疑，比如它可能弱化认知维度，因而有意模糊科技的特殊性。的确，有这种可能性。可辩解的是，此概念是针对当下的不对称局面提出的，而非在绝对意义上考虑问题。从消费的角度考虑科学传播、一定程度上弱化认知壁垒，有许多明显的好处，能够调动公众的参与热情。把认知过程放回"生活世界"，正是提出此概念的动机和出发点。传统科普除了意识形态背景之外，过分强调抽象的认知环节。为何说抽象的认知呢？因为很难说传统科普真的在乎真实的认知。真实的认知可能与意识形态假定相矛盾。抽象的认知最终演变成信仰，即不大需要真了解科学而需要全心全意地相信科学。相信谁的科学、什么科学呢？当然是有限定的，指主流科学和当下的结果。在传统科普框架内，公众很难成为认知主体，因为科技过程是外在于公众的，代表着权威、权力、正确，公众只能膜拜和接受，提出质疑则是大不敬。消费科学概念表面上弱化认知维度，实际上相当于做实认知这件事，真正提供机会让公众（即消费者）开动脑筋了解科技、参与科技。从消费科学的角度看，科技工作者只是分工社会中的一部分普通人员而已，在人格上，在权利上这些人与社会中其他群体是平等的。上述辩解，并非要完全隐匿经济学角度的弱点，任何视角都有盲区，消费科学概念也不例外。要强调的是，消费科学只是众多视角中的一个。之所以提出它，是针对现实中的诸多问题的，比如科学主义和伪科学泛滥。当现实社会发生巨大变化后，此概念也许变得不重要。

质疑之二可能是：如果认可消费科学的理念，是不是等于认为科学只值得消费而不再具有理性教化的功能？那是一种误读，根本不存在那种逻辑。提醒从消费的角度看科学，并不妨碍从别的角度理解科学。江晓原在十年前就说"对于大众来说，科学确实具有娱乐的功能，甚至对于科学家们自己，也同样如此。开发这种功能，应该是科学文化传播的重要内容"。江晓原也会赞成消费视角，但他并无意否定其他视角。

最后一个疑问是："推销科学"与"消费科学"既然都用到经济学词汇，两者有何本质不同？行为发起人不同。不过，也不能仅从字面上理解一个概念。究其实质，贝尔纳奖得主多罗西·尼尔金（Dorothy Nelkin）讲的推销科学与我讲的消费科学在大方向上是一致的，但是当行为主体不同时，其间的差别将变得非常大。科学家当然也消费科学，但在消费科学的范畴中，科学家群体会淹没在大众之中，核心主体是普通大众。而在推销科学的范畴中，行为主体主要是科学作家、科学爱好者、部分科学家以及政府，普通大众不担任主要角色。很难想象普通民众会成为推销科学的主力，对于推销科学他们可能既缺乏动力也缺乏能力。再细致考察，科学家也不是最主要的行为主体，即使他们内心里希望最新科技广泛传播、科学之光普照大地，但轮到自己做科普时也往往打退堂鼓（言行一致关注科普的科学家从来都是极少数。许多科学家骨子里瞧不起科普，但他们不会明说出来）。就利害关系而言，科学家群体也不用担心科普做得不好而影响了自己的利益，因为凭借现代性社会的制度安排，科学家通常可以高枕无忧获得充足的经费。科学家申请经费只需面对基金委员会或政府，而不会面对一盘散沙的公众，即使通常正是后者最终从自己的口袋中掏了钱。消费科学的行为主体是包括科学家在内的几乎所有公民，最主要的部分是不大懂科技的普通民众。

无论是尼尔金的推销科学还是我的消费科学，都重视媒体，都试图用自己的理解影响大众传媒。尼尔金的著作的副标题就是"媒体如何应对科学和技术"。

　　推销科学与消费科学哪一个更好？各有千秋。当一个吆喝久了而且不很灵时，不妨换一个试试！

原载《科普研究》2014年第5期

试论科普美学

汤寿根

　　笔者经过多年来对科普创作理论的学习、研究与实践，认识到"科普的社会功能"可以概括为一副对联和五个词组。

　　一副对联是"解读自然奥秘；探究人生真理"。自然科学追求的是穷尽"自然的真谛"；人文科学追求的是穷尽"人生的真理"。两者都是人类社会发展所必需的。科学本身就是一种人文理想。人类社会谋求持续协调、全面发展需要科技为动力，人文作导向。

　　五个词组是"求真、崇实、启善、臻美、至爱"，以达"天人和谐"。"真善美"是人类追求的最高理想，为什么还要"至爱"呢？因为，爱与真善美相比，有它独特的性质。符合真善美的事物主要存在于客观世界，它们本身并不是人的一种感情。而爱来自人的内心，是一种理智的感情、一种生命的本质、一种生命的力量。这种生命力可以推动人类进行不懈的努力，去追求、实现真善美，去创造出世界上原来没有的、美好的事物。"爱"也应列为人文精神的重要内涵，是人性中应该大力弘扬的重要元素。

　　柏拉图说，"爱的力量是伟大的、神奇的、无所不包的"。世界上一切麻烦的根源，都因为缺少了"爱"。生态环境要靠爱的力量来维护；社会和谐要靠爱的力量来维持；世界和平要靠爱的力量来维护。"爱"是人类的一切最高的幸福源泉。

　　人类应当用"爱"来统领"真善美"！

一、什么是美、科学美、科普美学？

1. 美

"美"是一种身心的享受，一种心灵的谐振，一种优秀的品德，一种崇高的追求。

爱美是人类与生俱有的天性。追求美、创造美是人类矢志不渝的理想。梁启超说，"美，是人类生活一要素，或者还是各种要素中之最重要者。倘若在生活的全部内容中把'美'的成分抽去，恐怕便活得不自在，甚至活不成。"

当您欣赏一幅优美的图画、一首典雅的乐曲或扣人心弦的诗歌，甚至一轴龙飞凤舞的书法时，您是否感到，它们引发了您心灵的感应和激荡，是愉悦、陶醉、憧憬，或许还夹杂着一丝淡淡的惆怅和眷念！仿佛这是您等待已久的梦境。"大美无言"，动情之处，不觉热泪盈眶。这就是您感到了"美"！

对我辈科普作家来说，想让自己的作品产生社会价值，说白了就是要用"科学之美"去感染读者。

曾经有学者认为，科学研究主要是对自然、社会和人本身的奥秘及其演变规律的发现和认识的过程，侧重于理性的抽象、演绎与归纳，即主要是探求真理，似与"美"无关。但是自古以来，人们在对自然的认识与发现过程中，尤其是科学家在科学实验和理论研究活动中，确实发现了美，感受到愉悦和陶醉。早在公元前6世纪末成立的古希腊毕达哥拉斯学派，就从数学研究中发现了和谐之美；陈景润在我国20世纪六七十年代极其恶劣的环境、极其严酷的生活条件下，仍能迷醉于数论王国之中，因为他感受到了数学之美、数论王国的瑰丽。极其抽象的"纯科学"尚且如此，其他学科可想而知。

2. 科学美

"科学美"是理性认知活动及其成果所具有的审美（审视美感）价值形式，是理性的一种纯粹的抽象或净化的形式。

科学美的特点是：

（1）净化和抽象。科学美和艺术美一样也是人造的形式，是第二性的美

（自然为第一性、科学为第二性，而科普则是第三性了）。艺术美是一种理想的美，科学美作为真理的形式，则是一种理性的美；艺术美主要呈现为感性形式，或者形象形式，科学美则主要呈现为净化形式，或者抽象形式。科学美是在理性的抽象形式中，包含着感性的丰富内容，呈现为抽象形式之美。

随着各门科学的数学化，数学美已成为人们的共识，愈益显现其璀璨光辉。法国哲学家狄德罗说："所谓美的解答，是指一个困难复杂的问题的简单回答。"爱因斯坦的质量与能量的关系公式："E（能量）等于 m（质量）乘 c（光速）的平方"，可以说是"净化和抽象"的范式。他只用 3 个字母和 1 个数字解答了内容极为丰富的科学问题。

（2）规整和简洁。科学家以最规整、最简洁的形式，概括最丰富、最大量的自然现象，去揭示最普遍、最深刻的自然规律。科学公式和理论的规整性和简洁性，就是其深广内涵的最好形式。例如黄金分割律是一种最简洁、最美，也是最具普遍性的比例形式（一根直线的前半段与后半段之比应等于后半段与全长之比，其解为 0.618，即黄金分割值）；爱因斯坦的广义相对论，因其简洁、准确而被人们称为"漂亮的理论""现有物理理论中最美的"；DNA 规整美丽的双螺旋结构，以及和谐地包含其中的 A、T、G、C 四个核苷酸，构成了简洁的旋转形阶梯。就是这一对生命的曲线，却演化为地球上生生不息、千姿百态的芸芸众生。这简直是"大美"了！

（3）对称和有序。自然科学的任务是探索大自然的现象和规律，而这些现象都具有对称、有序等特性。正是这些理性活动及其成果显示的审美（审视美感）形式而使人激动。例如，1869 年俄国科学家门捷列夫首创的"化学元素周期表"。他发现各种元素原子的结构是有规律的，可以列成周期表，并能解释原子和分子是如何构成物质世界的。人们不能不惊叹，五彩缤纷的大千世界竟如此和谐地统一于原子的周期排列中。自然界的形成、运行、演化、生长、繁衍、消亡都是有规律的。这就是令人信服的科学美。

美学是研究有关美的规律的学问。三十余年前，何寄梅在《科普创作》杂志（中国科普作家协会会刊）上就曾经发表过有关"科学的美"的文章；1988

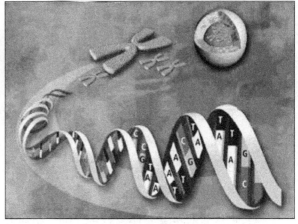

美女的黄金分割　　　　　　　　　　DNA 的双螺旋结构

年 7 月，袁正光在《科普创作》（1988 年第 4 期）上发表的《关于科学美的思考》中，谈到了科学的五种美学形式：隐象美、规律美、实验美、理论美、理性美；汤正华在《科普创作》的同期上，发表的《科普创作的美学情趣》中认为："科学与文学、美学之间，并非一般所认为的那样不相干，科学与文学的结合，将达到一种高层次的美学境界""我们不能把逻辑认识与艺术认识，或者说逻辑思维与形象思维绝对地对立起来，这是统一认识的两个方面……在一些优秀的科普作品里，总是同时具备这两种思维能力，作品所显示的惊人的剖析能力和艺术魅力，使我们感受到人类的高尚情趣与智慧光芒。"她呼吁"时代要求科普创作提高到更高的美学层次"；1990 年 3 月，焦国力在《科普创作》（1990 年第 2 期）上发表了《引进文学手法　建立科普美学》，在阐述了"科普创作走进了低谷期"的原因后，明确提出："科普创作的突破口在哪里？我认为：科普创作的出路在于——引进文学手法，创立科普美学""美学就是艺术的哲学。科普要按照美的规律进行创作……科普创作需要理论指导，这种理论就是科普美学。科普美学是从哲学、心理学、社会学的角度来研究科普的艺术，提高科普的创作能力和读者的审美能力。"他还提出了科普美学的内容和研究的范围，"调动一切可以利用的文学手段""研究如何创造科普作品的艺术意境""要求科普作家有广阔的知识面和丰富的生活阅历""在创作科普作品时，必须考虑如何才能为广大的群众喜闻乐见、通俗易懂""要求科普作家具有良好的审美意识"。

3. 科普美学

"科普美学"说全了是"科普创作的美学"。在这里，科普创作者是审视美感的主体（审美主体），他的审美对象（审美客体）是"科学"。科普创作者需要发现和研究"科学之美"，并将这种美感经过创作（读、视、听）手段和创作技巧，形成不同媒介（影视、广播、移动、图书）不同体裁（讲述体、文艺体、辞书体等）的科普作品。

科普创作者对审美客体"科学"的分析研究，大致有两个方面：

（1）科学（包括技术）能够使人产生美感的根本原因（共性）是什么？有什么规律可循？

（2）人的美感是怎样产生的？有什么特征？以及，需要分析研究，怎样使自己的作品（审美客体），让受众（审美主体）产生兴趣，从而激发阅读、收视、收听的欲望。

笼统来说，以上就是"科普美学"的内涵。

二、科普美学的审美对象

具有审美性质的客体是构成审美对象的必要前提，没有审美客体存在，也就不可能有审美对象存在，审美对象是由审美客体转化而成的。客体包括：自然事物和现象、社会事物和现象以及文学艺术。由于它们具有审美性质，即具有潜在的审美价值属性，而被称为审美客体。无数的自然、社会、艺术审美客体，为审美对象的形成提供了无限可能性，成为审美对象构成的客观基础和来源。

具有科学美的事物（审美客体）作用于审美主体（科普受众），从而在其内心世界中激发起欢快、愉悦等特殊心理感受，称为"科学美感"。科学美感不同于一般审美过程中的美感。它不是仅仅由事物的表现形式（文字、结构、图像、色彩、音响）作用于感官所产生的感受，而是审美主体与客体互相作用的产物。一方面，审美客体作用于人的感官，使欣赏者产生心理和情感的共鸣，引起内心世界和谐的、美的享受；另一方面，主体以其特有的审美判断和审美评介选择客体，在无数对象中仅仅同他所理解的客体建立审美联系。主体的审美活动不是机械的、照镜子式的被动活动，而是探照灯式的能动活动。

"科学"作为审美对象，包含在自然界和社会中，具有科学审美属性的多种多样客体，但只有当审美主体欣赏它们时，才会成为审美对象；当主体还没有形成审美能力（缺乏科学素养）或审美态度（无意觉胜）时，它们也不会成为审美对象。

由于上述原因，科普创作者就需要着意在"引人入胜"上下功夫。"胜"就是追求科学真理的乐趣；"入胜"就是进入到科学真理的胜景中去的喜悦。这种胜景是科学技术本身的美所造成的。

我引用赵之于《科普创作》1983年第4期上发表的文章《趣味的层次》中的一段话："科学对于科学家、科技工作者们来说，那是一种有生命的东西，极其生动，非常有趣，可以令人迷醉……所以，发现量子力学的海登堡在记录他和爱因斯坦的对话时写道'如果自然给我们显示了一个非常简单和美丽的数学形式，显示了任何人都不曾遇到的形式，那么我不得不相信它是真的，它揭示了自然界的奥秘'。在这些科学大师们看来，真实的、合规律的就必然是美的。因此，我们在科普写作和科普编辑中除了要讲究一般的趣味手段之外，更应当着意于把科学本身的趣味（科学美），即把科学的本性挖掘出来，让他们（读者）感受到科学本身就是迷人的，是美的。只有这种趣味，才能叫作'科学趣味'。或者借用一下我国古代诗论中的语言，叫作'理趣'。只有把科学趣味发掘出来，才会收到使读者愿意不避艰险，不怕枯燥，进入科学领域去追求科学本身的效果。"

创作一篇科普作品时，在结构上怎样来体现"科学技术本身的趣味"呢？读者在阅读科普作品时，总是带着生产或生活中碰到的许多问题——什么？怎么？为什么？这些问题在读者的头脑里不是凌乱地出现的，而是有规律地产生的。也就是说，读者有自己的思维活动。想要吸引读者，就一定要抓住读者的思维逻辑，当读者想到什么时，作者正好讲到这个问题，从而使读者产生浓厚的兴趣。科学技术本身是一种严格的逻辑思维。作者不仅不能违背这个逻辑，而且要善于把读者的思想引导到科学的思路上来。一方面要掌握和顺应读者的思维活动规律；另一方面又要往科学的思维上引导。通过顺和引，把两者结合起来。这个过程就可以概括为"引人入胜"四个字。

科学本身的趣味在于追求真理，如果着意挖掘了"科学趣味"让读者感受到了科学的美，引导读者进入科学真理的胜景，感染和熏陶读者去树立高尚的思想情操，这样的科普作品必然是弘扬了"求真、崇实、无畏、创新"的科学精神的。科普作家在写作技巧上需要构思的是"引人"两个字。这里说的是"引人"而不能"强人"。关键是要找到与读者的"感情世界"和"经验世界"契合的切入点，引起读者的情感认同而将作者传播的科技知识融为自己的知识。不同的读者对象，由于科学文化水平、兴趣和年龄的差异，有着不同的感情世界和经验世界。可见，作为科普创作者，必须对自己作品的审美主体——受众要有深入的研究和了解。

科普创作者的审美对象是"科学技术"。他们的任务是运用其特有的审美经验、审美判断与评介，发现科学技术的审美价值属性，运用高超的写作技巧，把科学美呈献于读者。

科学是反映自然、社会、思维等客观规律的分科的知识。科学是"求真"，科学用逻辑和概念等抽象形式反映世界，揭示事物发展的客观规律，探求客观真理；技术是"务实"，根据生产实践经验和自然科学原理而发展成的各种工艺操作方法和技能（还可包括相应的生产工具和设备，以及工艺过程）。

科学技术的审美价值属性可以用下列一段话来概括：

科学技术是艰巨的、诚实的劳动，它启迪人们的智慧，培养人们的艰苦奋斗精神和务实精神；科学技术是探索未来、创造未来的，它培养人们宏伟的胸襟，宽阔的眼界，探索的勇气和创新的胆识；科学技术是同谬误做斗争中发展起来的，它培养人们不畏艰险、不怕挫折、锲而不舍，一往直前地追求真理和捍卫真理的大无畏勇气；科学技术是人类共同的财富，它同一切投机取巧、唯利是图、自私自利的行径格格不入，它陶冶人们高尚的情操，培养人们的献身精神。

以上这些人类优秀的品德"科学之美"，都是科学技术的属性，是人类科学精神的具体表现。

三、"科普美"的内涵与审美形式

"科普美"是审美主体——科普作者通过创造性劳动，将审美客体——科学技术知识，运用"逻辑思维""形象思维"或"逻辑思维与形象思维相互结合"的创作技巧，整合、演绎为第三性美学作品的审美形式（第一性为自然美，第二性为科学美）。

在讨论科普美的形式之前，似有必要来重温一下科学和艺术大师们对"科学技术与文学艺术"的关系及融合方面的名言。由于新时代的科普作品是科学技术与文学艺术结合，"文理交融"的产物，有关这个问题的认识与实践，对我们科普作家来说是至关重要的。

我国最早探讨"美"与"真"的是梁启超。他认为："从表面来看，艺术是情感的产物，科学是理性的产物，两个东西很像是互不相容的，但是西方文艺复兴的历史证明，艺术可以产生科学。……艺术和科学有一共同因素——自然，两者的关键都是'观察自然'。"

李政道认为："科学是人类探究、认识大自然的结晶，艺术是人类描绘、表现大自然的升华。它们的共同基础是人类的创造力，它们的共同目标都是追求真理的普遍性。"

"艺术，例如诗歌、绘画、音乐等，用创新的手法去唤起每个人的意识或潜意识中深藏着的已经存在的情感。情感越珍贵，唤起越强烈，反响越普遍，艺术就越优秀。"

"科学，例如化学、物理、生物等，对自然界的现象进行新的准确的抽象，这种抽象通常被称为自然定律。定律的阐述越简单，应用越广泛，科学就越深刻。尽管自然现象不依赖于科学家而存在，它们的抽象是一种人为的成果，这和艺术家的创造是一样的。"

诗人臧克家说："研究大自然，参透它的奥妙，是科学家的任务；描绘大自然，表现大自然，是文学家的事情。"

爱因斯坦说得好："在那不再是个人企求和欲望主宰的地方，在那自由的人们惊奇的目光探索和注视的地方，人们进入了艺术和科学的王国。如果通过逻辑语言来描述我们对事物的观察和体验，这就是科学；如果用有意识的思维难以理解而通过直觉感受来表达我们的观察和体验，这就是艺术。二者共同之处就是摒弃专断、超越自我的献身精神。"

科学家与文艺家是天然的同盟军。他们从不同的立场，用不同的方法，各自而又协同地研究和描绘着绚丽多姿、五彩缤纷的大千世界。而科普作家则应是兼两家之所长，融会贯通地运用逻辑思维和形象思维，生动地描绘和传播自然知识的专家。

科普作家要学会用两只眼睛看世界：一只眼睛看的是"科学技术"，另一只眼睛看的是"文学艺术"，从而用文学艺术的心灵和笔触来演绎和释读科学技术。

笔者的一位好友，科普作家顾钧祚说，马王爷有三只眼，我们应当还有一只眼睛，看的是市场。

科普创作也需像李政道所说的艺术一样，用创新的手法去唤起人们心中的良知、激发读者的情感，使他们进入科学美的境界，去感受科学探究的过程。传播技术也一样，技术所依据的科学原理是已知的，但将科学物化所使用的技术路线却是创新的。普及技术的科普作品应将这种创新思想写出来。

科普创作与艺术创作一样，都是运用艺术的手段（就科普创作而言，就是发掘或表现科学美的创新的技巧），遵循美学的规律，将科学所包含的美去感染人们，给人以真与善的感悟（包括科学的探索与发明，技术的创新与进步）。

什么是美学的规律？"人类是按照美的规律创造世界的。美的规律就是人类在进行自由的、有意识的、有目的的创造性实践活动时，符合客观物质运动的规律。因此美的规律恰恰就是左右物质运动的规律。……美学与自然科学在实践基础上是辩证统一的。"（王天宇：《论科普作品应给人以科学美学思想的感染与熏陶》）

下面，笔者根据多年的编创实践，介绍"科普美"的五种审美形式及其创作技巧。

1. 逻辑美

科学重理性，具抽象性；科学研究主要依靠分析、归纳和推理，以逻辑思维的方法为主。科学认识世界的纽带是"逻辑"。

科普作者运用逻辑思维进行创作的主要体裁是"讲述体"。讲述体通过通俗的讲解、叙述，传播某种科学知识或应用技术，力求表达科学技术的"逻辑美"。一般行文平铺直叙，大都要求从不同侧面穿插历史、联系生活，做到深入浅出、引人入胜。

在讲述体作品中，又可以分为各有特色的不同表达形式，如浅说、趣谈、史话、对话、自述等。

浅说——这是最常用的形式。这种文体一般保持了原有的学科体系，但回避了繁复的数学公式和深奥的术语、定理，用简明、流畅、生动的语言通俗地介绍科技知识。

趣谈——在浅说（漫话）文体的基础上，以有趣的故事、生活中常见的现象，以及谚语、成语、诗词切入主题。这类文体常常使用一些生活的、历史的、文学的情趣来吸引读者，旁征博引、涉古论今、谈天说地，既给人以知识，又给人以乐趣。

这是知识性和技术性科普读物的特点与要求。

"讲述体"科普作品如何体现"逻辑美"呢？对于这种体裁的科普作品，可以有两种创作手法。

（1）抓住读者的思维逻辑，从他们的感情世界与经验世界中的科学问题作为切入点，层层剥笋，步步深入，运用严密的逻辑，不断地展示科学思维的美，将读者引进科学真理的胜景中。

（2）同样，从读者的感情世界和经验世界中的科学问题作为切入点，经过设计，有意识地在科普作品的形式和结构中设置相应的环节，在传播科技知识的同时表达了"逻辑美"。

2. 形象美

艺术重感性，具形象性；艺术创作主要依靠联想、想象和灵感，以形象思维为主。艺术认识世界的纽带是"感情"。形象思维是人们依据客观之象，经过主观创意的加工，创造出形象，运用形象进行表述。

科普作者运用形象思维进行科普创作的主要体裁是"文艺体"。文艺体是运用文学艺术的形式来记述或说明某些科技内容的一种创作体裁。它寓科学技术于文艺之中，把叙事、描写、抒情和议论不同程度地结合在一起。用群众喜闻乐见的各种文艺手段来宣传科技知识和科学思想，富有"形象美"，使科学较易为人们所接受。

文艺体科普创作的体裁有：科学散文、小品、诗歌，科学小说、故事、童话，科学报告文学、考察记、游记等。科学文艺作品可以说能够采用文学的所有体裁。

关于这些体裁的特点与作用，可以参考章道义、陶世龙、郭正谊主编的《科普创作概论》（北京大学出版社，1983 年 9 月）。本文不再赘述。

本文仅就如何区别文艺体的"科学小品"与讲述体的"科普短文"提供一些意见。

科学小品是一种以科学为题材的小品文。它区别于讲述体浅说文体的科普短文在于运用了文学和哲学的情趣；区别于讲述体趣谈文体的科普短文在于运用了哲学的情趣。所以，一篇短篇科普作品，在界定它是否属于科学小品时，主要看它是否富含哲理。

科学小品在普及科学知识的同时，可以写景抒情、状物记事。这种古老的文学体裁有如行云流水，原无定型，可以兴之所至，各出心裁；海阔天空、舒卷自如，不受时空约束，议论与叙事交融，兼跨形象思维与逻辑思维两个领域。作家对科学、对科学与社会生活之间关系的认识、感想、评价等，也不可避免的同时是科学小品的内容。科学小品不同于科普短文的原因正在于它接触生活，作家于倾爱吐憎中以古窥今、见微发隐、小中见大，把引人入胜的诗情画意、耐人寻味的哲理遐思，渗透到饶有趣味的科学知识之中。诗、哲、知三位一体，读者不仅能由此增长知识，而且可以启迪才智、陶冶情操。

当然，由于一篇作品的侧重面有所不同，科学小品和科普短文之间会存在一个模糊的边界层。

近年来，笔者从张景中、吴全德两位院士的科普作品中感悟到科学确实有感性的"形象美"。怪不得陈景润会迷醉于"数理王国"之中，想来他不但在脑海里看到了数学"逻辑美"的意象，而且也看到了数学的"形象美"。

那是十年前的事了。数学家张景中院士来京开会。笔者去拜访他时他正伏案工作，电脑屏上有一朵美丽的花朵，彩色的花瓣不断地舒展、演变着，仿佛是一个生命体，正展示着她的千姿百态。笔者简直看呆了！景中先生说：这里演示的是"数学的动态美"。它所反映的其实是一个很简单的几何图形中一个点的运动变化。随便画一个圆，圆周上任意作 3 个点 A、B、C，把两点 A、B 连成一条线段，线段上取第四个点 D，作线段 CD，再在 CD 上任取一点 E，想象 A、B、C 是 3 个抬轿子的，E 是坐轿子的。三个抬轿子的在圆上用各自不同的速度奔走，那么 E 的轨迹是什么样子呢？

任何一位小学生，学习十几分钟，就可以用"超级画板"做出这个几何图形，再用"超级画板"的轨迹功能做出坐轿人运动的轨迹。给 3 个抬轿子的速度的不同设置和 D、E 两点不同位置，做做数学实验，就会得到成百上千种图案。

笔者在大学时代，成绩最差的就是数学，想不到这门枯燥的"纯科学"竟然蕴含着如此丰富的"感情"！如此

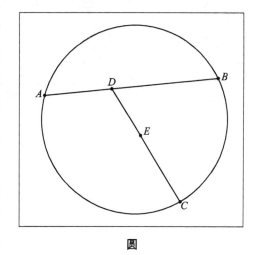

圆

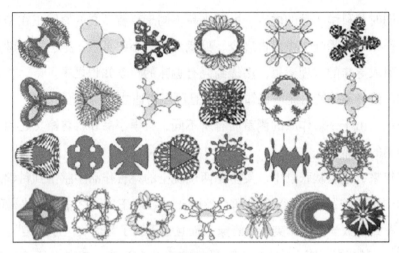

各种图案

简单的几何图形居然蕴含如此丰富的美丽图案，这是数学的美！正是"万物皆有爱，科学也多情"。

"超级画板"是张景中先生根据上述原理，编制的"科普数理动漫"软件。孩子们作为审美主体，可以充分发挥想象力，运用它去发现、制作出美丽的数理形象。

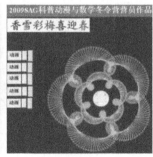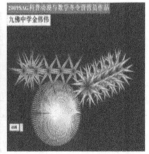

几何图案

近日，我查阅到，20世纪80年代产生了一门新的数学分支——分形几何学。这是研究无限复杂的自相似图形和结构的几何学。这是描述大自然的几何学，揭示了世界的本质。它是科学美和艺术美的有机结合、数学与艺术的审美统一。枯燥的数学不再是抽象的哲学，而是具象的感受。

数理形象

吴全德院士在北京大学研究纳米科学。他在研究"金属纳米薄膜的成核生长机理"时，发现科学实验能够把科学与艺术融合起来，使它既反映深奥的科学问题，又具有艺术欣赏价值。他用电子显微镜拍摄了银胶粒聚合而成的"海马""鲜果""野花"等许多美丽的形象。由此，他认为"科学美"可以是抽象的，也可以是形象的，可以用视觉欣赏。科学实验会出现各种各样极为复杂的图形，包括许多分形图形。他探讨了"科学实验艺术"形象美形成的机理，撰写了科普图书《科学与艺术的交融·纳米科技与人类文明》（北京大学出版社，2001 年 7 月）。

3. 哲理美

将"逻辑美"与"形象美"融为一体，运用"文学艺术的心灵与笔触去释读与演绎科学技术"，或者简化为"使用感性的文笔，释读理性的科学"就产生了"哲理美"。笔者认为，这是当前需要提倡的创作方向，如文前所言，科普的社会功能可以概括为一副对联和五个词组：一副对联是"解读自然奥秘，探究人生真理"，五个词组是"求真、崇实、启善、臻美、至爱"。这种作品兼跨形象思维和逻辑思维两个领域。在这里，不仅仅是科学内容与文学形式的结合，科学的内容也具有文学的意义，符合文学的要求。文学与科学一样，都是我们认识世界的眼睛。由于文学向科学渗透，在同一篇文章中，科学与文学

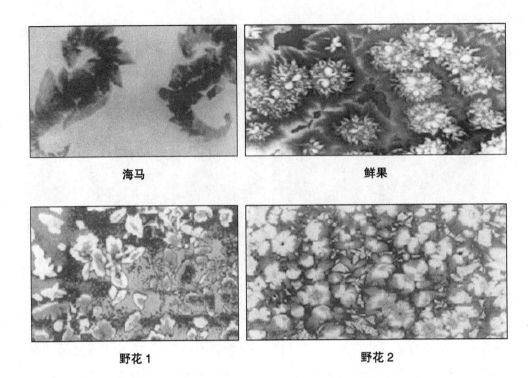

| 海马 | 鲜果 |
| 野花 1 | 野花 2 |

能够各自从不同的侧面向纵深开拓，互相补充，发挥着认识同一事物的特殊功能。期望读者在获得科学知识的同时，感悟人生。

笔者曾经尝试创作了一批"科学散文"：《蒲公英的情怀》《故乡的小河》《悠悠寸心草》《让世界充满爱》《大雁情》《仰望星空》《生命永恒》等，科学知识会过时和更新，但文学的价值却是永存的。

4. 语言美

言之无文，行之不远。科普作品还应讲究文采，力求文笔优美，甚至要具有艺术的感染力。作品的文采，主要表现在语言艺术上，在通俗和准确的基础上讲求鲜明生动、简洁流畅，"惟陈言之务去"以形成自己的文章风格。"风格"就是作家在创作中所体现的艺术特色、创作个性。作家由于生活经历、学识素养、个性特征的不同，在处理材料、驾驭体裁、描绘形象、运用技巧、遣词造句方面各有特色。

科普作品的美感，尤其是科学散文，在很大程度上表现为"语言美"。语言美的基本特征，苏轼在《答谢民师书》中做了精辟论述，"常行于所当行，常止于不可不止，文理自然，姿态横生"。语言艺术风格多种多样，古朴华丽、刚劲委婉、细腻简洁、幽默谐趣，无论何种风格，在整篇结构紧凑凝练的基础上，行文自然、语言明快，是我国散文民族传统的精髓。

5. 结构美

结构是作品的骨架，是表现作品的内容，显示作品主题的重要手段。对于一篇优秀的科普作品来说，必须要有一个完美的结构，即完整、和谐、统一。完整就是要内容充实、脉络清晰、因果分明。和谐就是要主次分明、前后呼应、协调匀称，切忌章节杂乱、旁枝丛生。统一就是要格调一致、起承转合、顺理成章，观点与材料形成一个完美的统一体。读者不仅从文章的内容上，即使在文章的结构上，也能体会到"和谐有序"的美感。"结构美"正是科学的内在美。DNA 双螺旋阶梯形结构，若画其与螺旋轴垂直的平面投影（顶视图），则形似一个漂亮的五角星勋章。雪花美丽的对称有序、千变万化的晶体结构，莫不令人惊叹大自然造物之工。结构是科普作家对题材进行全面调度和把知识加以深化的一种艺术审美。

求索（笔名）于《科普创作》杂志 1990 年第 3 期上发表的《科普作品的美感》一文中谈道："科普作品的美感，另一重要方面就是文章的结构美。文学作品要求用美的形象来表现社会生活，要求美的内容和美的形式的统一。科普作品毕竟是姓科的，以科为主。对于大量的科学信息、科学材料，要进行恰当的编织和组合，在结构上做到疏与密、繁与简的统一。散文素来要求谋篇布局艺术，无论内容繁简，都应该做到主线分明、层次清楚、脉络清晰、腴瘠有致，'疏可走马，密不透风'使整篇文章结构匀称，无论从整体还是局部看，都觉得很美。刘勰说'文贵圆通，辞忌枝碎，必使心与理合，弥缝莫见其隙'（《文心雕龙·论说》）。这些话深刻地阐明了文章结构美的规律，科普作品也应该努力做到。"

原载《科普研究》2014 年第 5 期

一本把元素讲活了的书

——《视觉之旅：神奇的化学元素》策划手记

韦 毅

我社（人民邮电出版社科普出版分社）引进的《视觉之旅：神奇的化学元素》自 2011 年 2 月出版以来，重印十余次，不仅屡屡占据各大网店科普类图书销售排行榜前列，还很荣幸地获得了包括 2012 年第二届"中国科普作家协会优秀科普作品奖"和 2013 年度全国优秀科普作品在内的十大奖项。以下就介绍一下这本书的整个策划过程。

一、缘起：一场意外的邂逅

如今再次翻开这本书，我依然觉得这是我读过的最美、最酷的化学书。最初结缘，是 2009 年在北京国际图书博览会上。一个络腮胡子的彪形大汉于掌中把玩着一团炫目的火焰，赫赫然于书架展示的封面之上，像是在向我招手，其上还显眼地告诉我，这是一本关于 Mad Science（疯狂科学）的书，他玩的是"你也可以做，但是最好别在家做的实验"。我忍不住伸出手去，翻开一看，哇！里面惊人、炫目的化学实验，色彩斑斓，编排得就像一本摄影作品集那么美，那么艺术！

可以说，这真是一场缘分。多有趣的一本科普图书，让人欲罢不能，舍不得放下！这么酷的化学书从来就没有在我那段枯燥又苦闷、满眼都是习题的学生生涯中出现过！于是，我思前想后，三度光顾版权代理小小而又毫不起眼的展台，最终将其带了回来。

二、引进：严谨调研后的果断决策

通过前期的调研，我发现前面提到的封面上这位疯狂的科学家西奥多·格雷，还有一本新作 The Elements：A Visual Exploration of Every Known Atom in the Universe，也就是我们这本《视觉之旅：神奇的化学元素》的英文原版书。这本书当时销售态势很不错，是美国亚马逊畅销书，在化学类和科普类图书中排行前列，版权已经销售到了若干个国家和地区（目前已经销售到了 23 个国家和地区），其中包括亚洲地区的日本。待我调来样书，才真正感觉到震惊。这是一本怎样的图书呢？翻开来，118 个元素，每个元素占一个对页，左页是一张与元素有关的唯美大图；右页则以文字为主，讲述元素的故事，配有数张小图，展示这个世界上元素的各种相关实物；而在右栏则特别设计，不仅展示出该元素在元素周期表中的位置，还有元素的原子量、密度、半径和晶体结构等信息。整体设计上，既有内容，也有绚丽大图，布局巧妙，信息完备。最具特色的就是其浓黑的底色上让人叹为观止的图片，真让人难以想象这是一本科普图书。

然而，对于这样一本看起来极具观赏性的科普图书，国内的读者又会有怎样的看法呢？喜不喜欢这样的风格呢？我们的化学书上都是方程式，因为考试会涉及，而这本书里一个方程式都没有，化学书怎么能没有方程式呢？而且，对于一本只讲元素的图书，大家到底能不能接受呢？

我们对此进行了分析：化学是什么？基础学科、应用科学，在社会生活和生产中发挥着重要作用。元素是什么？化学的基础，构成我们所在世界的物质基础。学习化学就要从基本的化学元素开始。每一位上过中学的人都学过化学，但不少人不喜欢甚至很讨厌它。一堆堆的符号、公式、计算，让它毫无生气，学起来枯燥乏味，自然也让人敬而远之。而这本书里却看不到一个化学方程式，有的只是有趣的元素故事，元素不再是课本上的化学符号，是实实在在的物体，生活里常见或不常见的东西，用作者的话说，"无论你的脚趾头踢到了什么，我都能在元素周期表中把它指出来。"在内容上，本书不但有元素的介绍，还有元素的命名、元素背后的故事、人类探究与利用元素的智慧，等等。很难想象一本书包罗这么多内容，而且还条理分明、重点突出。

从作者的背景来看，西奥多·格雷相当有意思。他的身份很复杂，乔布斯的好朋友，计算机软件公司 Wolfram Research 的创建人，美国《大众科学》杂志专栏作者，美国探索频道的嘉宾。他曾经花了6个月时间，选木材、做手工，做出了一张元素周期表桌子！2002年，搞笑诺贝尔奖委员会还为此把当年的化学奖颁给了他。就是这样一个工作在与化学相去甚远的领域的狂热的化学爱好者，花了7年的时间，收集各种化学元素的样品，创办关于元素周期表的网站，做各种疯狂的实验，推出各种新颖的衍生产品，依据积累创作出了这样一本图书。

最后的结论是，这本书熠熠生辉，极具活力，无论是编排设计，还是内容，都极具独创性，而且其图片是专门请摄影师拍摄制作的，很难有能与之相比的同类书。更为重要的是我们想把作者这种对化学的热爱之情和对科学的态度传达给国内的读者们，让他们知道，化学并不只是书本上枯燥的方程式，而是多么有趣的生活的一部分。因此我们果断决定要引进这本书。版权交易的过程并不那么顺利，原出版社没有与我社合作过，而且国内还有其他出版社对此书也很感兴趣。我们团队合作，确定两本图书一并签下，并经过多次快捷有效的沟通，尽快拿出了后续营销方案。我们的诚意打动了原出版社，最终在竞价过程中胜出。

三、翻译与制作：符合读者的需求

合同签署后，我们多方寻找合适的译者，最终找到了曾任中国化学会理事、中国科学院上海有机化学研究所研究员陈耀全老师，他又向我们推荐了该研究所的博士研究生、上海东华大学副教授陈沛然老师作为本书的译者，而后他本人仔细阅读了全部译稿并提出了宝贵的修改意见。如上所述，这本书内容包罗万象，不仅有化学的基本知识，元素的用途，还有很多元素背后的故事，包括它们从何而来，有什么用途，是什么使得每种元素那么有趣，以及作者收藏元素过程中的有意思的经历，而且作者的写作风格比较简约、活泼，翻译起来很有难度，不仅要保留原作者的语言风格，还要符合中文的习惯，让国内读者没有阅读障碍，又要兼具严谨性和趣味性。在此期间，编辑与译者多次沟通，对文稿进行了反复的讨论和修改，还为本书中提及的化学史上知名的科学家等做了简要但却必要的注释。后来本书获得了2012年第六届吴大猷科学普及著作奖翻译类佳作奖，可以说跟这些工作不无关系。

这本书的原版书是12开的精装方开本，大气又精美，但是比较厚重。如果我们按照原版书的尺寸来做中文翻译版，那么成本会比较高，图书也势必昂贵，而且阅读起来不是那么方便，读者的接受度恐怕会降低，"普及"的效果也会大打折扣。经过与印制部门的多次沟通和成本测算，我们决定采用大20开，做简装书，但是保留原书的布局，定价控制在60元这样一个大多数读者都承担得起的价格上。事实证明，这样的一个举措是正确的。

四、营销与推广：策略的及时调整

图书出版之后，我们专门举办了相关的讲座，请重点中学的化学老师介绍这本书的相关内容，并在讲座现场做了有趣的化学小实验。报名参加的大多数是中学生和他们的家长。最让我们感到吃惊的是，最小的一名观众只有4岁多，他能说出不少化学元素的名称。他非常喜欢我们这本书，爱不释手，他还说他以后长大了要学习化学。还有一个7岁的小学生，还认不全书里的字，让妈妈读给他听，居然发现了书中的编排错误，给我们来信纠正。这个系列不是亲子读物，虽然文字和内容是通俗易懂的，但如果没有引起读者的兴趣，是不会有这个年龄的孩子来这样仔细地阅读的。作者也在书中说道，他并没有料到这本书会如此受欢迎，并且大人小孩都喜欢（小孩子的喜欢让他尤其意外）。

很快，在2011年的国际读书日上，北京电视台专门推荐了这本书，"说到化学你可能感到枯燥乏味，会想起中学背元素周期表和化学方程式那会儿的艰难与无奈。如果当时你能得到这么一本书，或许就会对那些抽象的化学元素产生不一样的兴趣和认识了。"我们也在当当、亚马逊中国以及京东三大网站上留下的诸多评论中发现，不少读者都是文科背景，他们有人表示，如果当年读过这样一本书，可能文理分科的时候会做出不一样的选择。这些与我们之前的设想有不小的出入，我们最初也没有料到这本书会引起这么多的关注。

于是我们开始注重本书在实体书店的重点陈列、海报宣传；同时在网店上也做了重点推荐，展示书中精美绝伦的大图。很快这本书就开始攀爬上各大网站科普类图书的排行榜，有数据分析，当当网的忠诚客户中，很大一部分是为人父母者，这本书非常适合他们为自己的孩子选作课外读物。于是我们将同时引进的图书《疯狂科学》与本书做了套装，在当当网捆绑销售，效果非常好。

接下来这本书引起了越来越多的关注，也获得了诸多的奖项。首先是在由中国科协指导，中国图书馆学会、中国化学会、中国科普作家协会联合推出的2011国际化学年"读书知化学"活动中，本书名列入选的16本图书之一，并在"国际化学年"的网站上得到了大力的推荐与展示。之后，本书又陆续入选新闻出版总署"2011年度大众喜爱的50种图书"，《科技生活周刊》"2011年度十大科普图书"，2011年度第十一届引进版优秀图书，中国书刊发行业协会"2011年度全行业优秀畅销品种"，2012年新闻出版总署向全国青少年推荐的百种优秀图书，2012年第七届文津图书奖推荐图书，2012年第二届"中国科普作家协会优秀科普作品奖"以及2013年度全国优秀科普作品。这些奖项对扩大此书的影响起到了很大的作用。

在后续的营销上，我们延续在网店做套装书营销的策略，适时推出了赠品——4开的元素周期表海报版，也受到了大家的欢迎。然后，我们对这本书进行了各种形式的扩展。本书的数字版权掌握在作者手上，他本人拥有一家专门做电子版图书开发的出版社，于是我们也把握机会，与他合作，于2012年年底推出了这本书的中文简体字ipad版。之后，2013年上半年我们推出了此书的12开精装版，以满足收藏者的需求；在暑期还特别推出了此书的配套彩图卡片版，将图书的主要内容浓缩在128张精美的卡片上，一面是元素绚丽的实物图，另一面是元素的基本特性和相关知识。在设计上还特别将熔沸点、密度和电子排布在三边以图形的形式示出，如果按照特定顺序将卡片叠起来，向左、向右或是向上滑动卡片，图表形式的元素特性条、密度、熔沸点和电子结构在元素之间发生的变化就一目了然了，从而将此书从简单的平面阅读的方式，扩展为适宜自学、教学、研究、鉴赏、收藏甚至游戏的各种形式。

五、思考：做活科普

这本书是我们目前为止推出的最畅销、最受好评的科普图书，可以说经济效益和社会效益兼收。我常常在想这本书为什么会这么受欢迎。究其原因，其一，丰富的图片带来了视觉冲击，形式有新意，装帧设计很有美感。其二，书的内容有独创性，与我们惯用的课本实在大相径庭，用元素收藏这样新颖的方式把有关元素的知识重新串联起来，展现的知识更具可读性，更让人容易理解和记住。最后，也是特别重要的一点，它一改科学读物严肃的面貌，糅入了作者对化学的爱好、思考，以及他收藏元素样品的故事，还有他各种新奇的做法，这些生活色彩和个人色彩更容易给人以感染力，让原本冷冰冰的化学知识变得真诚、热烈而又有情趣，让读书的人不由得产生对化学乃至科学的兴趣。

本文的标题，我借用的是中国科协常委、中国科协科技与人文专业委员会主任张开逊在 2011 年"国际化学年"活动中对此书的评价——"这是一本把元素讲活了的书"。这本书也是我在从专业技术类图书领域转型进入科普图书出版领域的过程中，遇到的最重要的一本科普图书，让我对科普图书的策划有了进一步的认识。

此书出版之前，我们专门请作者为中文简体字版写了序言，他写道，"如果在你认识的人当中有人觉得科学或化学是令人讨厌的，是一些枯燥无味的东西，你可以试着把这本书送给他。仅那些照片也会使他相信有些东西确实值得看一下，他也许最终会写信给我，说他已经尝到了通过科学了解这个世界的滋味，并且如何热切地希望知道得更多。"这给了我很大的启示，科普图书怎样做才能让更多人接受和愿意去接受，这也是我们在策划科普图书的过程中常常思考的问题。做科普图书，乃至科普事业，就要把科学知识做活了，在传播科学知识的同时，用当下大众喜闻乐见的语言和形式，吊起读者的胃口，让大家产生进一步了解科学的欲望，给人以启发。我想这就是我的目标，从这本把元素讲活了的书开始，今后要做更多把科学讲活了的科普好书。

原载《科普研究》2014 年第 6 期

在人类活动的背景中思索科普创作

张开逊

科普创作是为科学赋予精神价值的创造活动。致力科普创作的学者，是人类精神领域的志愿者。他们努力理解科学，理解人类，在关于物质的知识与关于价值的知识之间，架设美妙的桥梁。

德国哲学家伊曼努尔·康德（1724—1804）曾言，"人类知识有两类，一类是关于物质的，一类是关于价值的"。人们喜欢将文化喻为"人类的第二天性"。这里所指的文化，是人类关于价值的知识。今天和古代的最大区别，是有了科学。现代科学是人类的生存智慧，是开创未来的依据。科学是关于物质的知识，在现代社会里，科学应当成为人类的第二文化。建立在完整知识基础上的文化，才是丰满的文化。

科普创作是人类活动不可分割的组成部分，气象万千的人类活动，需要充满生机的科普创作。科普创作应当在人类活动的历史长河中吸取智慧，以创造性方式准确诠释身处其中的世界，为人类活动提供前瞻的上位思考。

一、从狄德罗的《百科全书》获得启示

18 世纪后半期，在人类思想史上发生了一件大事，法国学者狄德罗（1713—1784）在巴黎编辑出版了一套《百科全书》，这部恢宏的巨著，推进了以倡导理性精神为特征的欧洲启蒙运动。为这部《百科全书》撰稿的学者，成为欧洲启蒙运动的中坚力量，他们被称为《百科全书》派。欧洲启蒙运动是继欧洲文艺复兴之后，人类精神领域的伟大进步，它奠定了现代社会重要的思想基础。

这部《百科全书》共计 35 卷，包括狄德罗主编的正篇（文字部分）17 卷，图版 11 卷，由别人主编的文字部分 4 卷，图版 1 卷，索引 2 卷。1751 年开始出版，1780 年全部出齐。它是人类传播知识努力的伟大成功。

这套《百科全书》开始出版的时候，近代科学刚刚诞生。瓦特（1736—1819）还没有发明他的蒸汽机，库仑（1736—1806）还没有发现静止电荷之间相互作用力的定律，普利斯特莱（1733—1804）还没有发现氧，拉瓦西（1743—1794）还没有创立近代化学的理论基础。这部全书内容涉及历史、社会、政治、艺术、哲学、科学，以及关于物质资料的生产工艺。虽然自然科学仅是这部全书的一小部分，然而它的编写理念与创作原则，是人类永恒的精神财富，蕴含着人类知识传播活动成功的真谛，其中包括科学传播的真谛。

狄德罗编辑《百科全书》的理念是：选择每个领域真正的专家做撰稿人，不选什么都能写的文人；以公众可以理解的语言，讲述本学科最重要的知识，并论及知识演变的历史，及其与人类活动的关系；希望由于这部著作，使下一代更有知识，因而更加幸福。

狄德罗邀请年轻的数学家达朗贝尔（1717—1783）担任这部百科全书科学卷主编，并请他在第一卷出版时写了一篇长长的绪论。达朗贝尔在绪论中，表述了自己对人类知识的理解，提出了传播知识的要义。他论述了人类知识体系形成的过程，论述了各种知识之间的联系。他认为，"公众需要完整的知识"，"人类已经创造了可以理解一切知识的艺术，就是逻辑。符合逻辑的讲述，都是可以理解的"。他还认为，"传播知识，应当在实践者与思想者之间编织一条纽带，既注意物质世界与人类活动的细节，又关注细节隐含的普遍规律。使实践者有哲人气质，使思想者获得灵感的源泉"。

二、20 世纪的丰碑

在 20 世纪，自然科学探究的对象，以及人类科学活动的方式，都发生了深刻变化。在物理学领域，科学探究步入物质世界微观尺度，人们发明了驾驭电子的方法，发现了释放核能的秘密，催生了从未有过的人类历史上两类新技术，使世界步入信息时代与核能时代。鉴于它们对人类活动的深远影响，在这两个领域的科学探索活动，由科学家的自由探索，发展成为具有明确商业与军事目标的集团与国家行为。科学对人类的影响，由自然的知识扩散转变为强制的群体意志，主流科学逐步结束自由探索的时代，以各种方式被纳入追求现实目标的计划之中。这些计划可以获得强大的资源，从科学发现到技术发明的距离迅速缩短。人们为它造了一个美丽的词——"大科学时代"。

当成千上万聪明的头脑在这种"大科学"中陶醉的时候，有一些人在思考着另外的问题。他们有的是哲学家，有的是科学家，有的两者都是。他们以新的方式思索科学探索活动本身，思索科学与人类的关系，思索科学与世界的明天。他们不懈传播自己的理念，视科学传播为生命的义务。乔治·伽莫夫（1904—1968）、艾萨克·阿西莫夫（1920—1992）和卡尔·萨根（1934—1996），是其中杰出的代表。

伽莫夫科学思想传播的对象既是科学共同体，又是公众。他将量子理论最早用于原子核研究，为神秘的放射性勾画清晰的物理图像；他用原子核物理学的概念诠释宇宙膨胀，提出"宇宙大爆炸理论"；当人们发现 DNA 双螺旋结构之后，他迅速提出，其中可能蕴含着调控蛋白质结构与功能的遗传密码，这一科学预言引领了现代生命科学。基于人们对科学的关注，他写出了一部最薄的现代自然科学百科全书——《从 1 到无穷大——科学中的事实和臆测》。全书只有 281 页，涵盖数学、物理学、化学、生命科学、地学和天文学。他以探究科学的方式写成这部书，飘逸而且透彻。

阿西莫夫具有生物化学学术背景，从教 10 年之后，成为作家。他一生出版近 500 部著作，内容涉及自然科学、社会科学与文学艺术。其中，与自然科学相关的书 200 部。他是一位博览群书的学者，笔调轻松，语言流畅，可以把一切科学问题讲得津津有味。阿西莫夫昭示着人类理解与传播知识的巨大潜能。

卡尔·萨根是一位成果卓著的行星天文学家，他观察到火星稀薄大气造成的尘暴显著降低火星表面温度，联想到"如果地球上发生不可控的核战争，灾难性的后果可能不仅是放射性、冲击波和高温，更危险的是尘埃造成的核冬天。这种持续的全球生态灾难，可能使人类不再有未来"。科学家的睿智与悲悯，使他毅然担当"科学大使"角色，编导13集电视片《宇宙》，这部惊心动魄的科学巨片在世界巡回播放，引发无数人深思。卡尔·萨根以宇宙事实表述人间理念，以科学的逻辑引出人文结论。人们怀念他，这样评价他："卡尔·萨根有三只眼睛，一只注视着星空，一只注视着地球上真实的世界，一只注视着人类的未来。"

这三位杰出的学者，代表着三种传播科学的不同风格。他们是人类的光荣，中国同时需要这三类学者。

三、理解与感悟

致力科普创作，需要深刻理解物质世界运动变化规律，应当熟悉丰富的宇宙细节，认真探究人与自然相互关系的脉络。让飘逸的思绪在浩瀚的精神世界自由飞翔，感悟相距遥远事物间的高度关联，感悟隐含在知识里的哲学意蕴。感悟宇宙，感悟人生。

理解世界，是科普创作的基础。感悟万象，是科普创作的境界。

科普创作以大千世界为题材，时间跨度涵盖过去、现在和未来。

科学是历史的产物，人类科学活动永远带着历史的印记。循历史脉络讲述科学，是一条引领公众进入科学之门的捷径。人们通过自身体验逐渐理解科学的过程，与科学史的脉络非常相似。人类个体认知科学的过程，是一部浓缩的人类科学史。沿历史脉络讲述科学，应当溯历史长河之源逆流而上，设身处地探究当时的科学问题，解决当时的难题，为抽象的科学概念赋予生命，诠释科学与常识的联系。

对人类科学活动历程作云中观，是理解人类活动的一条有效途径。纵览历史长河，可以发现人类思想史与科学史的交织，发现科学的哲学渊源。感悟"人类先有术而后有学，有真学而后有大术"。感悟"哲学引导科学，科学产生技术，技术改变社会"。这种简约、深邃的因果关系，支配着错综复杂的人类活动。

今天，人们生活在科学无所不在的世界。社会的发展、经济的繁荣、国家的富强，以及个人的健康和幸福，如果没有科学参与，都将不可思议。面对现实人类需求的科学传播活动，是现代文明不可或缺的要素。涉及众多领域的科普创作，是这种传播活动的基础，是科学传播活动中信息流的源头。

面对人类活动现实需求的科普创作，应当及时出现在最需要的地方。它们应当由真正的专家撰写，不允许含糊、猜测，更不可臆断。它们应当吸纳最新的前沿科学研究成果，准确回答人们的疑惑，提出解决问题的有效建议。在公众心目中，它们等同科学共同体的发言人，是公众心目中的"权威证据"。

面对人类活动实际问题的科普创作，要求作者对生活、时代、科学有深刻的理解。这类科普创作的主体，应当是专业科学技术工作者。

在美国黄石国家公园，研究火山的地质学家撰写了游客中心科学博物馆的全部文稿。他们告诉公众，在9000平方公里的黄石公园里，看不到火山口，从宇航员在太空轨道拍摄的照片发现，整个公园是个直径100公里的破火山口。它在64万年前有过一次大喷发，火山灰几乎覆盖今天整个美国。这种喷发60万～70万年出现一次，这里已经喷发过三次。这种毁灭性的喷发，可能在某个时候突然发生。黄石公园下方是一个260公里深的熔岩柱，它的上方有一万个热泉，在热泉里生活着多种耐高温的细菌，黄石公园不仅是研究地球内部活动的窗口，同时提供了一条探究生命起源的新线索。美国科学家对黄石公园的解读，丰富了人们关于地球的知识，为这个已经建立150年的国家公园赋予新的含义。黄石公园显赫的名声，相当大程度上是由于科学家对它的诠释。这种诠释，使人们休闲、猎奇的旅游，升华到知识、哲理与审美的意境，使黄石公园成为世界旅游者向往的地方。

面对人类活动实际需求的科普创作，不仅丰富人类文化，同时以有效的方式促进各项事业本身的发展。当科学技术专家转过身来，向公众敞开心扉，会心交流，人们将会更好地理解、感受这个世界。

人们常常使用"思想实验"探究知识，理解世界。有一种魅力无穷的思想实验，利用确定的科学逻辑与不确定的人性假设，编织虚拟人类故事，诠释人类处境，预言人类未来，以未来可能的悲剧令人反思。以这种方式传播人文理念与科学知识，具有独特的魅力。人们给了它一个不那么准确的名称——"科学幻想故事"。这种故事中的人性渲染，可以使人产生认同感，故事中的科学逻辑让人感到并不荒唐，值得思考。成功的科学幻想作品，可以承载相当分量的人文使命，以极具想象力的方式描绘科学的蓝图。

缺少科学幻想的科学传播活动是不完整的，创作发人深省的科学幻想作品，需要对人性更加深刻的思索，对科学更加深刻的理解，以浪漫的方式表达严肃的思想。在回顾历史，关注现实的时候，科普创作不应忘记以这种空灵的方式思考科学与人类的未来。

四、追寻科学的终极价值

哲学曾经两次对人类科学活动产生决定性影响。第一次出现在公元前 6 世纪，以古希腊学者泰勒斯（前 625—前 547）为代表的自然哲学家，第一次将宇宙从神话中分离出来，提出"宇宙是与神无关的独立客体，人们通过理性探索，可以理解它"。从此，真正意义上的自然科学诞生。第二次出现在 16、17世纪，探索者接受了"实验是自然科学的基础"这一哲学论断，以意大利智者伽利略（1564—1642）为代表的科学家，建立了以逻辑和实证为准则的近代科学传统。从此，人类开始用实验编织围捕自然奥秘的大网，重大科学发现相继产生，为人类缔造现代社会奠定了重要自然科学知识基础。

人类探索自然历程的第一次转折属于认识论，第二次转折属于方法论。基于这两次转折，科学开始对人类活动产生深远的影响。在科学发现的基础上产生的现代技术，承载着人类各种愿望与利益诉求，正在迅速改变世界，酝酿着不确定的未来。

现代科学技术为人类提供了历史上从未有过的创造财富的智慧，造就了从未有过的繁荣，人类赢得了从前不敢奢望的舒适与方便。与此同时，这些智慧正在被愚蠢、恶意使用，造成人类的生存危机。有人将现代科学技术比作一把神秘的钥匙，可以打开天堂之门，亦可打开地狱之门。今天，这两扇门正在徐徐开启。

20世纪50年代，德国物理学家马克斯·玻恩（1882—1970）对人类未来表示深深忧虑，他认为，"现代科学技术，将使人类恶行造成的后果难以控制"。英国学者斯诺忧虑地指出，"科学文化与人文文化的分裂，将不是人类的福音"。半个多世纪过去，玻恩和斯诺的忧虑，已经成为越来越多的人心中挥之不去的阴影。

现代科学技术已经成为人们谋取军事优势与经济利益的手段，传统伦理道德，在这些急剧膨胀的欲望面前，显得苍白无力。1999年夏天，在匈牙利首都布达佩斯举行的世界科学大会上，当时联合国教科文组织总干事马约尔博士在开幕词中说："自文艺复兴以来，今天人们第一次怀疑科学的价值。这次大会，希望大家思考在21世纪，科学应该向人类承诺什么？"这次大会，不是全世界科学家在一起交流科学探索成果，切磋研究方法的集会，而是守护科学人文价值的论坛。

这是一个明显的信号，它表明人类科学活动已经进入与人文精神融合的转折时期。近代科学传统，使自然科学成为具有自我纠错机制的人类知识体系。科学智慧与人文理念融合，将使现代文明具有自己的纠错机制，为人类创造光明的未来。在哲学意义上，这将是人类科学活动的第三次转折，继认识论、方法论之后，价值观走向成熟。

科普创作应当热情呼应这种变化，努力为知识赋予人文含义，守望科学的终极价值——人文价值。

原载《科普研究》2015年第1期

生命呵，你是一只神鸟

——缅怀我的父亲高士其

高志其

"生命呵，你是一只神鸟"是父亲高士其生前写的诗中他喜爱的一句，我把全诗印在《高士其全集》的封底。父亲去世后，也有知识界与出版界的人士对他的一生作了如此富有诗意的评价。

一、起步于文学、科学与哲学的结合

我从小生活在上海，由姥姥带大。1961年母亲金爱娣与父亲结婚后，我才于1964年来到北京，和父亲一起生活了近三十年。我对父亲的了解，除了听母亲讲述，主要来自阅读整理他的作品、他的日记和回忆录。

父亲自幼爱好文学，是在一户书礼世家诞生的。他熟读中国启蒙读本与诸子百家经典，有深厚传统文化底蕴。1918年踏进清华校园作留美预备生后，"民主与科学"的思想在他心中扎下了根；同时，他有机会接触到西方文学与哲学。17岁他的第一篇英文作品《我的生活》获得好评。后来他加入万国童子军通讯社，锻炼了英语写作能力。

父亲在美留学期间，流行性病毒正在祖国肆虐，成千上万的人，包括自己的亲姐姐，都被这"小魔王"夺去了生命，他便认定医学才能救国，就从威斯康星大学化学系转到芝加哥大学改攻细菌学这个冷门。他多次吞食食物毒细菌做自身感染试验。不幸的是，一次在实验室中，装有病毒的瓶子破裂，他受到脑炎过滤性病毒感染，中枢运动神经遭到破坏，手脚活动发生障碍，但他的思维依然非常清晰敏捷，他顽强地学完了全部医学博士课程。

父亲去美国攻读科学与医学，但仍深爱着文学与哲学。在耶鲁大学图书馆，他阅遍了世界名著。在取道欧洲回国途中，他考察了十七个国家的公共卫生现状和措施，以备供祖国参考。同时，他的文学情结不解，他曾在巴黎圣母院的小书摊流连忘返，不忍离去，终于买了一本诗集才欢喜地回到旅馆。在莱茵河畔的法兰克福市，他访问了歌德故居，在那儿买到他十分珍爱的歌德名著《浮士德》。

等到他1930年回到上海，他看到被日本侵略的祖国生病了，瘟疫横行，民不聊生，心情沉痛无比，他着手翻译《世界卫生事业趋势》《细菌学发展史》等文介绍给国人。不久他的病情日益加重，四肢近于瘫痪。但他依然愤世嫉俗，由于不满国民党的贪官污吏，他辞去南京中央医院检验科主任的职务，失业后贫病交迫，在上海亭子间开始了科学小品创作。1934年父亲在发表第一篇科学作品《细菌的衣食住行》时，将原名"高仕錤"改为"高士其"，并郑重宣布："去掉人旁不做官，去掉金旁不要钱。"就在这时，他经在美国就结识的好友——读书出版社创始人李公朴引荐，正式投入了文化抗战的译著出版生活。

二、第一个预见到细菌战与毒气战的爆发

之后，在李公朴、陶行知、艾思奇、黄洛峰和茅盾的支持下，他不仅成为读书出版社科普创作和译作的重要作者和编辑，还成为抗战时期中国唯一拿笔奋战且影响最大的著名科普作家。作为一名优秀细菌学专家，父亲准确地预见到了细菌战的可能和反细菌战的必要；作为一名忠贞的爱国者，父亲认为先要从最基础做起，唤醒民众对病菌的防御意识。在父亲看来，从事这项工作的意义，不但是引起对日敌警惕，更重要的还在于懂得如何保护自己不受侵害，以强健之身去拯救和保卫祖国，并使它富强。父亲首先注意到，抗日战争中，战士们的战壕中环境卫生很差，直接影响他们的生命，而平日避免虱子骚扰，是值得注意的一着。父亲为此写了《战壕热》一诗，献给前线战士。他又应约陆续写了《微生物大观》《细菌与人》《防毒面具》等科普作品。在《我们

的抗敌英雄》中，父亲将细菌比喻为日本侵略者，把白细胞比作抗敌英雄，写得通俗易懂，又有鼓动性。李公朴、艾思奇交口称赞，说它具有鲁迅杂文式的风骨。

从此，父亲找到了一种把自己留美学到的专业知识，奉献给浴血奋战的中国大众的最好方式。开始，他还能用抖动的手握着笔杆，艰难地书写近百篇科学小品；以后病情加重，就先打好腹稿，一个字一个字地口述出来，请人记录。一篇几百字的文章，往往需要花费几天时间才能完成。但他每天乐此不疲。

打开父亲从 1934 年到 1937 年所创作的近百篇科普作品，我们发现抗战内容的题材占据了 60% 之多，正如父亲在晚年回忆时说道："在这个时期内，我的病使我写作感到困难。但是我还是坚持着每天写 1000 字的文章，这些文章大都配合着当时抗日救亡运动的拍节而写的。"

三、新中国第一个红色科学家

1937 年"八一三"前夜，父亲写完了《菌儿自传》第十五章。读书生活出版社的黄洛峰向父亲付了 100 多元，预支了《抗战与防疫》一书的版税，然后准备派社里的同仁护送父亲去延安。谁知道在苏州河上听了三天三夜的炮声还没有走成，最后父亲只身一人挤上了西行的列车离开了上海。后由于战事又耽搁在路上，旅费花光，于当年 11 月 25 日才抵达延安。当晚先期到延安的读书社的艾思奇就来看父亲，高兴地说："好了，你也来了。"艾思奇领着父亲参观抗日军政大学，并会见了罗瑞卿校长。

在延安，父亲得到了第一个"红色科学家"的称号，待遇等同于白求恩大夫。他担任了陕北公学的教师，经常被抬上讲台，向各级干部和来自全国各地的青年讲防疫与防毒知识，在此基础上写作了《国防科学在陕北》。陕北公学派了一位学生做父亲的秘书，不仅听父亲口若悬河地述说腹稿，作笔录，整理成文，而且每天晚上还帮父亲记他口述的日记。父亲常去艾思奇的窑洞，听他讲前线和大后方的消息。艾思奇还告诉父亲，李公朴就要从山西太原来延安访问了。后来，父亲被搬到马列学院图书室外面的一个房间住，那里环境幽静，是读书的好地方。父亲晒着太阳，读完了英文版的《静静的顿河》，他被深深吸引，爱不释手。有时，他与马列学院的学生们谈起他在上海亭子间里写作的情景，学生们都听得很入神。延安遭轰炸后，父亲又被搬进窑洞中去住，他在此款待了读书社的老社长李公朴和夫人张曼筠。公朴先生见延安如此器重科学人才，不胜感慨。

1939 年的一天，父亲意外收到黄洛峰寄来的包裹，在一个方形的纸盒里，装着读书社新出版的父亲科学小品集《抗战与防疫》和《细菌与人》各三本。父亲欣喜无比，将其中四本分送给爱读他书的友人。毛泽东回信说，他也"一读为快"。后来，由于延安缺医少药，父亲病情不见好转，1939 年 4 月，又转道重庆，被护送去香港。

父亲抗战前在上海读书出版社就与汪伦（汪汉伦）夫妇相识，与他们夫妇二人是无话不说的好友。在延安又与他俩多次相聚。这次汪伦奉命先护送父亲到重庆。他是个身体强壮的安徽人，很健谈。父亲从延安带到重庆的一麻袋英文、俄文和德文版的书，包括毛泽东的两封信，拜托汪伦转交已到重庆的黄洛峰。父亲认为这些名著与书信是"无价之宝"，带到香港不安全。他特别相信黄洛峰能保护并利用好这批书。

在重庆"五四"大轰炸之后，父亲结识了一位国军司令，这位将军竟也很欣赏父亲写的科学小品集《抗战与防疫》，特别是《疯狗与贪牛的被控》一篇。这篇文章揭露了南京中央医院院长刘瑞恒发国难财的贪污罪行，引起将军的极大共鸣。1939 年 12 月，父亲抵达香港。在这儿他结识了自己的第一个爱人谢燕辉，生活上得到较细致的照顾。父亲脑子里酝酿成熟了两篇论文稿，由他一个字一个字地口述出来，请新安旅行社的团员帮他记录。他的舌头不能动，发音低微，一般人听不懂；但那个团员耳聪目明，人又十分耐心，很善于猜测父亲的语音本意，有时不得已，父亲就用颤抖的手指在纸上涂几个字。遇到专门的名词，还要查字典或其他工具书。后来，那位团员慢慢听惯了，合作越来越顺利。就这样，他俩每天写一上午，花了将近一个月的时间才完成

《自然辩证法大纲》和《什么是古典自然哲学》，把它们交给了香港青年知识杂志社，主编阅后很是激动，认为它们是两篇"罕见的作品"。这两篇作品通俗地介绍了电子运动、原子运动、蛋白质运动、生命运动、行为运动等，在香港引起不小反响，因为抗战时期在中国，写这类作品的人实在非常少见。作品发表后，编辑部代父亲将它们分别寄给了在延安的毛泽东和在重庆的周恩来。

读书生活出版社的茅盾当时也在香港，他以硕士的名衔，介绍了父亲分别在读书生活出版社和开明书店出版的《科学先生活捉小魔王的故事》与《菌儿自传》两本科学小品集。父亲作品中的"小魔王"，指的就是各种危害人类的病菌。父亲像讲故事一样，用轻松的文体告诉读者这些毒菌如何传播、扩张，人们又该如何预防、消灭它们。其中有三分之二是讲述如何对付最普通也最可怕的传染病的毒菌。这在抗战时是急需普及的卫生科学常识，又是一种专门的学问。茅盾先生称赞我父亲妙笔生花，将这些专业知识，变成一个个生动有趣的故事，有时用访问记，有时用对话体，或是幽默的叙述体。各种毒菌在他笔下都被拟人化了，贪婪、狠毒、阴险——活像一群侵略人体的小魔王，读者能以此和抗战时期的现实生活作形象的比照。茅盾说，这样"使读者不但得了与我们民族健康有莫大关系的知识，还激发了我们的民族意识，以及疾恶如仇的正义感"。一位患重疾的瘫痪科普作家，能以自己手中的笔，在抗战中发挥这样的宣传作用，真是太难得了！也曾有人非难父亲，说他政治热情太高了，有时把研究自然现象的科学，用作抨击社会不正之风和投向民族仇敌的刀枪。而父亲对这些非议不以为然，他不像少数科学家那样，无视民族存亡，把自己关在风平浪静的实验室中作居奇的商贾，他坦然地宣称，他的科学研究"投降了大众"。正因为此，父亲写的每一个字，都是为这种"投降"奋斗献身的结果！我在编辑父亲全集时，深受这类真诚书评的感动，舍不得放弃，就把它们一篇篇附在父亲有关作品的后面，以供后人阅读参考。读过的三联人士及其后人说，他们被高士其的民族大义与爱国情怀深深感动，读时常常想落泪，并认为：高士其是文化抗战的耀眼明星。

四、书友文友都是挚友战友

父亲在与病魔做斗争坚持写作的生活中，得到过无数爱国文化人和民主人士的无私关照。其中三联友人在战乱中守望相助、抱团取暖的情谊更令人难忘。李公朴、黄洛峰、艾思奇、茅盾等人对他写作和出版的支持，前文已提及了。读书、生活、新知三家单位的其他同仁的友爱也一言难尽。1937年，父亲在香港时，读书生活出版社有位叫童常的小伙子，与父亲在同一房间里住了几个月，不但帮父亲抄录稿子，还帮父亲到浴室洗澡。太平洋战争爆发后，童常去台湾编辑《新生报》，一直做秘密工作。父亲非常怀念，以后再也没见过他。父亲由香港撤到桂林。有位从新知书店调到胡愈之领导的文化供应社工作的欧阳文彬，接受桂林地下党邵荃麟的指示，关照高士其的写作和生活。她工作的办公处是租借的，旁边正好有间空屋。邵让她向房东租下给我父亲住。欧阳阿姨念中学时就读过我父亲的书，也知道他的病况和艰难，十分敬仰和同情，她二话没说一口答应下来。欧阳当时才二十出头，据她后来回忆，父亲是坐着轮椅让人推进屋的。"脸上没有病容，双眼明亮有神，透露着智慧的光芒"，尽管说话困难，但开朗乐观，还喜欢说笑话。他听说欧阳当时还兼着《科学知识》杂志的工作，就高兴地说他俩"是同行"，而欧阳是"生力军"，能住邻居"是缘分"。父亲不愿欧阳因为照顾他耽误自己的工作，每天只要求欧阳替他把书翻开，放在他面前。然后，欧阳就坐在他身旁编稿和校对。父亲看完一页，哼一声，欧阳就再替他翻到下一页。这样，不分心是不可能的。但欧阳说，父亲看得快，记得牢，思考深，对她真是一种"无形的策励"。欧阳的科学知识不够，在编校过程中如遇到不懂之处，可就近向高士其请教。于是，父亲就成了欧阳的顾问。彼此熟悉后，欧阳自愿当了顾问的助手。父亲构思好一篇科学小品新作，就请欧阳作笔录。他一次只能说一两个字，一个句子要断断续续分几次说出。父亲说得出了一身汗，欧阳记得也出了一身汗。父亲总是满怀歉意地问她："累坏了吧?"她总是摇摇头说："值得，值得。"不久，照顾父亲的护士来了，欧阳阿姨也调到重庆工作了。她后来写了本小说《在密密的书林里》，并成了一位文艺评论家。他俩再重逢，竟是20世纪80年代在北京参加文代会，父亲一眼就认出了欧阳，马上重提四十年前在桂林二人为邻的往事。

我在编《高士其全集》时，曾向欧阳阿姨约稿，她觉得记忆太零碎，未及成文，其实，就是这些零星的记忆场景，深深打动着读者！现在，老三联人中，能做如此细微追忆的健在者，只有95岁高龄的欧阳阿姨了，我赶快告诉高士其学术成长资料采集工程高士其小组，赶往上海，抢救下了这份珍贵的口述。虽然，当年父亲在上海静安寺斜桥弄读书生活出版社写作的旧址已荡然无存，但能做这件口述补救，也令我很觉欣慰了！

五、筹建食品科学研究所支援滇缅抗战

1944年1月正值抗战的紧张时期，父亲转移到桂林，地下党员邵荃麟、孟用潜邀请高士其筹建远东盟军食品研究所并任所长，盟军方面审核了父亲的履历后，批准了这一任命。于是父亲亲自画图设计蒸馏器，采购了灭菌锅及绞肉机，研究开发了各类战时食品，并组织建造厂房，工厂生产了花生酱、肉罐头、枇杷露、蜜枣糖、啤酒等。食品科学研究所还接待了外宾参观，盟军派了有关的专家与军官前来考察，父亲亲自接待并讲解，尽管他的中文发音很困难，但英文谈话却流畅无阻（因为这是发音方式的不同）。专家和军官们看了产品与设备后非常满意。此后在近一年的时间里，他们源源不断地生产各类罐头供应盟军部队与抗战将士，有力地支援了滇缅战争。

父亲也因此列入了文化名人抗战贡献册（相关资料见台北图书馆）。

1944年10月日本鬼子开始向桂林大举进攻，位于丽君路的食品科学研究所也毁于炮火之中，化为了灰烬，食品科学研究所在战火中解散了。

父亲拖着严重的病躯，亦考虑准备撤退。

六、穿行在科学研究和社会现实之间

桂林紧急疏散阶段，父亲的安全成了问题，但他仍在家研究《周易》，他曾给万分惊讶的柳亚子讲述自己的研究心得，说他"从八卦中发现了科学字

母"，并详细介绍了其成果的内涵和原理，把柳先生的兴趣也给调了起来，他很诧异，一个现代科学家居然和古老的《易经》结合起来。说起父亲手中那两本《周易》，还是祖传版本的世袭文化遗书呢，它竟然在战乱中几经周折被父亲保护得完好无损，虽然外貌变得又黄又旧，却更像是古色古香的珍品。《周易》是周文王的经书，其中有两句话最令父亲激动："天行健，君子以自强不息。地势坤，君子以厚德载物。"也许，"自强不息"和"厚德载物"就是父亲一生的座右铭吧！父亲对奥妙无穷的八卦圈圈曾着迷地画了又画，至今在他20世纪40年代的文稿中还留有遗迹。桂林沦陷前后，是父亲最悲惨狼狈的逃亡日子，他的随身皮箱中，仅放得下英文版的《自然辩证法》和《科学概论》，再有，就是这两本《周易》。

父亲虽然像机器一样需要人帮忙搬来搬去，但他无论何时何地都在用他清醒的大脑工作。他热烈地爱着人生。有时，他会跳出科学研究，作普通人的呐喊；有时也异常冷静地进行着逻辑思维。抗战胜利后，父亲从桂东的八步镇被护送到广州的兄弟图书公司，它是新知书店的另一个牌子，第一位接待他的是兄弟图书公司的经理曹健飞。父亲被安置下后，为何家槐翻译的伊林著《跃进三百年》写了一篇序言，1946年夏天发表在上海的一家报纸上。后来，他又请何家槐的夫人帮他笔录自己口述的抒情诗《长期的忍耐》。在颠沛流离的日子里，父亲写了不少政治抒情诗。如《给流血的朋友们》《黑暗与光明》《悼四烈士》《言论自由》《我的质问》《黎明》等。在《平等》一诗中，父亲写道："在电子的世界里／宇宙是平等的／在原子的世界里／物质是平等的／在细胞的世界里／生物是平等的／在民主的世界里／人民是平等的……"诗歌短，容易想，容易写，也容易抄。从父亲写的这些诗，可以看出，他已十分注重思维科学。在这不安定的年头，他写的小品只有一篇《劳动人民的生理学——民主的纤毛细胞》。当时他整日满脑想着劳动人民和民主，是以大脑细胞回忆的方式来叙述的。论文《自然辩证法大纲》和《什么是古典自然哲学》发表后，他由此演变出来的长篇科学诗《天的进行曲》，辩证地讲了天、地、人的对立统一关系。1945年底，广州的国民党特务结队冲到兄弟图书公司，捣毁书籍、报刊及其他物件，父亲事后目睹横七竖八的纷乱现场，气愤不已。写了首政治诗，叫《我的原子也在爆炸》，呐喊："竖起民主的旗帜／打起反内战的战鼓。"

1946年6月，父亲由广州被护送到上海后终于彻底病倒。他无钱住院、买药、吃饭。上海地下党为此发起救助捐赠活动。《文汇报》《世界报》发表了对父亲的介绍，众多市民、青年前来送钱、送书、送药、送点心。那些鲜花和来信，天天温暖着细菌学家高士其那颗柔软的心。他写了《回敬崇高的慰问》一诗致谢。7月，为公祭挚友李公朴、陶行知、闻一多，父亲发表了悲壮的诗篇《七月的腥风吹不熄人民的怒火》，并亲赴"李、闻、陶公祭大会"，不能站立的他在人的搀扶下站立了很久。

那年秋天，父亲病情有了好转，读书社的领导黄洛峰为父亲开了封介绍信，由社里学者郑易里等陪父亲去周公馆见了邓颖超，表达他想去解放区的愿望。但交通不便，父亲最后被秘密交给读书社的黄洛峰、华昌泗和群益出版社的总编冯乃超（实际是党内文化领导人），安排照顾他渡难关。国母宋庆龄也从"保卫中国大同盟基金"内，拨了一笔款接济父亲。

爱国友人们将他送到苏州一座古老民房秘密疗养。为了躲避白区密布的宪警特的监视，父亲第一次穿上黄军服，假借国民党演剧队病员的名义，住在这里继续写作。两位演剧队员照顾着他，他们的真实身份是党外围组织成员。三十年后，其中一位写给父亲的信中，生动描绘了父亲锻炼和写作的那种"奋发不倦"形象，说他们逐步学会了怎样捕捉父亲"长的音调里一个个珍珠似的字，才更体会它吐出的昂贵"。他们被父亲深深震动，禁不住问："这样的著述方法，世界上还有第二个吗？"

七、为自己的使命做最后的人生搏击

后来，父亲被护送到台北治疗两年。1949年5月，他乘"湖北轮"由香港转道天津去北平。送行人仍是书店地下党老相识邵荃麟和曹健飞。10月1日，在开国大典的礼炮和国歌声中，往事与历史一幕幕在父亲脑中闪现。他写下了这样两句话："历史还会这样前进着，就像时空的广大与无际。从这里，我开

始了新的把科学交给人民的事业。"父亲在此之后，继续为真理、为"把科学交给人民"的历史使命奉献着自己。令人吃惊的是，从1949年到1977年，他又极艰难地写了1500多篇短文和诗歌。这真是一个奇迹！由于他的科学引领，全国青少年亲切地称他为"高士其爷爷"。

1977年底，一场严重的疾病剥夺了父亲的口述能力，等于剥夺了他唯一的写作方式。但从不向命运屈服的父亲，毅然拿起笔锻炼写字，从每天几十字竟然写到两千字！1983年，当他不能自己吞咽食物，便意识到自己的时间不多了，他竭尽最后的气力，想拨亮生命的火焰，为后人多照亮一段人生之路……从此，他一天到晚握着笔，不停地写他的回忆录，断断续续地写了几十个大小不一的笔记本。直到1985年1月北京医院南楼定向爆破，大量的尘埃导致父亲患了严重的吸入性肺炎，从此三年卧床不起。终止写作那天，父亲恰恰写到新中国的开国大典。虽然，父亲回忆录在那里画上了终结号，但他已经写出了自己一生最传奇的际遇，真实展现了一个鲜为人知的高士其，敞开了一颗诗人和科学家的心灵，一颗循着文化、哲学与宗教之谛的内在走向的心灵，一颗热爱全人类的博大心灵。回忆录的内容空间跨度，从宗教、文化、哲学、科学，自然科学的技术、社会科学的政治、人文科学的艺术、思维科学的形态，俱皆包罗。回忆事件的时间跨度，从满清末年、辛亥革命、袁世凯复辟、北洋军阀、国共内战、国民政府、抗日战争、解放战争直至新中国成立，一一囊括。在父亲回忆笔录中，虽然留下了无数颤抖的划痕，但他却写出了时空的交替与回溯，宛若电影的倒叙与穿插。常人难以想象，这一切都是一个六十年前被医生判过只有五年生命期的残疾人，在医院的病床上完成的。任何人见到它们，都会震撼和感泣！

父亲的作品自20世纪30年代迄今已有一百多种版本，被译成多种文字。他为人类的安康与科学传播孜孜不倦地带疾奋斗了六十多年，在他八十三岁时，离开了他挚爱的人间。中央组织部根据高士其一生的表现，在悼词中称他为"中华民族英雄"。

父亲去世后，我受他精神的感召，在中国科协支持下，将他一生心血的结晶编了一套近二百万字五卷本的《高士其全集》，荣获了国家最高图书奖等四项大奖。1997 年，为继承父亲对青少年一代进行科普教育的事业，我又在福建省政府支持下，参与筹建"高士其故居"以及江苏苏州"高士其科普基地"。父亲在国内外享有崇高声誉，1999 年国际小行星命名委员会把国际编号为3704 号的行星命名为"高士其星"。最近十年，我将父亲几十本写得凌乱模糊的回忆录，反复地辨认、增删、整理，今年《高士其自传》终于在他诞生 110周年之际得以出版。

回顾父亲的一生，我觉得他宛若一位天使，传播着科学与和平的福音，背负着世人难以承受的苦难与病痛，以科学人文的大爱而博得世界的尊重与景仰。他身上体现着一种精神，这是一种源于传统文化与对现实苦难救赎的精神，正如他人生三个阶段所恪守的格言与誓愿中体现的那样。父亲的幼年崇尚祖传《易经》的两句话："天行健，君子以自强不息；地势坤，君子以厚德载物。"待至而立之年，他毅然提出："去掉人旁不做官，去掉金旁不要钱。"而于晚年他又说道："我能做的是有限的，我想做的是无穷的。有生之年一息尚存，我当尽力使有限向无穷延伸。"

在父亲去世后，我虽身患白血病，但受父亲与命运抗争的鼓舞，学习他以发展的眼光看社会和自然，悉心研究天、地、人的关系。我主张"与天地精神相往来 / 与古今圣贤相往来 / 与宇宙规律相往来 / 与时空真谛相往来"，并到联合国与祖国各地宣讲和合文明、和合文化，希望世界走向和平、和谐与和合。

父亲，您的生命精神真的就是一只神鸟。它飞翔在宇宙间，飞翔在广大读者中，也将永远飞翔在我的心中！

原载《科普研究》2015 年第 4 期

青蒿抗疟研究信息的早期传播

周 程

因为中医研究院中药研究所屠呦呦小组从事的青蒿抗疟研究属于军工研究项目，所以相关研究信息长期以来一直对外严格保密。最早在科学共同体内披露该项研究信息的是《科学通报》，时间是 1977 年 3 月；最早向社会大众介绍这项研究展开过程的是《光明日报》，时间是 1978 年 6 月。《科学通报》和《光明日报》是在什么背景下发布相关信息的？它们当时的报道对我们今天解读屠呦呦获诺贝尔奖引发的争议有何价值？基于当时的文献史料回顾、梳理《科学通报》和《光明日报》的刊文经纬以及文章内容，对我们加深对屠呦呦获奖正当性的理解，乃至深化对科学传播意义的认识，或许会有些助益。

一、《科学通报》1977 年首次公开青蒿素化学结构

1976 年 2 月 5 日，中医研究院给卫生部钱信忠副部长写了一封公函。该院在这封编号为（76）中研发字第 17 号的公函中写道：

> 我院中药研究所和中国科学院生物物理研究所、有机化学研究所协作进行的抗疟有效单体青蒿素Ⅱ的化学结构，现已基本搞清。经过 X 射线单晶衍射及化学、物理等方法，证明青蒿素为含有过氧基团的倍半萜内酯，是抗疟药物中完全新型的结构。
>
> 据文献报道，南斯拉夫也在进行青蒿的研究并已报道了一种结晶的化学结构测定（我们也得到了这种结晶，无抗疟作用）。为此，我们几个协作单位几次研究，并征求了医科院药物所等有关单位的意见，

大家一致认为青蒿素结构测定结果的科学性是可靠的，应为祖国争光，抢在国外报道之前发出去。初步考虑以简报形式在《科学通报》上发表。这个想法向全国五二三办公室作了汇报，他们同意争取尽快发表。因此，我们和协作单位共同整理了一个发表稿，现送上审批。

我们初步考虑，为不引起国外探测我研究动态和药用途径，发稿拟以"青蒿素结构协作组"署名公布，不以协作单位署名发布。当否，请指示。

从这封文字比较拗口的公函中可以看出：一、通过《科学通报》公布青蒿素结构，是由中药研究所和中国科学院生物物理研究所、有机化学研究所三家单位协商通过，并征得项目主管机构五二三办公室同意的。二、目的是"为祖国争光，抢在国外报道之前发出去"。之所以要及早把论文发出去，是因为"南斯拉夫也在进行青蒿的研究并已报道了一种结晶的化学结构测定"。三、至于保密问题，拟采取两条措施：一是不以协作单位署名发布，而是以青蒿素结构协作组的名义发。这样，国外机构即使想进一步了解相关研究信息也找不到打听对象。二是在论文中只介绍青蒿素的化学结构，不触及青蒿素的抗疟用途。这样，国外机构即使想基于青蒿素这样新型的结构开展合成研究，短期内也搞不清楚它的药用价值。

这封公函提到了南斯拉夫的青蒿结构测定问题。实际上，当时的事态并没有中药研究所想象的那么严重。这件事情的起因是，南斯拉夫的三位植物化学家1972年在印度新德里召开的第八届国际天然产物化学研讨会上宣读了一份研究报告，声称他们从青蒿中分离出了一种新型倍半萜内酯，其分子式为$C_{15}H_{22}O_5$，分子量是282。这与中方分析青蒿素结晶得出的结论完全相同。不过，这几位植物化学家当时排错了化学结构（Jeremic D，Jokic A，Stefanovic M. New Type of Sesquiterpenen Lactone isolated from Artemisia annua L.Ozonide of Dihydroarteannuin, presented at the 8th Int. Symp. on Chemistry of Natural Products, New Delhi（1972）222）。

　　中药研究所很快就捕捉到了这一重要信息。尽管对南斯拉夫科学家所言的结晶进行研究后发现其并无抗疟作用，但是对方继续将研究推进下去的话，在不久的将来发现青蒿素结晶，并测出其结构并非不可能。因此，中药研究所决定附上南斯拉夫科学家的那篇原文，经中医研究院报请卫生部批准发表青蒿素结构测定结果。

　　由于情况紧急，而且三家协作单位也采取了相应的保密措施，所以卫生部科教局接到中医研究院的上述请示后，当月 16 日就行文批复同意。这封批复文件的编号为（76）科教字 13 号。文中明确写道："经部领导同意，在不泄密的原则下，可按附来的文稿，以简报形式，在《科学通报》上，以青蒿素结构研究协作组名义发表。"值得注意的是，这里写的是"经部领导同意"，而非"部党组"或"部核心组"同意。部领导中当然包含了钱信忠副部长，因为中医研究院的上述请示是直接写给"钱副部长"的，钱副部长必须表态。

　　获"部领导同意"后，中药研究所于 1976 年 2 月 20 日将论文稿送达《科学通报》编辑部。《科学通报》编辑部随即印出校样。正准备付印时，《科学通报》编辑部接到卫生部科教局电话，说论文暂时不能发表，卫生部核心组还要重新研究。这样，论文便被拖延下来了。

　　当时的中药研究所党委书记 1977 年在中医研究院科学大会上的讲话中透露，论文校样被卫生部科教局突然抽回是因为当时的卫生部部长刘某某反对刊发。这篇讲话稿写道：刘某某"明知青蒿素结构发表，是经部核心组同意由钱信忠同志签批的，她却吵吵嚷嚷说是钱信忠同志背着她干的，她强令从《科学通报》编辑部调回印好清样的稿件，蛮横不准发表"。对刘某某不同意发表的原因，该讲话稿一一进行了列举：一是"为什么要和外国人争呢"；二是"这么搞，是把南斯拉夫推到帝修反那边去了"；三是青蒿素结构的发表，是"迎合资本主义国家医药投机商的需要"；四是"迎合了没有改造好的知识分子的名利思想"。

　　1976 年 10 月粉碎"四人帮"后不久，刘某某就被解职。于是，中药研究所和中国科学院有机化学所、生物物理所协商后，认为该论文应该及早发表，经与《科学通报》联系，他们也表示可以尽快安排发表，只是原稿被卫生部调走，须由卫生部退回原稿并签署意见。在这种情况下，中药研究所又行文请求中医研究院报请卫生部批准同意发表青蒿素结构，并退回原稿。

1977年2月15日，中医研究院向卫生部报送了（77）中研发字第7号文，并在这份请示中写道："鉴于南斯拉夫也在研究青蒿素，并已发表了部分内容，因此，认为此文还应及早发表。我们同意这一意见，并希望去年由部抽回的原稿及早退还，以便早日发表，为国争光。"此时，中医研究院主张发表青蒿素结构论文的理由仍然是，南斯拉夫正在研究青蒿素，需要及早发表，为国争光。

卫生部收到中医研究院的请示后，于1977年2月25日，也就是说在十天内就行文批准同意，当时的批复文件号是（77）卫科字第103号。接到批文后，中药研究所马上同《科学通报》取得了联系。《科学通报》编辑部次月就刊发了这篇历经波折的论文《一种新型的倍半萜内脂——青蒿素》。

以青蒿素结构研究协作组的名义在《科学通报》1977年第22卷第3期上发表的《一种新型的倍半萜内脂——青蒿素》虽然只有一页，但它以无可辩驳的事实向科学共同体表明，中国学者率先发现了一种叫作青蒿素的新物质，而且测定了它的分子结构和立体结构，只是尚不能确定它的药用价值罢了。

虽然《科学通报》上的这篇论文是以青蒿素结构研究协作组的名义发表的，但是通过上述考察，可以明确得出这样的结论：中药研究所是这篇重要论文的牵头发表单位。既然如此，当中药研究所认定屠呦呦是他们单位从事该项研究的最大功臣时，那么将屠呦呦视作为这篇论文的第一作者也就没有什么好争议的了。

二、《光明日报》1978年率先披露青蒿素抗疟功效

虽然《科学通报》1977年3月刊发了青蒿素结构研究协作组的论文，但是这篇论文是面向科学共同体写的，而且没有介绍青蒿素的抗疟功效。因此，在王晨的长篇通讯《深入宝库采明珠》于1978年6月18日问世之前，不仅是普通民众，即使是科学家也很少有人会将青蒿素与抗疟联系在一起，至于参与青蒿素抗疟新药研制的单位以及它们各自的贡献更是一无所知。

王晨 1974 年才从延安调至光明日报社。在光明日报社担任记者期间，他在北京参加了一个有关青蒿素的鉴定会，之后便面向一般公众写出了那篇影响广泛的《深入宝库采明珠》。他 1993 年在《新闻实践》上刊登的《我们彼此是否记得》一文中介绍这篇通讯的写作背景时谈道："记得是在香山招待所开了几天的鉴定会，北京中医研究院女科学家屠呦呦拿出了她潜心研究多年的成果。……学者们整天开会、讨论，争得面红耳赤……我不停地记、听、问，终于写出了消息和长篇通讯，受到了好评。"

这篇通讯是在改革开放前写的，相对于发生青蒿素新药专利纠纷后出笼的众多文章以及访谈而言，更为可信。事实上，这篇通讯刊发之初，相关各方都没有表示过异议。

在这篇通讯中，王晨非常清晰地介绍了中药研究所、云南省药物研究所、山东省中西医结合研究院、广东中医学院，中国科学院上海有机研究所、北京生物物理研究所等六家青蒿素抗疟研究参与单位的具体贡献。

关于中药研究所，王晨写道："主要担负这项研究工作的是一位解放后从北京医学院毕业的实习研究员。她曾经把中医研究院十几年积累的治疟方搜集成册，从中选择了二百多种药进行了动物筛选实验，没有得到成果。"此后，这位实习研究员去广州参加专业会议时受到了周总理指示的激励，决定尽快闯出一条新路。于是，"新的攻关又开始了。科研人员请教老中医，翻医书，查《本草》，分析群众献方，扩大筛选药源，即使有一丝希望的也不放过，又对一百多种中草药进行复筛。头两遍虽然一无所获，但他们发现，用作对比实验的葡萄糖酸锑钠，当它的有效剂量不足时，也会出现低效或无效的结果。纯度相当高的化学药尚且如此，成分复杂，杂质又多的中草药，当没有掌握其客观规律时，它的有效成分很可能无法集中，以致显不出有效的结果。而一旦改进了方法，是有可能从低效、无效向高效转化的"。

这段文字中的女实习研究员，王晨在担任国务院新闻办公室主任期间写给屠呦呦的一封书信中明确说就是她。信中的原文是这样写的："节日期间从电视上看到您获奖的消息，才知您还在中医研究院工作。已有多年不见了，但我一直还记着您。上个月我去泰国访问，吃的就是青蒿素，又使我想起您为此做出的贡献。前几年，我出了一本小书，即是我写过的一些人物的专辑，其中也收入当年写您的那篇。"这本"小书"就是王晨1990年在重庆出版社出版的《斑斓人生》，书中收录了上述这篇通讯。

值得注意的是，王晨在上述引文中提到了当时用来医治血吸虫病的葡萄糖酸锑钠。这种药物也具有抗疟功效，只是剂量必须达到一定值。这项实验结果使屠呦呦意识到，过去青蒿等药物之所以在筛选时无效，或者效果不稳定，很有可能是剂量不足造成的，因此接下来必须进行多剂量组实验。很多报道和研究论文都没有提及这一细节，因此对屠呦呦后来在复筛时何以能筛选出青蒿不能给出令人信服的解释。

王晨接着又介绍了屠呦呦得以筛选出青蒿的另一原因：从东晋葛洪《肘后备急方》中的"青蒿一握，水一升渍，绞取汁，尽服之"受到启发，决定改用沸点更低的乙醚提取青蒿有效部分。结果，"一九七一年十月四日，实验第一次出现了令人鼓舞的好征兆。第一百九十一号样品用于鼠疟模型，出现了百分之百的效价，疟原虫全部转阴。科研工作者抑制不住自己的激动心情，一鼓作气，加班加点，继续去粗取精，又找到了对鼠疟效价更集中而毒副作用更低的有效部分"。青蒿抗疟有效部分对鼠疟有效，对其他动物如何？实验表明它对猴疟也有效。不过，"将青蒿抗疟有效部分给狗灌服以后，出人意料地出现了异常的病变。……科研人员解放思想，大胆争鸣，与外单位一起，反复分析讨论狗的病理切片，得出了青蒿抗疟有效部分低毒的正确结论，弄清了狗的病理异常与药无关，为初步临床实验打下了基础"。

接下来，王晨介绍了当下已是众所周知的佳话：屠呦呦和其他两名研究小组成员在试服青蒿提取物无明显毒副作用的情况下，开始进行了临床试验观察，并在初步临床试验取得成效的基础上，开始对青蒿抗疟有效部分进行了分离提纯。"他们克服重重困难，一次又一次地试验着，终于从青蒿抗疟有效部分里找到了一种结晶，它正是青蒿中的抗疟有效成分，辛勤的劳动终于结出丰硕的果实，青蒿素诞生了。"

很明显，根据王晨当时的调查，第一个将青蒿带到五二三项目组的乃屠呦呦，第一个发现青蒿素物质的也是屠呦呦。

至于另外三家单位在发明青蒿素抗疟新药过程中的贡献，王晨是这样介绍的："云南省药物研究所和山东省中西医结合研究院等单位也很早对当地产黄花蒿进行了研究，几乎是在中医研究院研制青蒿素的同时，他们在不同的条件下，采用不同的办法，也提取出了与青蒿素的化学成分完全一样的黄花蒿素。""广东中医学院同云南药物研究所以及当地医务部门协作，提出了系统有力的临床验证报告，首次证明青蒿素在治疗恶性疟、抢救脑型疟方面优于氯喹，一举打开了局面。""提取方法改革了。过去采用的方法，成本高，操作繁杂。云南省药物研究所创造出一种新方法，十分简便易行。""山东省中西医结合研究院先后制出了片剂、微囊、油混悬剂、水混悬剂和固体分散剂，加以比较，从中初步找到了较好的剂型。"简言之，这三家单位主要是在技术开发上做出了重要贡献。如果说中药研究所屠呦呦的贡献是为茫茫大海中的航船指明了行进方向，那么这些单位的贡献就是合力将航船开到了岸边。没有青蒿素物质的发现就不会有青蒿素新药的发明；完成了青蒿素新药的发明，青蒿素物质的发现价值才能得到充分的体现。

在王晨看来，中科院下属两家研究所的贡献在于，协助中医研究所测定了青蒿素的化学结构，从而为合成青蒿素衍生物，进而为开发毒副作用更小、疗效更佳的新型青蒿素类抗疟新药铺平了道路。"中医研究院中药研究所与中国科学院上海有机化学研究所、北京生物物理研究所合作，经过一年多的努力，运用现代科学技术，测定出青蒿素的化学结构是一种新的倍半萜内脂，是我国首次发现的一个新抗疟化合物。"青蒿素的诞生，"标志着我国药学研究的新水平。更可喜的是，很短的时间里，青蒿素研究又取得了一系列新进展。通过结构改造，为研制新类型的抗疟药打开了路子"。

三、青蒿抗疟研究信息的公开与知识产权保护

王晨在《深入宝库采明珠》中以流畅的笔调向世人讲述了中药研究所等

单位合作开展青蒿抗疟研究的动人故事，为邓小平在 1978 年 3 月全国科学大会上提出的"现代化的关键是科学技术现代化"，"知识分子是工人阶级的一部分"提供了一个强有力的注脚。但是，这篇通讯的刊发，也将中药研究所 1977年出于保密的需要刻意隐瞒的青蒿素研究单位和青蒿素药用途径等信息给曝光了。一些人批评，当年不该公开青蒿素化学结构的测定结果，以致中国失去了对青蒿素这个特殊化合物所拥有的知识产权。至于青蒿素抗疟功效的公开，则受到了更多的指责。不少人认为，这是导致中国后来不能为青蒿素抗疟申请发明专利的主要原因。对于这些批评指责，笔者不敢苟同。

首先，扩大对可专利对象的解释，给自然提取物本身授予专利乃 1979 年以后的事。长期以来，各国法学家都认为自然界中的物质不依赖人的活动而存在，因此不能视作为人类的发明产物。但是，美国海关上诉法院率先从这一立场退却，在 1979 年审理 Kratz 案时，判定可以对草莓的提取物授予物质专利。此后，人们只要对自然物质进行了一定程度的纯化与分离，使其不再处于原来的状态，就可以对该物质主张专利权。按照这一惯例，只要没有以论文的形式将青蒿素的结构公开，使其失去新颖性，在美国就可以为青蒿素申请物质专利。至于青蒿素的提取方法以及青蒿素的抗疟功效（包括用法、用量、配方等），即使在青蒿素结构论文公开发表之后，仍然可以申请发明专利。很明显，至少在 1977 年《科学通报》发表青蒿素结构论文之时，并不存在给自然提取物申请专利的可能，因此也就不存在失去对青蒿素这种物质所拥有的知识产权问题。

其次，中国当时根本就没有专利法，不论青蒿抗疟功效公开与否，都无法为抗疟新药青蒿素申请专利保护。中国 1985 年 3 月才成为巴黎公约成员国，同年 4 月才开始施行专利法。这意味着即使王晨的《深入宝库采明珠》没有发表，中国公民也无法在 1985 年前为青蒿素抗疟申请国内发明专利，为其申请国外发明专利更不可能，因为中国不以立法的形式为国外技术发明提供专利保护，其他国家也就不会为中国技术发明提供专利保护。正因为如此，王选当年为字形压缩这项汉字激光照排系统关键核心技术申请专利时费尽了心思。因中国当时还没有制定专利法，故只能设法到国外申请专利保护。为此，时任北京大学校长周培源请求杨振宁、李政道帮忙，看看能不能以美籍华人的身份在美国为字形压缩技术申请专利。但由于很多法律问题不好解决，所以后来不得不放弃努力。最终，王选的字形压缩技术是在钱伟长的推动下，利用香港居民可以在香港申请欧洲各国专利的便利，才于 1982 年以与香港居民联名的方式在欧洲申请了专利。这件事对中国科技管理部门触动很大，导致中国政府下决心于 1984 年 3 月通过《中华人民共和国专利法》。青蒿抗疟技术和汉字激光照排技术都是在 20 世纪 70 年代研制成功的，如果当时就打算为青蒿抗疟技术申请海外专利保护，遇到的难题之多之大可想而知。

最后，中国当时以技术秘诀的方式对青蒿抗疟研究成果加以保护确实是可行的。中国在没有专利法的情况下，只要秘而不宣，严防相关信息外泄，在青蒿抗疟研究领域保持一段时间的领先优势不是不可能。但是这样做，在当时的时空条件下，获益非常有限，但却面临着被其他国家学者抢去发现或发明优先权的巨大风险，而且违背了科学研究的无私利性原则。因此，当年借助《科学通报》和《光明日报》适时公布青蒿抗疟研究信息并无不妥。从某种意义上讲，诺贝尔奖评审委员会将 2015 年诺贝尔生理学或医学奖授予屠呦呦就是对中国当年恪守科学研究的无私利性原则的一种回报。

原载《科普研究》2015 年第 5 期

论科学理性与迷信行为

王丽慧

迷信行为是自原始社会就存在的社会心理现象。随着人类社会不断进步，迷信行为的表现形式也不断发生着改变，但是总体来说，迷信行为都是基于对超自然力量和理解能力之外力量的盲目相信与崇拜，其本质是对"外力"不切实际的期望。随着现代自然科学体系的建立与完善，不断发展的科学知识和原理对一些神秘现象做出了解释，从根源上瓦解了某些迷信行为，科学成为揭露迷信现象的有力武器，历史上，很多迷信行为也正是在科学的发展中不攻自破的。对迷信成因的研究发现，心理与环境因素都是迷信行为产生的重要根源，非理性是其重要特征，因此在消除迷信行为的过程中，科学理性思维显得尤为重要。

一、迷信行为与科学

人类社会产生至发展到今天，迷信行为一直存在。西方早期心理学研究认为"迷信就是将原本没有联系的现象或事物看成具有因果关系"，我国通常使用封建迷信来指一种非理性、无根据地相信神仙鬼怪等的行为。一般来说，迷信是指信仰一种超自然的因果关系，即认为没有任何自然联系的两个事件之间具有因果性，例如占星术、宗教中诸如预兆、魔力以及预言等与自然科学相悖的某些特定部分。迷信的最初形态源自原始信仰或者巫术，由于知识和认识能力有限，原始人对自然现象无法解释，因此在一些行为与自然界之间建立简单的因果联系，希望通过膜拜或者其他行为来改变自然现象。弗雷泽在《金枝》中认为，巫术赖以建立的原则分为两类，"第一是'同类相生'或果必同因；第二是'物体已经互相接触，在中断实体接触后还会继续远距离的互相作用'"，并将其分别称为相似律或者接触律，由这两类原则产生了相似巫术和接触巫术。本质上，巫术都认为两个现象之间具有内在的因果联系。巫术就是原始人基于这两点错误的认识基础而采取的虚妄的控制自然的办法。

科学是人类认识自然界的活动，并在此实践活动中逐渐形成的知识体系。从追求对自然界的理解来看，科学与巫术根源相同，都是希望找到事物之间的规律与联系。弗雷泽认为巫术与科学更为相近，因为与科学类似，巫术也相信有一种内在的因果逻辑。不同的是，科学通过一系列程序或方法，得到可重复检验的结果。但是巫术则基于推测作为解释现象间联系的方式，并进而发展成为迷信行为。因此，迷信行为就是建立在错误的因果逻辑之上的非理性行为。

在自然科学体系逐渐建立和完善后，科学知识和原理成为解释迷信现象的一种重要途径。科学与迷信的关系表现为如下形态，即随着科学技术的发展，人们可以利用科学知识或原理解释一些迷信现象，但是随之又会有新的迷信现象和行为出现，科学和迷信始终处于共存状态。在此过程中，随着近代科学的产生还出现了另一种与迷信相似的形式——伪科学。伪科学把没有科学根据或者被证明为不属于科学的东西看作科学，是以科学的形式出现的迷信行为。当前社会，很多迷信行为不是以简单的形式出现，而是以迷信、宗教、伪科学等交织在一起的状态出现。

二、公众的迷信行为

迷信具有深刻的社会文化环境和心理根源，因此迷信行为并不容易被轻易消除，现代社会仍有相当高比例的公众具有迷信行为。相关调查显示，我国很多地区和群体都存在迷信行为，尤其是大学生的迷信现象有增长趋势。其他文化中，迷信行为同样盛行，根据美国盖洛普和哈里斯民意测验（Gallup and Harris Polls）对信仰超常现象（paranormal belief）的调查，2009 年，有 42% 的美国人相信人死后有灵魂，26% 的人相信占星术，20% 的人相信施巫术，23% 的人相信重生，并且这个比例自 2001 年以来一直处于较稳定的状态。

公众科学素养调查中，将公民是否具有分辨迷信和伪科学的能力作为公众理解科学与社会关系的一个重要衡量指标。1979 年以来，美国国家科学基金会（National Science Foundation，NSF）开展的公众科学素养调查中一直使用"是否认为占星术是科学的"作为测度公众理解科学与社会之间关系的题目，而我国公民科学素养调查则选用是否相信"求签、相面、星座预测、周公解梦、电脑算命"等迷信形式作为测度题目。因国家文化形态不同，测试问题及方法也存在差异，因此很难在两国间进行对比研究，但是调查结果也大致可以展示出公众对该问题的态度。

NSF 公众科学素养调查显示，2012 年，有 10% 的美国人认为占星术"非常科学"，大约 32% 的人认为占星术"有一些科学"。2010 年，中国公众科学素养调查显示，选择相信"求签、相面、星座预测、周公解梦、电脑算命"的公众比例分别是 19.9%、18.0%、7.4%、11.9% 和 4.6%。

两国调查都显示，受教育程度是影响迷信行为的一个重要因素。美国 NSF 的调查显示，受教育年限长和高收入人群更多认为占星术不科学。其中，2012 年，72% 的具有研究生学位的人认为占星术不科学，但在高中学历人群中，这一比例仅为 34%。中国 2007 年的公众科学素养调查中，也得出类似结论，即受教育程度越高，不相信迷信行为的公众比例越高。"小学以下、小学和初中文化程度人群不相信迷信的比例最低，分别为 53.6%、54.8% 和 59.0%；大学及以上人群不相信迷信的比例明显高于其他文化程度的人群，比例为 75.4%。"从上述数据中可以看到，中国不相信迷信行为的公众比例要高于美国认为占星术不科学的公众比例。基于两国均未对迷信行为的原因进行调查，无法得出为什么出现这种差别，但某种意义上，或许是由于占星术以一种伪科学的形式出现，与求签、相面等行为相比，"科学"的色彩更浓厚，相比于简单的迷信行为易于为公众接受。

对于为什么有这么高比例的公众相信迷信行为或伪科学，一方面，我们需要探讨迷信行为产生的心理及环境因素，对如何从根源上消除迷信行为进行研究。另一方面，我们也看到，越来越多的学者都认为，公民的科学素养是与整个社会发展相联系的，不能脱离社会的文化、地域等诸多因素进行孤立的探讨。可以更有针对性地寻找影响科学素养的文化因素，从这个角度上来说，探索公众对科学与迷信的态度也需要从文化这个更广泛的视角来进行考察。从科学本身来讲，以理性主义的思维形式，探讨科学的文化价值、科学理性精神，了解科学与社会的关系是探讨抵制迷信行为的重要路径。

三、迷信行为产生的原因

迷信的存在有深刻的社会和认识根源，心理原因和环境是两个重要因素。心理学中的精神分析理论、操作性条件反射理论、归因理论、心理暗示作用都可以部分解释迷信产生的心理根源。

按照精神分析的观点，无意识是迷信产生的根源。在弗洛伊德看来，宗教迷信是投射的结果，即人把自己行为中并没有意识到的动因转移到外界中。迷信的人"对偶发的错误行为的动机一无所悉，他相信精神生活里有所谓偶然或意外；所以他不免就常在外在的偶然事件中寻找其'意义'，在己身之外追寻神秘的天机"。行为主义心理学家斯金纳使用操作性条件反射理论对迷信行为进行解释，认为迷信是由于偶然强化的结果，是操作条件反射。他在《鸽子的迷信行为》中指出，在鸽子看来，强化物一定和某一行为相联系，只要呈现强化物，就总会强化某种行为。当反应和强化物之间只有偶然的一次联系，由此而形成的行为就是迷信。也就是说，迷信行为是人们强化了某种偶然相联系的结果，在个体的某种行为后伴随着一种强化物。通过分析自然选择中的因果关系发现，迷信行为是所有生物，包括人的一种自适应特性，也是一种必然的行为。在归因理论看来，迷信是对信仰及行为中未知因素的恐惧，对无法重复检验的行为间赋予了因果联系，由于人们在复杂的事物之间建立了荒谬的因果关系，进而导致归因偏差。而从心理暗示角度来看，迷信往往是个体无法把握未来事件发生的情况下产生的，这种不可把握性容易使人产生危机感，导致人心理失衡，使个体不得不求助于外界某些能"预测"自己未来命运的载体，以安慰自己，达到心理平衡。而迷信有其特定的心理安慰功能，它降低人们的心理失调程度，减轻心理焦虑，成为人们适应社会，求得生存的一种途径。总之，从人类的心理发展过程来看，只要人一直处于理解世界的过程中，迷信行为就不可能消失。

迷信行为的产生不仅与个体心理原因紧密相关，而且受外部环境的重要影响。首先影响迷信行为产生的外部环境是教育。从教育程度对迷信的影响来看，通常认为，教育程度越高的人越不容易具有迷信行为。从受教育的不同学科背景来看，自然科学背景的人与社会科学背景的人相比，更不容易相信超自然信念。其次，人们面对的环境越是不确定，越是不可掌控，其行为本身就越趋向迷信。马林诺夫斯基在考察 Trobriand 岛上的岛民捕鱼行为时发现，岛民去不可预知的、危险的海洋出海时，他们会进行复杂的迷信仪式，但是在浅海和静水中捕鱼时不会有迷信行为。这意味着，人们更倾向于借助迷信来处理一些不可测的事件，但是对于那些依靠个人能力可以控制的事件，人们并不去诉诸迷信行为。从迷信行为的心理和环境影响因素来看，无法对心理和环境进行准确把握，是导致迷信这一非理性行为的重要原因。

四、非理性与迷信行为

迷信是非理性的行为。当我们客观地和科学地审视迷信时，就会发现其非理性的特征。首先，迷信行为无法证实或证伪；其次，在一些迷信行为中，我们无法找到物理和心理的证据，更不能从中发现科学的证据。但是，很多时候，迷信行为当事人却并不认为它是非理性和不可理解的行为。迷信行为之所以是非理性的，是因为其信念基础，违背了当下的科学事实。而与之相对应的理性，则是基于事实进行推理，是人类行为的重要准则，意味着合乎逻辑性。

理性起源于古希腊，古希腊人认为自然界是有规律的，人不但是感觉的存在物还是具有理性的。人在感知自然界的同时，也能理解自然规律，这种认识就是理性精神。17 世纪的哲学与科学的兴盛弘扬了理性主义精神，并表现为一种普遍的怀疑精神和经验主义。科学理性在启蒙时期发挥了重要的作用，凸显了人在认识世界中的核心地位。启蒙时代的智者试图以理性来构建一个宽容、和谐的理性时代，这一理念一直延续至今天，科学理性仍旧在人类社会中具有重要的地位。

科学理性在科学研究中具体表现为严密的逻辑、严格的推理、严密的求证以及严肃的实验。这些理性活动，既包括与感性思维活动相对应的概念、判断和推理，也包括从辨别是非、利害关系上来控制自己行为的自觉能力。科学作为一种求真的理性活动，不仅表现在它要用理性方法去掌握感性材料并提出一定的理论，而且表现在从组织和设计实验，进行观察测量一直到检验理论，每个环节都离不开理性的指导和控制。这与迷信有着本质上的差别。从科学史的角度看，科学的诞生就是人类理性战胜迷信，或者说是用理性分析的态度取代盲目崇拜的结果。在与无知和盲信等一系列迷信行为进行斗争的过程中，人们以科学理性作为迷信的对立面。同时，人们也都认同科学理性是克制迷信的重要力量，这就要求人们使用逻辑推理等形式对迷信行为进行分析。

在迷信行为和伪科学存在巨大生存空间的同时，还有一类对科学本身质疑的行为，同时表现出非理性及迷信的特征。许多在科学研究领域看来没有争议的事实，却在社会上、公众间造成非常大的争议，而且这些质疑科学的人中，很多并不是没有知识的人。这些人坚持"全球变暖不存在""进化论没有发生""疫苗会造成自闭症"等显而易见的错误理论。很多时候，即使科学界已经对一些有争议的话题给出了有力解释，但很多人仍愿意相信错误的事实。以疫苗事件为例，1998年，英国肠胃病学家安德鲁·韦克菲尔德的研究小组在《柳叶刀》发表了一篇论文，认为麻风腮疫苗引发了孤独症，随后引发了一场公共健康安全的大恐慌。之后，科学界发现这一论文使用本身患有孤独症的儿童作为被试，存在造假行为，撤销该论文，并在刊物和媒体上专门就此做出解释。但是疫苗和自闭症之间带有关联性的观点却在公众中流传，甚至通过一些传播方式被强化。人们更多地选择愿意相信疫苗与自闭症之间存在关联。这类对科学的质疑，源于我们在发展科学知识的同时，却没有将科学理性与科学精神贯穿于其中。

科学精神是在长期的科学实践活动中形成的、贯穿于科研活动全过程的共同信念、价值、态度和行为规范的总称。科学精神源于科学共同体，伴随近代科学的发展而诞生，与信念、方法、思想和知识等科学要素紧密联系，在一定程度上，科学理性在公众间就表现为具有科学精神。那么，在将科学理性作为消除迷信行为的重要途径时，就需要在社会中培育科学精神。

五、结语

今天，人类已进入了快速发展的文明时代，科学、伪科学和迷信共同呈现在人类面前。科学依然是抵制迷信的有力武器，事实证明科学也是可以引导人类摆脱古代无知、恐惧、迷信等野蛮状态的重要力量。这是因为，科学是基于经验世界的，而迷信则与经验世界完全冲突。科学崇尚经验与推理，不相信任何未经证实的事物和理论，未经证实的理论只能称为假说。而迷信更多地倾向于盲目的相信、非理性的归因。从这一点上说，科学和迷信具有本质上的区别。

迷信行为与宗教、伪科学等密切相关，展现出复杂的表现形式。从历史角度来看，科学和迷信的对立短时间内无法彻底消除。但是，我们可以做的是，通过传播科学知识，以理性思维看待迷信行为，尽量缩小迷信的传播范围。可以肯定的是，如果社会和公众中没有形成坚持理性的怀疑和批判的风气彻底破除迷信，本身就是一种迷信，人们依然会受到伪科学的、非理性思维的侵扰。虽然由于迷信行为有其深刻的心理根源，又受到环境因素的影响，抵制迷信不是单单靠科学本身就可以完成的事业，但是具备科学理性则是消除迷信行为的必由之路。

原载《科普研究》2015 年第 6 期

我对科学文艺创作的反思

金 涛

如果从 1962 年发表科学童话《沙漠里的战斗》算起，我涉足科学文艺的创作，论时间也不短了。然而，我的创作无论是质量还是数量，我自己一直都很不满意。这次受邀谈谈自己的创作，仅限于谈谈本人从事科学文艺创作的得与失，也算是对自己几十年创作的一点并不全面也很肤浅的反思吧。

金 涛

一

几年前，我在一篇名为《沙漠与冰原的回忆》的短文里，谈到自己走过的路时，这样写道：

我跋涉在荒凉的沙漠之上……

月牙形的沙丘像故乡的丘陵一样温柔地起伏，绵延不断，与远方的地平线衔接。寥廓的天穹分外深邃，蓝天白云，令人遐想。走在松软的沙丘上面非常吃力，胶鞋里很快灌满了细细的沙子，索性脱了鞋，光着脚往上爬。太阳越升越高，脸上和身上的汗水不停地流淌，不一会儿又蒸发干了。沙丘上没有一星半点绿色，只是不时看见土灰色的蜥蜴机警地窜了出来，眨眼间又不见踪影。

当我登上沙丘顶巅，往下一看，不禁欣喜若狂地叫喊起来。

在沙丘之间的低洼地里，出现了密丛丛的一片芦苇，绿得叫人心醉。在地理学上这叫丘间低地。由于地势低，积存了雨水和地下水，于是在干旱的沙漠里，这里不仅有植物，还有密密麻麻的褐色青蛙和小蝌蚪，它们正在享受生命的快乐。

有时，前方是个碧波荡漾的湖，湖水映着蓝天，像一块晶莹剔透的翡翠，很美很美。然而，当我欣喜若狂地跑到湖边，不禁十分失望。因为哪怕嗓子干得冒烟，也不敢喝上一口湖水，湖里也不见鱼虾的踪影。那是苦涩的盐湖，没有生命的一潭死水。

那是很久以前的事了。20 世纪 60 年代，我还在读大学，前后三年炎热的夏天，我在毛乌素沙漠参加科学考察——沙漠考察是我所学的专业野外实习的内容。对我来说，沙漠无比新奇，我目睹了沙漠的壮观景色，也目睹了为争夺生存空间，人与沙漠的生死较量。沙漠是无情的，它像猛兽一样，侵吞农田、草场，逼得人们背井离乡。于是，农民、牧民想尽办法防沙固沙，而那些耐旱的、生命力最顽强的沙生植物，像柽柳、沙蒿、柠条，就成为抵御风沙的先头部队。在沙漠边缘，在土黄色的农舍附近，农牧民在沙漠中种上了沙蒿、柽柳和柠条，筑起了一道道绿色屏障。它们勇敢地抵挡风沙，用自己的身躯保护着农田、草场和孤岛般的小村庄。

当我回到北京，好久好久，那沙漠中的种种难忘的景象不时浮现在眼前。有一天，我突然萌发了写作的念头，大概这就是人们常说的创作冲动吧。我没有受过文学训练，也不懂写作规律，只是想把人与沙漠的斗争编成一个故事，于是就凭着想象编了一个科学童话。

正是在资深编辑詹以勤的指导和帮助下，我的这篇很不成熟的习作，终于在《中国少年报》以整版发表，题目是《沙漠里的战斗》。后来还收入到一些童话集子里，译成少数民族文字。

当然,这篇文章微不足道,只不过它是我写给孩子们看的第一个科学童话,印象特别深罢了。

《沙漠里的战斗》的创作也使我体会到生活是文学艺术的源泉,即便是给青少年写的童话和科普作品,也需要从生活中、从大自然中吸取营养和素材。热爱大自然,永远向大自然学习,对我而言是终身受益的启示。

我后来也发表了几部科学童话作品。总的来说,童话的创作在科学文艺中是比较特殊的,由于读者是小孩子,写童话首先要有"童心"。你讲的故事,故事中包含的科学常识都应该从儿童的理解出发,说得文雅一点,要注重从儿童的视角出发,才能够引起他们的阅读兴趣。比如我的一篇中长篇科学童话《大海妈妈和她的孩子们》,是讲地球上水资源和水的循环问题,这是个相对枯燥的科学话题,怎样才能引起小读者的兴趣,在内容设计和情节安排上,如何抓住小读者,这是颇费头脑的。

当年是这样设想的:整个故事设定为大海妈妈过生日这天,她的儿女们不管在世界的任何地方,都要赶回家来看望他们的妈妈,庆贺一番。这个情节对于小读者来说是熟悉的,也很亲切,谁没有过过生日呀!

故事由此展开,顺理成章带来一个问题:谁是大海妈妈的儿女?于是我们的故事中一个个角色就会纷纷登场:大江大河、湖泊、地下水、温泉、沼泽、雨、雾、冰雹、冰山……这些都是大海妈妈的儿女。

这篇童话对地球上的水循环作了形象直观的介绍,对于各种水的存在形式,特别是水与人类的关系,都进行了比较客观的分析,也提出当今社会对水体的污染和淡水危机问题。总体来说,它的有些内容是新颖的。但它的不足之处,依现在看来,至少有两点:一是知识的容量过大,孩子们消化不了。应该精简一些内容。二是表述手法比较单一、陈旧、缺乏变化。这也是犯了过分强调知识性、忽略了趣味性的通病。我的这篇科学童话也犯了这个毛病。

二

谈到科学文艺的创作,似乎不能不提科幻小说。尽管在如何界定科幻小说的问题上，理论家们很早就存在分歧和争论，但是如果不是抱有偏见，大概谁也无法否认，在当代中国，科幻小说的发展完全是几代中国科幻作家努力的结果，这是抹不掉的历史。

按照约定俗成的说法，科幻小说有"硬科幻"与"软科幻"之分。我写的科幻小说，大体上也可以分为这两类，一类是比较偏重科学内涵，由这种科学内涵预测出故事情节，这算是"硬科幻"。另一类"软科幻"则是以科学内涵为依托，重点是由此铺陈开来，演绎出悲欢离合的故事，两者的侧重点有所不同。此外，也有的小说介于两者之间。

其实，"硬科幻"与"软科幻"之分，也是人为的界定，作家在创作过程中并非事先有一个框，执意要硬要软，多半是根据作品的情节安排，人物角色的确定，随着故事的进展自然而然形成的。

根据我很有限的创作实践，不论是写"硬科幻"还是"软科幻"，我觉得科幻小说除了要有故事、人物、主题，讲究悬念、人物性格刻画和注重语言风格外，还必须设计一个科学构想。这是科幻小说有别于一般的小说的特殊之处，也是它独有的创作规律。也就是说，科幻小说既要有文学构想，还要有一个科学构想，这是科幻小说是否具有独创性，是否出人意料的关键因素。

有一点是值得一提的：从顾均正的《和平的梦》到郑文光的《飞向人马座》、童恩正的《珊瑚岛上的死光》、叶永烈的《腐蚀》、王晓达的《波》等作品，可以看出中国的科幻作家沿袭着一个可贵的传统，即强烈的忧国忧民的意识。"僵卧孤村不自哀，尚思为国戍轮台。"当祖国面临强敌威胁之日（不论是日寇侵华之日，还是美帝苏修亡我之心不死之时），他们都以自己的作品向世人展示了与敌人殊死抗争的爱国主义情怀，以及用科学发明的利器（科幻作家头脑中的发明，如死光），与敌人一决雌雄的胆识，这是很可贵的。只是这些，似乎很少引起评论家的关注。

说来惭愧，我进入科幻小说这个园地是比较晚的。1978年初冬，在厦门鼓浪屿，中国海洋学会科普委员会召开了一次会议，我有幸参加。许多多年未见的老朋友，在十年浩劫后再次重逢，都感到特别高兴。

当时，中国大地刚从寒冷的冰期苏醒，被长期禁锢的思维开始活跃起来。鼓浪屿充满诗情画意，那明丽的阳光、忽涨忽落的潮水、宁静的月色和清新的海风，创造了一个难得的氛围，使我能够冷静地去梳理纷乱的思绪。

记不清是哪天晚上，几个朋友聚在一起，像历经战火的老兵回忆战场的逸闻和身上疤痕的来历那样，大家各自讲述那场记忆犹新的浩劫，以及更早年代发生而新近披露的故事。谈话是随意性的，没有主题，东拉西扯，如今也记不清所谈内容了。一位来自成都的朋友讲述的一个女子的坎坷经历、身受的磨难以及她的悲惨爱情故事，深深地打动了我。那一夜，月色皎洁，林木吐香，鼓浪屿巍峨的日光岩的倩影和繁星点点的夜空，在我的脑海里幻化出虚无缥缈的世界。我的心中涌起创作的冲动，很想将这个现实生活中发生的故事写下来。

如何把现实的感受化作文学的创作，我一时难以决断。当时，中国文坛兴起风靡一时的伤痕文学，以我所把握的题材，还有其他耳闻目睹的故事，敷衍出一部曲折离奇的伤痕小说，大概是不太困难的。可是，我并不想将作品变成生活的复制，简单地让读者去回味身心留下的累累伤痕。我想得多些和深些，企图将一个特定的时代现象放在更广阔的时空去观察、去剖析，从而探究其中值得思考的内涵。为此我曾征询郑文光的意见，他是一位有丰富创作经验的科幻作家，他听我讲述了大致的想法（当时也谈不出太多，仅是粗线索的轮廓），毫不犹豫地建议我尝试写成科幻小说。

离开鼓浪屿，我却陷入苦苦思索。想来想去，郑文光的建议无疑是正确的，只能写成科幻小说。在各种文学体裁中，科幻小说有着最大的自由度，表现的天地也极为广阔。不过，我对科幻小说十分陌生，如何将一个现实的题材敷衍成幻想的样式，放在虚幻的环境中去铺陈开来，在虚虚实实中展开主题，刻画人物，这都是事先要想好的。中国的科幻小说长期以来实际上是游离于现实之外的，它仅限于表达理想的追求，或者是简单化地阐释科学、普及知识的故事，很少去触及现实，更谈不上对现实的批判了。因此，我写的科幻小说在这个敏感的问题上拿捏怎样的尺度，都颇为思量，也有一定的风险。

《月光岛》为什么没有写成"伤痕文学"，而写成一部科幻小说？从小说的艺术性来说，伤痕文学过于拘泥于现实，而当时中国的伤痕文学一哄而起，已经很难写出新意，因此我不想去凑这个热闹。把《月光岛》写成科幻小说，对于扩大读者的想象空间、深化主题以及给残酷的人生悲剧点缀些虚幻缥缈的喜剧色彩，也许不失为一个较好的选择吧。

在构思过程中，我始终忘不了鼓浪屿的夜晚，黑夜笼罩的岛屿，怒海狂涛，月色凄凉，一个孤苦伶仃的女孩，命运坎坷。而鼓浪屿恰恰有一处屹立海边的日光岩……于是小说便以《月光岛》为名。

《月光岛》最初在我的朋友刘沙主编的《科学时代》1980 年第一、二期连载。

刘沙是黑龙江省科协的干部，一位憨厚善良的东北汉子，他那时工作热情很高，到处为《科学时代》组稿，我就把《月光岛》寄给他，似乎没有多久就发表了。

一篇在哈尔滨的刊物上发表的科幻小说，有多大影响可想而知。不料，发行全国的《新华月报》（文摘版）于 1980 年第 7 期转载，因篇幅长，事先让我自己动手作了删改。这期《新华月报》同时发表了香港作家杜渐的长篇论文《谈中国科学小说创作中的一些问题》（原载《开卷》1980 年第 10 期），以及著名科幻作家郑文光对《月光岛》的评价文章《要正视现实——喜读金涛同志的科学幻想小说〈月光岛〉》。这样兴师动众地为科幻小说鼓吹，也反映出当时中国的一股科幻热。

但后来，对《月光岛》的评价就变得冷峻了。甚至在一部科幻作品集收入《月光岛》时，编辑在"编后记"中针对小说结尾女主人公孟薇逃离地球飞向遥远的太空，写道："这样写法，是否妥当，也还值得商榷。"

这样的质疑是很有时代特色的，其言外之意十分清楚，还真是一个涉及国民性的极有代表性的问题。

《月光岛》和我的另一篇科幻小说《沼地上的木屋》结集出版，是在 1981 年 3 月由地质出版社出版。责任编辑是热心肠的叶冰如女士，她是科幻小说积极热心的推动者，曾是人民文学出版社的资深编辑，也是郑文光的科幻小说

《飞向人马座》等优秀中国科幻名著的责任编辑，后来却不得不离开人文社，调到地质出版社、海洋出版社。

记不清是什么时候的事了。有一天，突然收到一包印刷品，打开一看，是四川省歌舞团打印的科学幻想歌剧《月光岛》剧本，封面注明"根据金涛同名科幻小说改编"，改编者是我不认识的钟霞、国政（执笔）同志。

科学幻想歌剧《月光岛》是一部再创作的作品，改编者付出了艰辛的劳动。据剧本末页附言："一九八〇年十二月一稿新繁，一九八一年二月二稿成都，一九八一年五月三稿成都。"说明改编者花费了半年的时间，三易其稿才完成。

由于消息闭塞，不知道四川省歌舞团后来是否将这部科学幻想歌剧搬上舞台，也不知道剧本是否正式发表。在中国科幻小说史上，恐怕是值得补上一笔的，因为这是第一部由小说改编的科学幻想歌剧。

考虑到种种原因，主要是我胆子小，不想惹麻烦，后来出版个人的科幻作品集时，我主动没有收入《月光岛》。《月光岛》也没有再版过。我想它和我的其他作品的命运一样与时俱亡，也许是合乎生活的逻辑的。

岂料，1998 年 2 月 19 日，突然收到上海科技教育出版社第六编辑室来函，说他们拟出版一套"绘图科幻精品丛书"，信中说："《月光岛》情节丰富曲折，科学构思奇特，其创意时至今日仍颇为新颖"，拟将它改编后收入这套丛书，这倒是出乎我的意料，颇有点受宠若惊。于是，1998 年 10 月，在初版过了 17 年之后，它又与读者再度见面，一次就印了 1 万册。

20 世纪 80 年代，中国有过科幻小说短暂的繁荣期，杂志也多，出版社也纷纷约稿。文学创作的激情是需要环境支持的，这是文学的生存法则。我在那个时期陆续写了些科幻小说，如《马小哈奇遇记》《人与兽》《台风行动》等，也是应运而生，虽然谈不上有什么成绩可言，但毕竟也点缀了那短期繁花似锦的科幻文坛。到了 80 年代后期，科幻小说交了华盖运，许多刊物纷纷落马，出版社也不敢出版科幻小说了。很快，电闪雷鸣，暴风雨来了。

我想起小时候在乡间见到暴风雨袭来前的情景：群鸟惊飞，小草发抖，大树的枝叶惊慌地摇摆，空气中有一股呛人的尘土和血腥味道，一切生灵都在惴惴不安。唯有那暴虐的狂风在欢快地嗥叫着，那残忍的闪电也在云层中吐出恶毒的火舌，那久已沉默的雷声终于找到发泄的时机……

暴风雨达到了预期目的，群芳凋敝，万木萧疏，白茫茫的大地真干净。

不过，在科幻文学凋零的岁月，倒是一些以少年儿童为读者对象的刊物顶住压力，以非凡的勇气支撑了中国的科幻小说，给科幻小说提供了一点生存空间。我记得那时除了四川的《科学文艺》在刘佳寿、杨潇，谭楷、周孟璞的主持下，几易其名以图生存，最终以《科幻世界》单独支撑起中国科幻小说的大旗；上海的《少年科学》（主编张伯文）、《儿童时代》（主编盛如梅）也没有中断发表科幻小说，这是令人难忘的。它们是狂风怒号的大海中的救生筏，是暴风骤雨的荒原上的草棚……

我此后仍然断断续续地从事科幻小说的写作，热情已经不似当初的痴迷，倒是有了抗争的勇气。

彷徨于大漠风沙之中，我为科幻的呐喊，至多也只是希望沙漠似的中国科幻文坛增添一点绿色，让扼杀者心里不那么舒服，也借此告诉此辈，科幻不是那么轻易地能够斩尽杀绝的。《失踪的机器人》《马里兰警长探案》《冰原迷踪》《小安妮之死》《火星来客》《台风袭来的晚上》等，便是这个时期的收获。当然，无论是数量还是质量，都不尽如人意，愧对逝去的岁月。

2009年《科幻世界》30周年特别纪念（1979—2009），将《月光岛》列入"中国科幻30年九大经典短篇"之一，并收入《科幻世界》30周年特别增刊。同年5月，湖北少儿出版社再版《月光岛》（同时收入我的另一部科幻小说《马小哈奇遇记》），纳入该社"科普名人名著书系"。2014年8月科学普及出版社出版《月光岛》中英对照本，纳入"中国科幻小说精选"。在此前后，得知《月光岛》有了意大利文本，但我仅看到复印件，没有收到样书。

最近，大连出版社拟出版包括《月光岛》在内的科幻小说《月光岛的故事》。从1980年问世以来，这本小书历经风浪，35年后还没有被读者遗忘，而且还悄然走向世界，对此我是很高兴的。

这部小说忠实地、艺术地浓缩了一个时代。在那个时代，因为"和尚打伞，无法无天"，人的尊严一文不值，人的生命可以任意践踏。也许，正是小说超越了时空，至今还有点生命力，能够博得今天和明天的读者一声叹息的原因吧。

三

谈及科学文艺，我个人比较偏好科学考察记。个中原因，恐怕是与我的个人兴趣尤其是所学专业大有关系。我读大学时就参加过沙漠考察，我很痴迷早期探险家和航海家前往南北极、青藏高原、中亚内陆以及非洲内陆、南北美的考察与探险。他们的科学考察记曾经让我兴奋着迷，我也不止一次做过种种不切实际的梦。

生活不容许我做白日梦，大学毕业就被迫改行，很多年伏案爬格子，白白浪费了宝贵的青春年华，可以说是一事无成。不过，就在这时，可遇不可求的机会突然降临了。

20 世纪 80 年代初，地球最南端的那块冰雪大地——南极洲，忽然成了中国人关注的对象。新闻记者的消息比较灵通，我从各种渠道获悉我国年轻的科学家董兆乾、张青松到达南极洲的澳大利亚凯西站，他们一回国，我便及时采访了他们。我写的报告文学《啊，南极洲》发表后反响也比较大。我敏感地意识到：中国人涉足南极洲已经指日可待，种种机缘此刻也唤醒了我对冰雪大地的激情。

1984 年，当中国人派出第一支考察队，前往地球最南端的南极洲，到那个寒冷的、暴风雪肆虐的大陆时，我及时抓住了这个千载难逢的机会。经国家南极考察委员会批准，我作为特派记者，参与了这次考察活动。后来才知道，我此前发表的有关南极的报道、文章和著作，在这个节骨眼上成了很有效的通行证，因为很多队员早就从报纸上认识了我。

我因报名最晚，签证办不下来，赶不上与考察队同乘一船，只能独自走另一条线路。岂料这样一来，倒是"塞翁失马，焉知非福"，我的行程几乎在地球上转了一大圈，先飞往美国，然后又飞往南美的阿根廷和智利。时间很充裕，我有幸在这些国家逗留多日，由此获得了对西半球的深刻印象。当中国考察船"向阳红10号"经受了太平洋的狂风恶浪，驶抵南美洲的火地岛时我才上船，开始了南极之旅的漫漫航程（去南极，立了"生死状"，如遭不幸，尸体不能运回）。

接下来几个月，我亲历了五星红旗在南极第一次升起的历史时刻，目睹并参与了中国长城站建设的日日夜夜。踏着积雪跑遍了乔治王岛西海岸，访问了神奇的企鹅岛，以及邻近的智利、苏联和乌拉圭考察站。最难忘的是南大洋考察的日子，当考察船越过南极圈时，咆哮的狂风卷起排山倒海的巨浪，船只在波峰浪谷中摇晃颠簸，随时都有可能船毁人亡。我有生以来第一次经历了生与死的考验，也真切地感受到冰海航行的危险。这次南极之行，为我创作科学考察记提供了舞台。

在科学文艺广阔的领域，科学考察记是一个特殊的品种，它不像科学童话、科幻小说或科学小品，坐在书房里就可以写出来。科学考察记类似新闻报道，必须亲身参与，以自己的眼睛和耳朵去捕捉考察活动的全部信息，除此之外，似乎没有捷径可走。

在整个南极考察期间，当年在大学参加沙漠考察的经历对我有很大帮助。首先，我牢记前辈的箴言："不要相信你的记忆力！"这话的意思是：你务必勤奋地记考察日记，不论天气多么恶劣、身体多么疲惫、在大洋上遇到风浪而晕船，你都要坚持记日记。那种以为自己记忆力强，可以事后凭回忆来弥补的想法，往往是很不可靠的。回想当年读达尔文乘小猎兔犬号环球航行写下的详尽的日记，便对这位生物学家不能不肃然起敬。

要写好科学考察记，还要尽量多跑多看，接触科学家和船员水手，采访他们，和他们交朋友。几个月的南极考察，特别是海上航行，人是很疲乏的，情绪也受到影响，但是必须克服心理压力，始终保持新奇的敏锐感，当发生和发现新的情况时，务必出现在现场，这样才能获得第一手资料。在整个考察期间，当考察船航行在别林斯高晋海遇到重大险情时，当小艇前往南极半岛因水浅不得不弃舟赤脚涉水登岸时，以及乘橡皮艇迎着风浪前往纳尔逊岛……我都有幸参与了全过程，因而也获得了相应的回报。

当然，科学考察记的深度和价值，还和作者的知识面、自然科学和人文科学的积累，以及文学修养和语言表述能力大有关系，这就不必细说了。除此之外，科学考察记还是一门令人遗憾的创作，由于客观条件或主观失误，我往往没有抓住一些应该抓住的细节，等我下笔时为时已晚。这类教训实在太多太多了。

从南极归来，科学考察记《暴风雪的夏天——南极考察记》很快在光明日报出版社出版（1986年12月），1999年又收入湖南教育出版社推出的"中国科普佳作选"。我在第一次赴南极的7年之后，又一次重返南极洲的冰雪世界。这一次是和浙江电视台合作拍摄《南极和人类》（导演姜德鹏）的电视专题片。为了收集更多的材料，我们乘直升机、橡皮艇、雪地车前往乔治王岛的波兰、阿根廷、巴西、俄罗斯、智利、韩国的考察站，以及纳尔逊岛的捷克站，还专程前往澳大利亚的塔斯马尼亚岛、太平洋的复活节岛和塔希提岛。2012年经樊洪业先生推荐，《暴风雪的夏天——南极考察记》补充我的第二次南极之行内容后，被纳入"20世纪中国科学口述史"丛书，易名《我的南极之旅》，由湖南教育出版社出版。荣幸的是，湖南教育出版社不久又以《向南，向南！——中国人在南极》为书名，重新印制出版（责任编辑李小娜），该书荣获2013年国家新闻出版广电总局颁发的"第三届中国出版政府奖图书奖"。

往事如烟，恍如隔世。我以庸劣之材，混迹于科普文坛，实在没有多少业绩。只是对我个人而言，每当我投身大自然的怀抱，双脚踏上坚实的大地，那泥土的芳香、那烫脚的黄沙和冰冷的雪原，总是使我忘掉人世的倾轧和喧嚣，我的心境会变得纯净澄明，我也会从大地吸取营养和力量，愉快地拿起笔来。

大地，永远是我的创作源泉。

原载《科普研究》2016年第1期

《医学三字经》的科普内涵研究

杨 松 陈红梅

　　据《中华人民共和国科学技术普及法》，科普是科普主体采取公众易于理解、接受的方式向受众普及科学技术知识的活动。科普图书以其通俗易懂、科学实用成为公众易于接受的主要科普形式之一。章道义等人主编的《科普创作概论》一书认为：科普作品的创作目的是普及科学知识，内容要科学性、准确性、全面性兼备，语言需通俗易懂，并通过各种普及途径将所承载的科学知识传播到社会有关方面，普及科学知识的同时培养人才，推动大众科学知识教育。传统中医是否产生过现代意义上的科普作品？本文以清朝中后期陈修园的《医学三字经》为研究对象，就其创作目的、内容特点、受众对象及范围、普及教育情况等进行讨论，以窥该书的科普内涵。

一、《医学三字经》为医者入门而作

　　据《时方歌括·小引》记载：陈修园曾供职于保阳（今河北保定），在职期间，恰逢夏季洪灾，他奉命赈灾救民，积劳成疾，卧病不起，许多医生都无法医治，一天半夜，他神智稍微清醒，自己开方抓药服用后，病居然好了。洪灾过后瘟疫流行，许多病人需要医治，因自己生病求医的经历，深感医术高超、正确用药的重要性，即"医者，生人之术也，一有所误，即为杀人"。于是，他结合多位著名医家的学说，加上自己的临症感悟，以歌括韵文的形式出版《时方歌括》，为涉医不深的人提供治疗疾病的正确方法，并引导他们渐次进入医道。在这种理念指导下，陈修园创作了大量流传广泛而持久的韵文歌括医书，1804年刊行的《医学三字经》就是其中最具代表性的著作。该书以仲景之法为准绳，三字为句，通俗押韵，朗朗上口，便于初学之人。

就《医学三字经》的创作目的，陈修园自己在《医学三字经·小引》中说："学医之始，未定先授何书，如大海茫茫，错认半字'罗经'，便入牛鬼蛇神之域。"其在《医学三字经·凡例》中更是阐明了入门的重要性，即"入门正则始终皆正，入门错则始终皆错。是书阐明圣法，为入门之准。"可见，《医学三字经》是为学医之初的人正确入门而作。学医之初的人拥有的医学知识与普通大众相差无几，因此该书也适合普通大众阅读，不失为一部普及正确医学知识的入门读物。

二、《医学三字经》内容兼具科学与准确，全面与实用，通俗与趣味

科普图书有自身的特性。据前人研究，中医科普图书应"融科学性、准确性、全面性、实用性、通俗性、趣味性等'六性'于一体"。基于《医学三字经》的内容分析，我们认为它具有以下特点：

1. 科学性与准确性

《医学三字经》"论证治法，悉尊古训，绝无臆说浮谈"，其内容集合诸家名言精粹，书中选方诊疗等内容大多来源于临床实践，中肯切用。以消渴病为例，陈修园在《医学三字经》中说："有脾不能为胃行其津液，肺不能通调水道，而为消渴者。人但知以清凉药治消渴者，而不知脾喜燥而肺恶寒"，主张以燥脾之药治之，水液上升而不渴。同时还分享其经验："余每用理中汤倍白术加瓜蒌根，神效。"经现代临床验证，《医学三字经》中所载汤方如肾气丸、六味丸等，在治疗消渴病时有着显著疗效；经现代药理研究证实，汤方中的药物如：白术、人参、茯苓、泽泻、元参等，均有降血糖的作用，并在"消渴"类糖尿病的临床治疗中得到广泛运用。北京四大名医之一的施今墨借鉴《医学三字经》用苍术、元参治疗"消渴病"，疗效颇佳。所以，《医学三字经》所载消渴病的知识准确、科学、有效。所载其他医学知识也有类似特点，如：治疗"癃闭"，《医学三字经》云："点滴无，名癃闭"，治疗方法为："气道调，江河决，上窍开，下窍泄，外窍通，水源凿，分利多，错便错。"从调理气机着手，

气机顺则水道通，这种治疗方法也是科学而有效的。总之，就今天看来《医学三字经》所载医学知识主要是科学、准确而有效的。

2. 全面性与实用性

《医学三字经》共分为四卷，卷一卷二是医学源流、中医基础理论及临床各科常见病证，卷三卷四是所列各种病证的方药，书末附有阴阳、脏腑、四诊、运气等内容，其内容涵盖的面较广。以内科杂病为例，书中历述了中风、虚痨、咳嗽、疟疾、痢症、心腹痛、胸痹、隔食反胃、气喘、血症、水肿等11种病症，涵盖的内容相当于一部简要的"中医内科"书。

《医学三字经》不仅内容全面，其实用性也较强，如在治疗心腹诸痛的病症时，它首先明确指出，应按疼痛的性质"辨虚实，明轻重"以别诸痛；然后对这些不同的痛症一一列出治疗时常用的方剂。这样便于读书之人辨症选方。又如关于《医学三字经》中治疗泄泻的药方"胃苓散"，不仅附注"胃苓散"的功效，在卷三方剂中还附注"胃苓散"一方的药物组成和炮制方法。这种内容安排使得学习者不仅有法可循，还有方可用，大大增强了该书的实用性。

3. 通俗性与趣味性

中医博大精深，《内经》《伤寒》《金匮》等著作文辞深奥难懂，学习中医如何入门以登堂入室，而不至于"入门错则始终皆错"，这是摆在古今中医学者面前亟待解决的问题。《医学三字经》仿《三字经》童蒙教材，三字为句，并配以韵脚，将深奥难懂的中医理论简化为通俗易懂、有趣的语言，注重易讲易诵易记，力求使初学者对深奥的医学内容易学易懂。如《医学三字经》卷一《咳嗽》第四说："气上呛，咳嗽生……肺如钟，撞则鸣；风寒入，外撞鸣；痨损积，内撞鸣。"通过打比方的方式，用18个字，既对咳嗽这一症状发生的病因病机做了通俗而生动的描述，也对"肺为清虚之脏，外感、内伤皆能令人咳"的医理做了清晰的辨析。又如"气道调，江河决"六个字将治疗"癃闭"的方法做了一个有趣的比喻，即调节气道，小便就会像江河决堤一样多，让读者感之形象有趣，瞬间便可记住。这种通俗性和趣味性的表达，使初学者一目了然而渐入中医之门，这也是《医学三字经》至今流传不衰，为广大中医初学者所喜爱的奥秘所在。

三、《医学三字经》普及对象和范围较广

基于《医学三字经》的刊刻流通情况，及后世名医与该书的关系等层面分析其普及对象和范围如下：

1.《医学三字经》主要以中医初学者及医生为读者

普及对象，即科普著作的受众对象或读者群。就《医学三字经》而言，作者陈修园在刊书小引中说："童子入学，塾师先授以《三字经》，欲其便诵也，识途也。学医之始，未定先授何书，如大海茫茫，错认半字罗经，便入牛鬼蛇神之域，余所以有《三字经》之刻也"。可见，陈修园刻写《医学三字经》如同老师给学生讲授《三字经》《百家姓》等启蒙读物一样，是为了"识途""便诵"，使初学医之人不误入歧途，所以该书三字一句，通俗易懂，"书中之奥旨，悉本圣经"。

《医学三字经》在后世的普及传播过程中，陈修园的初衷是否如愿以偿？笔者以周凤梧等编著《名老中医之路》和贺兴东等编著《当代名老中医成才之路》两书作为统计对象，明确记载读过启蒙读物的名老中医有88人。其中读《医学三字经》入门的名老中医有33人，如方药中先生在《学医四十年回顾》一文中这样描述："我懂事后，父亲在谋生之余，教我读《医学三字经》《医学实在易》……一类医书。"又如：董德懋在《从师和交友，厚积而薄发》一文中说，我学医的启蒙老师是岳父赵廷元先生，他开始教我习诵《医学三字经》等书。由此可见，《医学三字经》在后世传播过程中，其读者对象主要是欲学习中医的初学者。因其内容"悉本圣经"，形式通俗易懂，便于背诵，最终引领这些初学者登入中医学之殿堂，成长为名老中医。

然而，《医学三字经》的普及对象并不局限于医学初学者，许多医生甚至将其作为诊家必备书籍，需要时时研读。这可从医家藏书中窥见一斑，海南名老中医霍列五"辅政堂"医学藏书中，有陈修园医书四十种、陈修园医书五十

种、陈修园医书七十二种等多个版本，据霍列五先生之子回忆说："为了成为一名合格的中医，父亲花了大量的时间去研究这些医学典籍。"笔者对上述曾研习过《医学三字经》的 33 位名老中医接受医学教育的方式进行归纳发现，其中有 13 人是通过师承的方式接触到《医学三字经》，也就是说，这些老中医的老师也常备或记住了《医学三字经》，以备教导弟子之用。另外，1979 年《新中医》杂志刊登一封医生读者的来信，读者在信中谈道："在治疗尿潴留时，通常用滋肾和通利两种方法，效果都不好，后来读一本《医学三字经》……大受启发，知道治疗这种病必须从调理气机着手，结果用这种方法接连治愈了几例患者。"可见《医学三字经》的普及对象不仅是中医初学者，医家也需常备手边，一是为了教导弟子，二是为了临床治疗。正如台湾梁其姿先生所说：因为"医生需要在临床当场即时展现所学，不容检索书籍，当然必须背诵"，而"歌诀或赋让人容易背诵"，所以《医学三字经》等便读类书也成了医家时时需要的案头必备书籍。

综上，《医学三字经》一书的普及对象不仅仅是初识中医的医学入门者，还是医家教育弟子、获得治疗疾病方法的必备书籍，他们时时研读，常有心得。

2.《医学三字经》普及范围由长江以南逐步覆盖到全国大部分地区

就《医学三字经》的普及流通范围，我们从该书历代主要刻本的刊刻地、典型读者的读书地以及医学三字经现存主要版本馆藏地三个方面来看其普及流通的地域范围。

第一，主要刻本刊刻地。以《全国中医图书联合目录》著录的《医学三字经》的刊刻地为例。据统计该书著录了 1804 年《医学三字经》被第一次刊刻以来的 55 种主要单刻本和丛书本，目前除 10 种出版地无从考察外，其中福建（2 种）、浙江（1 种）、四川（11 种）、上海（18 种）、湖南（8 种）、广州（2 种）、湖北（1 种）、北京（2 种）等地均有刊刻，特别是清末民初，该书在上海、四川、湖南等地得到大量刊刻。由上可见《医学三字经》以出版地为中心的普及流通范围主要在长江以南，这与邓铁涛先生"我国长江以南以此书自学或授传者实在不少"的观点不谋而合。

第二，典型读者读书地。以《名老中医之路》和《当代名老中医成才之路》中记载的33位自述学医之初以《医学三字经》为入门读物的名老中医为研究对象。据统计这33位名老中医，主要来自江浙（8人）、巴蜀（7人）、湖南湖北（2人）、福建广东（2人）、北京（2人）、河北（2人）、山东（4人）、辽宁（4人）、陕西甘肃（2人）。可见，阅读《医学三字经》的名老中医分布地域：除北方以北京这个全国文化中心向周边地区辐射开来外，还是以巴蜀、江浙、湖广等长江以南的地区居多。

第三，馆藏地。根据《全国中医图书联合目录》著录的馆藏地统计来看，《医学三字经》在20世纪中后期主要保存于黑龙江、吉林、辽宁、北京、天津、内蒙古、陕西、山西、甘肃、四川、云南、河南、湖南、湖北、江苏、上海、江西、福建、广东、广西等20余省市，即几乎覆盖了全国。通过同一版本的出版地和馆藏地的比较发现，同一个版本的出版地和馆藏地往往不同，以《医学三字经》清嘉庆九年甲子（1804年）南雅堂刻本为例，出版地在福建，时隔150多年后，他已流通到了北京、上海、江西等三地，说明随着时间推移，《医学三字经》普及流通范围在逐渐扩大。

从以上三个方面的分析可以得出《医学三字经》从刊刻之初，其普及流通范围主要在长江以南，随着时间的推移，其普及范围也在逐渐扩大，至今已覆盖全国大部分地区。

四、《医学三字经》中医学知识普及教育的效果显著

近两百年来《医学三字经》在中医知识的普及教育中扮演着重要的角色。如邓铁涛先生说："清代除《医宗金鉴》为法定的医学教科书外，陈修园十六种（包括《医学三字经》）可算是中医自学丛书或教学之书。我国长江以南以此书自学或授传者实在不少。文章浅，易入门，歌好读，容易记。虽然新中国成立之前有私立中医学院校之设，但能入学者人数不多，读陈修园书而当医生者则甚多。"如名老中医萧龙友、李斯炽、李克绍、孙允中等。

民国时期，有些中医师带徒、私塾教育将《医学三字经》作为教材使用。

据名医刘渡舟在《学习中医点滴体会》一文中回忆：在旧社会，师带徒的方法因人而异，大致有两种形式，其中一种是"老师采用浅显的读物，如……《医学三字经》等教材，向学生进行讲授，并要求记诵"。此外，据甘肃《天水市北道区卫生志》记载，民国十八年（1929 年）春，县城名医刘祖武创办天水县普济中医学校，将《医学三字经》作为教材给学生讲授，刘祖武于民国二十一年（1932 年）病笃，"身后留有《医学三字经》《脉理》讲义、《会精指述》手稿多卷"。

新中国成立后，许多名老中医极力倡导初学中医者从《医学三字经》开始入门，1953 年时任中医研究院名誉院长的萧龙友先生在"西医怎样读中医书"座谈会上说："初学应读之书尚多，如喻嘉言《医门法律》……陈修园《医学三字经》……之类。学者能领会诸书之后，再读《内》《难》，以求深造。"有些医学院校甚至将《医学三字经》作为学生的教辅资料，如 1957 年四川医学院中医教研组编印《医学三字经简释》，作为学生学习时参考。

如今，我国有些大中专中医院校非常重视学习经典，如福建中医药大学中医经典传承班开设《医学三字经》选修课；王心远教授在北京大学课堂、清华大学中医社等为学生讲授《医学三字经》。2013 年王心远教授甚至开设《医学三字经》网络课程。在新的时代《医学三字经》以不同的形式仍发挥着医学知识的普及教育功能。

此外，《医学三字经》语言洗练、音韵稳妥、内容精要、易于诵习。许多医家受到启发，模仿《医学三字经》撰写医学普及类读物，如：四川胥紫来《续编医学三字经》补充完善《医学三字经》的内容；四川周云章《简易医诀》仿其例以"三字诵之"；张子培温病学说简要之作《春温三字诀》；周凤梧撰写的医史类普及著作《中国医史三字经》；傅文录的《中医内科三字经》；等等。这些"三字经"形式的医学普及性读物丰富和发展着医学著作的内容，同时扩大了医学知识的受众对象，普及推广了医学知识。总之，《医学三字经》自 1804 年出版发行以来，不仅为中医学习者提供了捷径，而且极大地推动了医学普及教育。

当然,《医学三字经》不是完美无瑕的,其不足主要表现在:首先,为了顾及三字歌诀的体例形式,书中文字过于精炼,不得不借助每句下面的小注来彰显其内容主旨。这种经文与注文结合不便于阅读。其次,陈修园本人有明显的尊经崇古倾向,因此对历史上某些医家的评价在今天看来也有些偏颇,如他对李时珍的评价。这些都是当今中医科普图书创作时在形式与内容上应该规避的地方。

五、结论

综上所述,《医学三字经》是陈修园为医学知识的普及和入门而作,其内容通俗易懂、生动形象,科学性与实用性兼备,受众群体主要是中医初学者,流通普及范围从长江以南逐渐推广到全国,从其刊行至今推动了中医学科学知识的普及教育。虽然受歌诀体例和时代局限,该书的内容与形式还有待完善,但据章道义先生科普作品的定义,结合《医学三字经》这一作品的实际创作目的、内容特点、受众对象和流通范围以及其推动中医学科学知识普及教育的效果,我们能窥见:在1804年刊行的《医学三字经》虽无"科普作品"之名,却基本具备现代科普作品之实,挖掘其科普内涵,有助于我们理解中医科普的发展历程。

原载《科普研究》2016 年第 1 期

从数学科普到数学教学改革

张景中

张景中

记得上小学的时候，就在儿童读物上看到过米老鼠。如今 70 多年过去了，米老鼠的可爱形象长盛不衰，依然吸引着众多的孩子。

写科普 30 多年，有没有为读者奉献一个长盛不衰的小东西呢？

回顾自己的作品，还真有一个类似的角色。

它是什么呢？原来是一个边长为 1 的小菱形，也叫作单位菱形。我在 1980 年发表的一篇数学科普文章里，推出了这样一个小菱形。我给它起名叫正弦。

一、事情的缘起

文章引用小学课本上的一幅图，用来说明矩形面积等于长乘宽：

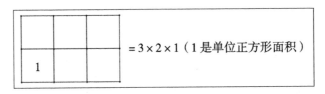

$$= 3 \times 2 \times 1 \text{（1 是单位正方形面积）}$$

矩形面积

接下来让矩形变斜成为平行四边形，单位正方形就成了边长为 1 的小菱形，计算面积的公式就变成了这个样子：

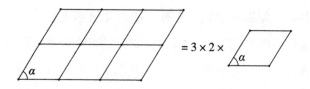

平行四边形面积

等式右端最后一个东西表示的是"有一个角为 α 的边长为 1 的菱形的面积"。为了简便，给它一个名字叫"角 α 的正弦"，用符号 $\sin\alpha$ 来表示。

这样就有了一个新的平行四边形面积公式。取一半，就是已知两边一夹角的三角形面积公式：

$$S_{ABC}= \frac{bc\sin A}{2} = \frac{ac\sin B}{2} = \frac{ab\sin C}{2}$$

从这个公式可以变出不少花样来。例如，如果三角形的两个角相等，不用画图就能看出两个角的对边相等；又如，把这个式子同乘以 2，再同除以 abc，就立刻推出有名的正弦定理。正弦定理按课程标准是高中的学习内容，可是高中学了用处不大。而初中一年级如果懂了正弦定理，就会带来不少乐趣，对解决几何问题也会大有帮助。

本来，"正弦"和符号"sin"是三角学的术语，表示多种三角函数中的一种。早在公元前 2 世纪，希腊天文学家希帕霍斯（Hipparchus）为了天文观测的需要，将一个固定的圆内给定度数的圆弧所对的弦的长度，叫作这条弧的正弦。经过近两千年的研究发展，科学家又引进了余弦、正切等更多的三角学概念。现在初中三年级课本上的正弦定义，把直角三角形中锐角的对边与斜边的比值，叫作这个锐角的正弦，是 16 世纪形成的概念。但是，只有锐角的正弦还不够用。为了几何中的计算就常常用到钝角的正弦了，进一步的学习更需要任意角的正弦。因此，到高中阶段，要引进 18 世纪大数学家欧拉所建立的三角函数的定义系统，把正弦与坐标系、单位圆以及任意角的终边联系起来。

按照两百年来形成的数学教学体系，正弦是一个层次较深的概念。即使仅仅提到锐角的正弦，也要先有相似形的知识。所以，要到初中三年级才讲。

但是，初中一二年级的学生，从算术进入几何和代数，正是逻辑思维形成的关键时期。这时，向他们展示不同类型知识之间的联系以激发其思考是非常重要的。三角概念，首先是正弦概念，是形数结合的纽带，是几何与代数之间的桥梁。如果能够不失时机地在初中一年级引入正弦，使学生有机会把几何、代数、三角串通起来，进而体会近现代函数思想的威力，岂不妙哉？这些是我在1974年在新疆21团农场子女学校教书时开始想到的。

也巧，我注意到"有一个角为α的边长为1的菱形的面积"在数值上正好等于课本上的正弦，而且不论锐角、直角、钝角都是成立的。信手拈来，就用它引进正弦，不是大大方便了吗？这样一来，无须到初三，更无须到高中，初一甚至小学五六年级都可以讲正弦了。

这样引进的正弦，所联系的几何量不是两千年前引入的弦长，不是四百多年前引入的线段比，也不是两百多年前数学大师欧拉建议的任意角终边与单位圆交点的坐标，而是小学生非常熟悉的面积。

这样定义正弦是一次离经叛道。但在客观上，在数学中是成立的。课本上不这样讲，写在科普读物里却没有错。不但没错，还能够让读者开眼界、活思考、提兴趣、链知识、学方法。

这样的正弦定义，比起初中三年级课本上的定义，至少有四个好处：更简单，更直观，更严谨（这里直角的正弦为1，因为它就是单位正方形的面积，课本上要用极限来解释），更一般（这里的定义覆盖了锐角、直角、钝角和平角的情形，课本上只包括锐角）。缺点也有：来晚了。

于是一发而不可收，单位菱形成为我的作品中的常客。

二、三十年的历程

我在1980年发表的小文《改变平面几何推理系统的一点想法》中，把单位菱形面积叫作正弦，不过是开了一个头。

1982 年，在《三角园地的侧门》一文中，我正式提出了用单位菱形面积定义正弦。

1985—1986 年，岳三立先生邀我为他主编的《数学教师》月刊写了长篇连载的"平面几何新路"，更详细地发挥了用单位菱形面积定义正弦的作用。

1989 年，《从数学教育到教育数学》在四川教育出版社出版。这本书杜撰了"教育数学"的概念（15 年后，即 2004 年，中国高等教育学会增设了"教育数学专业委员会"），从单位菱形面积定义正弦出发，展开了设想中的几何推理体系方案之一。

1991 年 7—10 月，《中学生》杂志连载了我的科普文章《神通广大的小菱形》。

1992 年，四川教育出版社出版了我的《教育数学丛书》，其中《平面几何新路》一书中，用单位菱形面积引入正弦，展开三角。

1997 年，在中国少年儿童出版社出版的《平面三角解题新思路》一书中，我将单位菱形面积定义正弦作为全书的出发点。后来，这些内容被收入该社 2012 年出版的《新概念几何》中。附带说一句，《平面三角解题新思路》是《奥林匹克数学系列讲座》丛书中的一本，这说明用单位菱形面积引入正弦的主张不仅仅是科普，已开始进入奥数。

此后的近 10 年间，我又多次在科普演讲中一再提起这个小菱形。听众有老师、有大学生、有高中生、有初中生及小学高年级的孩子和家长。于是我常常想，这个小菱形能不能更上一层楼，进入课堂，为数学教育的发展做出贡献？

有的老师说，这样引进正弦很有趣。不过，讲讲科普可以，如果在数学课程里这样讲，就要误人子弟了。

我理解，他是怕这样会影响成绩，分数上不去。

2006 年，我在《数学教学》月刊发表了《重建三角，全盘皆活——初中数学课程结构性改革的一个建议》一文，大胆地提出能不能用单位菱形面积引入正弦的办法让初中一年级学习三角。我国数学教育领域的著名学者张奠宙先生当即发文《让我们来重新认识三角》回应，热情支持，对"用单位菱形面积引入正弦"给以高度评价，还提出了有关教学实验策略的宝贵建议。

张奠宙先生看得很远。他在 2009 年出版的《我亲历的数学教育》一书中回顾此事时写道："如果三角学真的有一天会下放到小学的话，这大约是一个历史起点。"

2007 年，我的更详细的《三角下放，全局皆活——初中数学课程结构性改革的一个方案》一文在《数学通报》1～2 期连载刊登。

真的要改革数学课程的结构，只有顶层设计远远不够。老师需要可以操作的方案。为此，我写了《一线串通的初等数学》，由科学出版社在 2009 年出版。这是《走进教育数学丛书》中的一册。

在这本书里，提供了两个具体教学设计：一个是直接用单位菱形面积引入正弦；另一个是用半个单位菱形（也就是腰长为 1 的等腰三角形）的面积。前者如上面所述，是导出一个平行四边形面积公式，取一半得到三角形面积公式，由此展开。后者则直接奔向三角形面积公式。两者本质相通，风格不同，前者更直观，后者较严谨。

2012 年，王鹏远老师和我合写的《少年数学实验》在中国少年儿童出版社出版，其中把单位菱形面积引入正弦的过程用动态几何图像来表现，设计成一次数学实验活动。王老师还亲自为初中生做了有关的科普讲座。

三、从科普渗入课堂

经过 30 年的发酵，用单位菱形面积定义正弦的想法，终于从科普开始渐渐渗入课堂。

从互联网上看到，有些大学生、硕士生在他们的毕业论文里，提到他们把单位菱形面积定义正弦的想法在高中做了教学实验，引起高中同学和老师的兴趣。

我下载了华东师大 2008 年的一篇教育硕士论文《高中阶段"用面积定义正弦"教学初探》。作者王文俊是在高中教师岗位上进修攻读硕士学位的。他利用假期补课中的三节课（每节 35 分钟），为无锡市辅仁高中高一、高二的 4 个班 198 名学生讲解用单位菱形面积定义正弦的有关内容，对教学效果和学生的想法做了详细的调研分析，还了解了十几位教师的看法。

论文作者在研究结论中认为："总的看来，学生、教师均对用面积定义正弦持欢迎态度。与以往比较呆板枯燥的定义相比，新定义出发点别具一格，体系的走向简洁易懂，学生易于接受也就在情理之中了。"

具体的统计数据表明，在高一学生中，有 53% 的人认为用单位菱形面积定义正弦更容易理解和接受，认为初中课本上的定义更容易理解和接受的则为 18%；其余 29% 的人认为两者差不多。认可新定义的占 82%。

而在高二的学生中，认为用单位菱形面积定义正弦更容易理解和接受的为 36%，认为初、高中课本上的定义更容易理解和接受的则为 19%；其余 45% 的人认为两者差不多。认可新定义的总数仍有 81%，但对新定义的热情远低于高一的学生。论文作者分析，这是由于"先入为主"之故。高二的学生在高一阶段学习和应用传统的定义有 22 个课时了；高一学生的三角知识仅仅是初三学的那一点，对新的定义印象相对来说更深一些。

不论如何，科普内容刚进课堂就有如此的影响，还是令人难免有喜出望外的感觉。

这篇论文还提到，台北县江翠中学的陈彩凤老师曾经给资优班学生讲过用单位菱形面积定义正弦的三角体系，获得学生热烈回响。可惜未能见到有关的研究论文或报告。

做过有关教学实验的，还有青海民族学院数学系的王雅琼老师。她的文章《利用菱形的面积公式学习三角函数》刊登于 2008 年第 11 期的《数学教学》月刊。从内容上分析，是针对高中数学教学的。

继续前面的话题。既然高一学生比高二学生更喜欢用单位菱形面积定义正弦，是不是初中学生学习新的定义效果更好呢？这更为重要。希望初中一年级的学生能够领略三角学，并且由此把三角、几何和代数串联起来，正是引入这个小菱形的初衷。

这一位吃螃蟹的是宁波教育学院的崔雪芳教授。她与一位有经验的数学教师合作，于 2007 年底在宁波一所普通初级中学初一的普通班上了一堂"角的正弦"的实验课。实验的结果被写成《用菱形面积定义正弦的一次教学探究》一文，发表于《数学教学》2008 年第 11 期。

那么，初一普通班的学生能不能学懂正弦呢？

文章得出的结论说，"初步结果显示，学生可以懂。三角和面积相联系，比起直角三角形的'对边比斜边'定义更直观，更容易把握"。

文章介绍了这一节课的教学设计，"菱形面积定义正弦"教学效果的形成性检验；最后在"教学反思"中说，用菱形面积定义正弦能够"降低教学台阶，学生掌握新概念比较顺利"；"克服了以往正弦概念教学中从抽象到抽象的弊端"；"教学引申比较顺利，变式训练的难度大大降低，学生在学习过程中始终保持浓厚的兴趣，对后续学习产生了强烈的期待，学习的动力被进一步激发"；"这种全新的课程逻辑体系将有利于学生'数、形'融合，使后续学习的思维空间得到整体的拓展"；"在三角、几何、代数间搭建了一个互相联系的思维通道"。

崔教授的实验研究没有就此止步。她接着又组织了宁波市 4 所初中的 7 个班进行了实验。这 4 所学校分别代表了宁波城区生源较好学校、生源一般学校、城乡接合部学校和城区重点学校 4 种类型。经过两年对不同生源结构班级的实验以及教师、专家访谈，得到的结论是：在初一"以'单位菱形面积'定义正弦引进三角函数是可行的；用面积方法建立三角学有利于初中学生构建三角函数直观的数学模型，形成多方面的数学学习方法，多角度把握'数学本质'"；"'重建三角'的学科逻辑十分有利于中学生的数学学习"。

这两年实验的较详细的总结，被写成论文《数学中用"菱形面积"定义正弦的教学实验》，于 2011 年 4 月发表于《宁波大学学报（理工版）》24 卷 2 期。文章建议，应把用"菱形面积"定义正弦编入地方或校本课程，做进一步的实验。

后来，崔教授就此主题继续实验研究，完成了浙江省教科规划课题《基于初中数学"用菱形面积定义正弦"教学实验"重建三角"教学逻辑的策略研究》的研究，该课题于 2012 年 3 月结题，获宁波市教科规划研究优秀成果二等奖，又发表了几篇文章。期间她编写了《换一种途径学三角》的读本作为实验教材，在宁波市几所中学进行了不同程度的教学实验，从一节课发展到六节课，组织了多次针对性的教学分析和研讨，获得了一批第一手的研究资料。

在我国做教学改革实验，"统考成绩如何"这个坎是绕不过去的。单位菱形定义正弦从科普进入课堂，作为校本、补充、教学实验看来都没有问题了，但如果正式进入教学以取代原有体系中某些相应内容，就有了"统考成绩如何"的风险。你学这一套，统考是原来的一套，学生能适应吗？家长能放心吗？校领导以及上级部门敢负责批准你做这个实验吗？

在广州市科协启动的千师万苗工程项目支持下，广州市海珠区的海珠实验中学大胆尝试，进行了贯穿初中全程的"重建三角"教学实验，使得在科普读物中流转 30 年的"用单位菱形面积定义正弦"第一次光明正大地进入了课堂。

2012 年 6 月，海珠实验中学设立了"数学教育创新实验班"，生源主要是数学相对薄弱但语文、英语等成绩尚可的学生，入学分班平均分实验一班 62.5 分、实验二班 64 分。两个实验班共有 105 名学生，其中实验一班还有 4 名阿斯伯格综合征的学生和 10 名小学成绩鉴定为较差的学生，两个实验班的数学课由青年教师张东方担任。

实验班不直接使用统编的数学教材，而是将上面提到的科普读物《一线串通的初等数学》的主要内容与人教版数学教材上的知识点进行整合，形成一种新的体系结构。新体系中有 90 节课是根据我那本书的内容设计的，这 90 节课主要分布在初一下到初三上这 4 个学期，其余 270 节课基本上是按课本的内容来讲。当然不可避免会受到那 90 节课的影响。

从面积出发引进正弦的效果，前面叙述的教学实验结论中已经讲了。在这次更多课时更为正式的教学实验中，效果就更加明显。七年级下学期引入菱形面积定义正弦后，代数、几何知识密切联系起来，学生的思维能力提升，分析和解决问题的能力增强了。从测试成绩上也有了明显的表现。

一年后，实验一班和二班在海珠区统一测试中，分别以平均分 140 分和 138 分领先于区平均 91 分的成绩（满分 150 分），在全区 80 个班中为第一名和第八名。八年级上学期末，又以平均分 136 分和 133 分领先于区平均分 87.76 分，分列第一和第五。八年级下学期，两班以 145 分和 141 分（区平均分 96.83 分），分列第一和第三。九年级上学期，两班以 137.5 分和 129.75 分（区平均分 93 分），分列第一和第五。

2015 年中考，两个班的数学平均成绩分别为 131.47 分和 131.11 分，单科优秀率达到 100%（该校的中考数学成绩单科优秀率 66.91%）。数学素质的提高对其他各科成绩有了正面影响，这两个班中考总平均成绩分别为 733.96 分和 730.25 分，显著超过 4 个对比班总平均成绩 664 分，更超过广州市中考总平均成绩 532.50 分。

据实验班的数学老师张东方介绍，使用了调整后的教材结构方案，学生探索和解题的能力明显提升，尤其是解决综合题的能力大大增强了。有一次测试，全区有 15 名同学成功解答压轴题，其中有 12 名都是来自这两个实验班。

有些说法好像把素质教育和应试教育对立起来。其实，真正提高了素质，是不怕考试的。这一轮实验表明，你按统编教材考，我按自己处理过的体系学，不跟指挥棒转，反而考得更好。原因就是学生的思考能力上来了，数学素质提高了。

海珠实验中学的教学实验，引起了关注。广东省最近立项的下一轮实验，第一批就有 17 所学校参加。

四、反思与展望

本文这个案例并不具有一般性，但令人惊喜，引人深思。

科普读物和学校教材，各有自己的定位和特色。科普读物浩如烟海，而教材的体例篇幅和内容则严格受限。科普读物的内容如能进入教材，也是稀有的偶发的特例。但这特例既然可能出现，也自有其理由。

在校学生是科普传媒的广大受众中重要的一个部分。这部分受众一方面学教材，一方面读科普。教材和科普既然作用于同样的受众，这里就会有联系，就会相互影响。比如，教师读多了科普，讲课就更生动，学生读多了科普，正课就理解得更深，回答问题的思路就更广，写作文时想象力更强，素材也更丰富。教师为了教学更出色，会找有关教材内容的科普资料；学生对教材上的问题想得深入了，就会激发起读有关主题科普的兴趣。进一步，科普作者（可能本身就是教师或曾经是教师）会联系教材写作品；教材编者会参考科普做教材或教辅。于是，教材上语焉不详的东西会成为科普的选题；科普作品中的精彩创意也有可能进入教材。

当前出书很多，一本科普读物的受众是很有限的。例如，尽管 30 年间我至少在前述 5 篇文章和 5 本书里用各种手法向读者推荐"单位菱形"这个角色，而且其中有些书先后由两三个出版社印刷发行了，了解者依然很少。前面引用的硕士论文里提到：作者所访谈的 14 位高中教师（均来自江苏省一所四星级重点高中），其中虽有三位看过我的书并知道有关的机器证明研究和数学教育软件《超级画板》，但都没有看过或听说过"用单位菱形面积定义正弦"。由此可见，科普读物受众确实不多。但其中的内容一旦进入教材或教辅，其传播面将成倍扩大，持续传播的时期将大大延长。

比起教材来，科普读物更为通俗生动。科普读物中富有创意的部分一旦进入教材，就有可能为课本添加新鲜血液，推动教学改革。本文前述的教学实验若能完全成功，其影响将遍及全国两亿青少年，甚至在国际数学教育领域产生可观的影响。若不能完全成功，相信也会进入教辅教参，并成为数学教育研究领域热点。

科普和课堂的联系与影响，可能蕴涵着科普创作理论研究的许多极有价值的课题。愿本文提供的案例，能引发对这一方面的关注。

原载《科普研究》2016 年第 2 期

从"弹涂鱼之争"说起

——浅谈如何正确认识科学童话的科学性

张　冲

从 2015 年第四季度开始，在中国内地的新闻界、教育界、科学界、文学界和科普界，发生了一件不大不小的事情，它牵动了许多学生家长的心，引起了社会各方的广泛关注，留下了科普创作值得思考的几个问题。

一、争议的由来

萤火虫专家付新华的儿子在读小学二年级，他想结合语文教材内容，为包括儿子在内的小学生们做一些自然教育，以拓展他们的知识面。在读了儿子的语文课文《会上树的鱼》（鄂教版）后，"他查阅了很多资料，又咨询了国内研究红树林和鱼类的知名专家，得知弹涂鱼根本不吃蜗牛。他坐不住了。""童话故事也不能违背科学知识，不然会误导孩子。"2015 年 10 月 22 日，付新华发微博称，这篇课文写的"弹涂鱼上树吃蜗牛"内容"不靠谱"。

同日，哄陪蛋挞的微博上发表了中国红树林保育联盟创始人刘毅的文章：《"弹涂鱼爬树吃蜗牛"到底有什么问题？》。博文称："蜗牛既不下水，耐盐性也不行，如何出现在红树植物的树上？""弹涂鱼虽是杂食性，它们并不吃蜗牛"，结论是：《会上树的鱼》"描述的弹涂鱼上树是为了把吃红树植物树叶的蜗牛吃光是彻头彻尾的杜撰"。尤其"是作为小学义务教育语文教材中的课文，恐误人子弟，值得三思"。

这些博文立即引起了《武汉晚报》记者明眺生的注意，他马上与付新华联系并通过长途电话采访了刘毅，在没有征求原著作者（即笔者）意见的情况下，写出了《"弹涂鱼上树吃蜗牛"纯属杜撰》的新闻稿。该文在 2015 年 10 月 24 日的《武汉晚报》上公开发表。一时间全国数十家网站纷纷转载，都说"鄂教版小学二年级课文遭吐槽"。据付新华统计，几天时间，这一新闻就有 700 多万次的点击量。许多人参与评论，各抒己见。

中国教育新闻网的"蒲公英评论"非常关心此事，陆续发表有关评论，并于 10 月 30 日发表了《童话里什么是可以"骗人"的？》一文，对各种观点进行了综述。在结语中，文章这样写道："争论这么激烈，很难得出各方都信服的结论，但这并不影响争论的意义。至少，可以让更多人知道，童话创作在文学性和科学性之间存在一定的紧张关系。那么，在引导孩子欣赏童话故事的时候，也有必要把他们引向科学的天地，学会质疑和求真。"

《武汉晚报》的文章刊出后，湖北教育出版社的有关负责人在第一时间联系上了笔者，要求尽快拿出作品的科学依据。笔者通过多种渠道搜集资料，并及时写出回应文章（包括佐证文章、图书、图片、视频）发给了《武汉晚报》社。可是，这些文章并没有能尽快公之于众，倒是全国师范院校儿童文学研究会主办的《儿童文学信息》，首先发表了笔者所写的《请给孩子们更多的想象空间》；随后作者又在中国科普作家网发布了自己的博文《到底谁在"误人子弟"？》。为了争取自己的权利，笔者先后寄出五封"致《武汉晚报》负责人的信"，并在猴年春节前赶往《武汉晚报》进行交流，陈述自己的观点和主张。《武汉晚报》的代表同意将原作者的观点综合起来，予以发表。在有关方面的关心督导下，2016 年 4 月 3 日,《武汉晚报》终于在《城事·事件》版头条位置，发表了《"弹涂鱼上树吃蜗牛"离谱吗？》一文，给《会上树的鱼》的原创作者以公开发声的权利，将"弹涂鱼上树吃蜗牛"的科学依据说了个明明白白。

二、孰是孰非

《会上树的鱼》是笔者 30 年前创作的一篇科学童话，首先发表在 1986 年 5 月 3 日的上海《幼儿文学》上。2003 年经有关教材编委会筛选，编进鄂教版小学二年级语文教科书中，使用至今。

《会上树的鱼》写的是一条弹涂鱼爬到"海边一棵大树"上，把蚕食树叶的小蜗牛吃光的故事。这是一个没有国界，也没有特指某一地区的科学童话故事。

批评《会上树的鱼》不科学的观点主要有七点：（1）按本文（指《会上树的鱼》）故事设定的场景，应是在红树林区。（2）蜗牛既不下水，耐盐性也不行，如何出现在红树植物的树上？（3）红树林里的软体动物都不吃树上的树叶，因为上不了树的吃不到，能上树的不吃。（4）弹涂鱼虽是杂食性，它们并不吃蜗牛，也不吃海螺。（5）它们（指弹涂鱼）吃滩涂表面的底栖硅藻，这是它们的主要食物，此外，它们也吃一些微小的动物。（6）弹涂鱼只能"短暂离开水生活"。（7）本文（指《会上树的鱼》）描述的弹涂鱼上树是为了把吃红树植物树叶的蜗牛吃光是彻头彻尾的杜撰。

笔者有针对性地提出了自己的观点：（1）《会上树的鱼》中的弹涂鱼是指弹涂鱼科弹涂鱼属中的弹涂鱼（俗称"泥猴"），不是批评者所说的"大弹涂鱼"（杂食性）。（2）弹涂鱼属的弹涂鱼"吃动物性食物，种类甚多，主要包括有沙蚕、滨螺、昆虫、蟹肢、虾类、海蛆、桡足类、其他甲壳类的附肢和软体动物的卵等""遇有可吃的动物皆取而食之"。（3）"海边有一棵树"不是特指红树植物，因为海边不只有红树植物，还有像黄槿、银叶树、露兜树、刺桐、水黄皮、海芒果等这些半红树植物。黄槿树叶就是蜗牛喜欢吃的食物。（4）中国海边红树林中有蜗牛，其中有"海南坚螺""扁蜗牛""褐云玛瑙螺（别名非洲大蜗牛）"。（5）弹涂鱼活动的地方不只是在有海水浸过的滩涂上，它们能上树、能爬到离滩涂不远的沼泽地带。"弹涂鱼属的大鳍弹涂鱼在满潮时经常爬上岸边小红树，一生中约2/3的时间离水生活。"（6）由此可见，"弹涂鱼上树吃蜗牛"不是"不靠谱"，而是"不离谱"。作为文学作品的《会上树的鱼》没有违背科学常识。

笔者指出批评者使用的三种手法，为自己的作品辩护。一是"张冠李戴"，把肉食性的弹涂鱼说成是素食性的"大弹涂鱼"；二是"指鹿为马"，把"海边的一棵大树"硬说成是"红树植物";三是"自欺欺人",明明刘毅参与撰写的《海南东寨港红树林软体动物》一书中,列举了红树林中的软体动物包括陆生螺类(即蜗牛)三种,却矢口否认。

对于双方的观点,明眼人一看便知孰是孰非。弹涂鱼能吃蜗牛已经是一个不争的事实。

三、几点思考

一篇传播弹涂鱼生活习性和趣闻的科学童话,为什么会遭到科学家的吐槽?这其实不是一个个案。近年来,对语文教科书的批评不绝于耳,文学家说语文教材缺少文学味;科学家说"语文教材不能只要文学,不要科学"。语文教材不过是教学的素材和工具。在当今这个百家争鸣的时代,批评语文教材虽无不可,但动不动就夸大其词、危言耸听,未尝不是对语文教育的一种伤害。联系到科普创作也是如此,尤其是对于科学童话这样的文艺作品,有些人动不动就要批评它的科学性,总喜欢用评审科学论文的方式来审查作品的科学内容,稍有不严谨不精准的地方,就认为不科学,就要把它打入地狱。这里有许多认识上的误区,值得思考。

(1)科学童话是以童话形式传播科学知识的科学文艺新文体,受到少年儿童的广泛欢迎。

我国现代科学童话的诞生和发展还不到一百年。早在60年前,就自然科学知识能否用童话的体裁来写,曾引起激烈的争论。反对科学知识可用童话来写的人说:科学知识本身要求高度的精确,不容许有一点点歪曲,而童话情节却是幻想的、虚构的,辨别能力不强的儿童,弄不清哪是真,哪是假,结果是真伪莫辨,把假的、虚构的看成是真的,或者把真实的科学知识当作假的。针对这一问题,"我国少儿科普编创的领军人物"王国忠在列举了苏联著名作家比安基的大量作品后指出:"优秀的科学童话,不但不会违反科学,混淆视听,反而更易贯彻知识教育的目的。"实践也证明我国出版和发表的科学童话数量已不少。2012年至2015年,长江少年儿童出版社(原湖北少年儿童出版社)就精选其中的优秀作品，出版了《中国原创科学童话大系》6辑60本，800多万字，受到少年儿童的广泛欢迎。《中国原创科学童话大系》第三辑（10本）也荣获"第五届中华优秀出版物奖图书提名奖"。

科学童话作为科学文艺和文学作品，所传播的科学知识的深与浅是根据读者对象来确定的。人们一般按读者的年龄段，把科学童话分成三个层次：幼儿科学童话、儿童科学童话和少年科学童话。其中所传播的科学内容也就由浅入深逐步提高了。就拿《会上树的鱼》这篇低幼科学童话来说，科学知识点有五个：一、弹涂鱼能离水在岸上爬行蹦跳；二、弹涂鱼敢于跟小螃蟹斗智斗勇；三、弹涂鱼会爬树；四、蜗牛会上树蚕食树叶，危害树木；五、弹涂鱼会吃掉小蜗牛。对于低幼儿童来说，有这些知识概念就足够了，非要说明树是棵什么树、弹涂鱼为什么会爬树、弹涂鱼是怎么吃掉蜗牛的，恐怕就是说了，孩子们也未必能理解。这些知识点只要是真实的，就是科学的。

（2）科学童话不是科学论文，不应用科学研究的"严谨""精准"来要求，要以开放包容的心态看待科学童话的科学性。

当然，为了保证科学童话的科学性，对所传播的科学内容还要求把握准确性。要做到概念使用准确，科学事实准确，基本数据准确，语言运用准确。对于少儿科学文艺作品，只要不是"张冠李戴"，不是"指鹿为马"，不是"胡编乱造"，其中的科学知识"粗细得当"，与艺术手段相得益彰就行。

由于人的认识总有一个过程，昨天认为是正确的东西，今天不一定也正确。昨天没解开的谜，今天可能破解了。昨天没有的东西，今天可能创造了。新科学、新技术、新发明、新发现层出不穷，我们的科普作品应该顺应时代的发展，将最新知识普及到读者中去。

作为读者也要以开放的心理来学习和研究科普作品中的科学内容，既不能以为写到书里的就一定正确，也不能以为自己没见过的就一定不正确。尤其是科学工作者，不能以自己不知道、没看到作为标准来指手画脚，更不能做"井底之蛙"，只看到自己头上的一方天，以为只有自己研究过的才是科学。其实你研究的东西不过是冰山一角，你没有看到的自然现象和科学论文还多着哩！

早在 50 多年前，我国的科学家就曾写出科学论文《弹涂鱼和大弹涂鱼消化道的比较解剖及其和食性的关系》。文中列出解剖后弹涂鱼和大弹涂鱼的食物残留物，发现弹涂鱼的食物中就有"贝类残体很多""软体动物的卵""滨螺""蟹足"，等等。论文在对两种鱼的口腔解剖后说："弹涂鱼的口小，齿直立呈锥状，排列比较稀疏，适宜于拖曳洞中的动物和啃食附着在岩石上的食物，以及把握昆虫防止逃脱等；大弹涂鱼的口裂大，下颌齿依水平方向排列，呈铲状，适宜于大量刮食分布在泥涂上的微小的藻类。"最后的结论是："从弹涂鱼和大弹涂鱼的消化道、食性和取食方式来看，可以断言，前者以动物为食，但种类较杂，遇有可吃的动物皆取而食之；后者则以植物为食，范围仅局限底栖藻类。"批评《会上树的鱼》不科学的先生根本没有看过这些资料，就凭自己的一孔之见来下断论，怎么谈得上正确呢？

一般人以为弹涂鱼只有一种，其实世界上的弹涂鱼有二三十种，它们栖息于河口咸淡水水域、近岸滩涂沼泽地带，有的是植食性的（如大弹涂鱼等），有的是肉食性的（如弹涂鱼、大鳍弹涂鱼等），还有的是杂食性的（如青弹涂鱼等）。把它们混为一谈，显然就会出错。

退一万步讲，就是现在还有人没能亲眼看见"弹涂鱼吃蜗牛"，就不允许科普作者按照肉食性的弹涂鱼能吃小鱼、小虾、小蟹、小螺（一般西方语言中不区分水生的螺类和陆生的蜗牛），进而按照科学逻辑推理出"弹涂鱼吃蜗牛"的情节吗？就认为这种想象是不科学的吗？那我们的新发现从哪儿来？许许多多的"不可能"变成"可能"从哪儿来？殊不知中央电视台的《挑战不可能》《是真的吗》，江苏电视台的《超强大脑》，以及《万万没想到》等节目之所以热播，获得较高的收视率，正是这些节目激发了人们的巨大潜能，才有了更多的发现和创造。英国著名物理学家、化学家法拉第说得好："一旦科学插上幻想的翅膀，它就能赢得胜利。"

科学童话是文学作品，不能把科学研究的"精准"简单地照搬到科普创作中，那只会影响科普作品的艺术性，削弱科普作品的吸引力和感染力。

（3）科学童话作者要以审慎的态度考证科学知识的真实性和准确性，做一个负责任的科普作家。

科学性是科学童话的根本。对于科学童话创作来说，不讲科学性，就会失去作为一种独特的创作活动而独立存在的价值。所以，身为一个科学童话作者，对于所要宣传的科学知识不能捕风捉影，不能自以为是，不能以讹传讹，不能食而不化。一句话，不能"以其昏昏使人昭昭"。

每一个科普作者在创作作品前都要认真学习相关的科学知识，要对知识的真实性进行研究。要多查资料，追问知识的可靠性、合理性。不要以为凡是冠有科学名义的东西都是科学的，也不要认为凡是记载在科学著作中或是出自科学家之口的都必定是讲科学的，要善于识别伪科学。

当现代科学一个层次又一个层次、一个领域又一个领域、一个阶梯又一个阶梯地揭开自然之谜的时候，它同时也就为科学童话创作挖掘了新的源泉。

但是，科学文艺作品绝不是科学知识的直接表白，也不是科学知识"硬块"的简单组合；而是要把科学知识通过文学的手法，使它趣味化、明朗化、艺术化，让儿童用阅读文学的心情，不知不觉地受到科学知识的熏陶。

另外，科学性强的作品，还应富于启发性。要努力调动起读者科学的思维活动，使他们通过自己的思考去接受知识和进行新的探索，而不是仅仅停留在知识的灌输上，以为让读者得到一些现成的结论就万事大吉了。具有启发性，是作品科学性的重要表现，这是我们在进行科普创作时所应努力达到的目标。

一篇好的科学童话必须具有正确新鲜的科学知识，生动有趣的故事情节，独特鲜明的童话形象，深刻睿智的思想启迪。它既要有丰富的艺术想象，又要有新颖的艺术构思。所以，科学文艺作品中的科学又是艺术化了的科学，是富有更加迷人吸引力的科学。

科学童话是儿童文学百花园里的一朵奇葩。它是童话，又富含科学知识，具有双重魅力；既能满足孩子们的好奇心，张扬他们的想象力，又能培养他们的学习兴趣和科学思维，深受小读者们的欢迎。科学童话要进一步繁荣，需要全社会的共同努力，要让更多的科学童话、科幻故事走进校园，去满足孩子们的求知欲。孩子们读到这样的作品，必将像著名科普作家郑文光所说的那样：

"会锻炼出一双敏锐的眼睛，一个爱问'为什么'的头脑，一种力图窥探物质世界奥秘的意志；他会逐渐学会观察他周围的丰富世界；他就有可能成为一个爱学习、爱思索、热爱科学、热爱大自然的人。"

原载《科普研究》2016 年第 4 期

谈科学漫画的发展与传播

缪印堂

漫画可以说是美术界的"另类"，其画面不大，通俗易懂，贴近大众。虽然有人认为它难登大雅之堂，但它还是受到众多的读者喝彩。

漫画产生的历史并不长，可许多艺术身上都可看到它的影子，喜剧、小品、相声都是近亲。它题材漫无边际，形式无拘无束，更有表现力和亲和力，这正是我们科普工作寻找的合作"对象"，于是便形成了我们的科学漫画。

如今，许多报刊没了漫画专栏，科普报刊上也很少看到科学漫画了，这不能不令人忧虑。要改变现状，各级科普单位领导要重视利用文艺形式（包括漫画）宣传科普，传播科学思想、科学知识、科学技术和科学方法。

当前进入新媒体时代，给我们提出了新的课题：如何再推进科学漫画的发展和传播，迈出新的一步。

一、科学漫画的时代背景

科学漫画可说是漫画中派生出来的一个新品种，它具备漫画艺术的基本特征，又饱含科技知识的内容，所以也有人称之为"边缘学科"或"边缘艺术"。

对科学漫画的定义现在还很难给出。就其名称也还没有统一规定，有人称之为科学漫画，也有人称之为科技漫画、科普漫画。按照我的理解，科学漫画可有狭义和广义两种理解。狭义者，仅指具有科技知识内容的漫画。如从广义理解，那么除了有科技知识之外，表现人们爱科学、讲科学、用科学的，宣传科技政策的，歌颂报道科技新成就的，讽刺违反科学的观念、思想和方法的，揭露封建迷信的，批评不讲卫生和破坏生态环境等的，都可算在科学漫画的范畴之内，甚至取材于科技生活的幽默画，也可以包括在内。

20 世纪 80 年代，科学漫画应运而生，随势而长，在科普传播中释放了相当的能量。如中国科普研究所采用漫画来宣传环境保护、宣传破除迷信、宣传健康卫生，还精选部分佳作复印向全国报刊发通稿，数十家媒体转载。中央电视台在新闻联播中长时间报道破除迷信漫画展，有声有色，影响甚大，显示了科学与艺术结合的能量。

我转轨到科学漫画领域，有内因也有外因。内因是我的性格不喜欢随大流，我喜欢做别人从来没有做过的、具有探索性的事情。同时，选择科学漫画也有当时的时代背景。20 世纪 80 年代，国家大力宣传"四个现代化"，科普事业很繁荣，几乎每个省都有科普杂志，最需要科学漫画，但当时科学漫画没有人去画。政治、时事、儿童、旅游、生活、幽默题材的漫画我都画过了，最后我选择了科学漫画。

当时，科学漫画不仅发表园地较多，约稿的也多。比如《大众科学》《科学画报》《中学生》，它们都需要科学题材的漫画，这样客观上就把我引领到科学漫画上来了，同时还实现了我小时候的梦想——我在少年时代就很喜欢科普，希望做这方面的工作。比如我接受沈左尧的约稿，一年内为《科学大众》画了五六期的扉页，内容涉及科学实验、科学趣闻等，还有玩具科学等方面的内容，这本杂志里面有的文章写得很有意思，我觉得有内容可画。

转行之后，我觉得可画的东西太多了，上到天，下到地；大到宏观世界，小到微观世界都能画。宏观世界比如银河、黑洞；微观世界比如中子世界、电子世界都可以画。别的画不能画的题材和内容，漫画可以画。漫画还能通过一定的技巧画出无形的世界，比如云彩可以画，空气也能画。所以，用漫画的手段表现科学是很科学的，而且青少年也特别容易接受。

我画科学漫画是从画科学插图开始的，但是画插图等于是为他人做嫁衣。别人的主题，让你来帮助图像化，没有个人的思想。所以，除了画科学插图之外，我开始进行独立的思考，画独立的科学题材的漫画，包括关于环境污染、吸烟的危害等方面的科学漫画，慢慢地完成了从画科学插图到独立的、正式的科学漫画创作的转变，也就是开始进行独立的科普创作。

如果说自 20 世纪 80 年代，我开始用漫画来独立反映科学知识，那么 90 年代后，我的思想观念又发生了一些变化。我觉得科学漫画不能停留在反映科学知识领域内，应利用艺术手段去普及科学思想、科学观念和科学方法，这才能更具广泛的作用和影响。比如，揭露邪说歪理、愚昧迷信，借用漫画来批驳，无疑是最有战斗力和普及性的。

二、一般漫画与科学漫画的区别

一般漫画的内涵和科学漫画的内涵有所不同，一般漫画的内涵更宽一些，包含科学漫画，还有生活、风俗、文化、历史等方面的内容。其他题材的内容插图比较好画，但是科学插图不好画。

比如，20 世纪 80 年代叶永烈写了一篇介绍红外线测距仪的文章，要我画插图。我发动全家人找了一个晚上关于红外线测距仪的资料，最后只找到了一张原理图，但是这张图对我没有帮助，因为我需要知道它的外观，所以最后这张画还是没有画出来。如果是画文化插图就较好找资料，比如画汽车、火车，到处都能找到资料，实在不行就去街上写生。再比如，原子弹我没见过，只知道是个"小胖子"，圆墩墩的，但是没见过实体，就画不出来。所以科学插图不好画，科学插图要求准确性。文化插图可以夸张，可以想象，但是科学插图只能允许一定程度上的夸张，不能随意夸张。

现在，科学和艺术结合得不够深入，不是什么都可以搞成科学漫画的，有的适合搞，有的不好搞，有的搞起来群众也不一定喜欢。像环境保护这个题材群众看得懂，就能接受，但是如果做核聚变，群众看不懂，也画不出来。所以，科普漫画要注意选择题材，适合大众看的我们就做科普漫画，如果是给专家看的，就没有必要画成漫画。

漫画对提升青少年的认知能力和想象力是有一定作用的。用漫画这种形式传播科学本身就可以提高青少年的学习兴趣。趣味是无声的、无形的老师，当你对一个东西产生兴趣之后，不用老师督促也会主动地去学习。漫画本身有趣味性,孩子看完之后就被它的艺术形式所吸引了,就像糖衣药丸似的,药是苦的,但是包上糖衣以后就很容易吞掉了,同时也把有益的成分吸收了。

科学漫画也是这样,把知识加以包装,不要让它又苦又涩,让大家可以接受,这是科普的一个很重要的办法。如果大家觉得科学很苦涩、很难懂,那就没有达到我们科普深入浅出的目的。把科学写得很深奥,别人都不懂,那有什么意思呢?

漫画是求新、求变的艺术,需要怪诞、与众不同、独树一帜,要和别人不一样,像新闻一样,需要反常的东西。冬天下雪穿棉袄不奇怪,夏天下雪穿棉袄就奇怪了。奇而怪之,怪就有趣,有趣就产生笑了,不奇不怪就不可笑了。

所以,我认为笑的因素就是反常。在这反常里面有的是错误的,有的是失误的。我觉得需要研究一下漫画产生的笑,比如什么叫讽刺,什么叫幽默。讽刺和幽默是不一样的,幽默往往是因为机智而产生的,而可笑往往是因为愚蠢而产生的。幽默往往含蓄而又机智,我们要防止漫画的低俗化和庸俗化。

前几年我呼吁开展漫画进校园活动,所指的是广义上的"漫画进校园",不仅仅局限于科学漫画,而是用漫画的思想和科普的思想来教育孩子。让孩子从小接触漫画,在品德上也有收获。漫画进入校园不是为了培养漫画家,而是为了培养孩子的想象力、创造力和表达能力,因为漫画的创作更多地需要创造力和想象力,如果从漫画入手培养孩子的想象力,敢于想、敢于创新,那么中国的青年将来大有可为,思维能力将比我们这一代人强。

三、做好科学漫画的传播工作

20 世纪 80 年代和 90 年代,中国科协办了很多次展览,油画、国画、剪纸艺术等都有涉及,题材很广泛,包括农村题材、破除迷信、绿化等等。但是这些大型展览会停留在展览会本身,没有再延续传播,没有将那些作品变成画册和科普资料就退稿了,工作好像只做了一半。

我后来办《全国科普插图展》,就把那些作品全部拍了照片,这样以后如果有需要,关于这次展览的资料就是现成的。过去办展览最后都会把参展的作品退给作者，退完之后还有没有保存就不清楚了，等到要用的时候找起来就很麻烦，也因此丢失了很多宝贵的资料。我们后来搞的科学漫画展，除了展出之外，还将精品发通稿，向全国百家传媒发送，请他们当二传手，进行再传播。报刊、电视台、网站等比出画册、搞展览会的影响更大、更广，这样可以使数百万读者见到，真正达到了科学传播的目的。

前 20 年我们比较重视主题性科学漫画和知识性、故事性的科学漫画。实际上这方面做得不够，在少年儿童读物中占的比例很小，但我们仍要坚持做下去，还应拓宽领域，扩大知识面。例如，在少年儿童智力开发方面漫画大有可为，利用漫画具有形象的可视性、趣味性，能激发他们的求知欲和对科学的亲近感，变敬畏科学为敬爱科学。把讲科学、信科学、爱科学、用科学的观念在少年儿童中扎下根，成为他们一生的信念。

我们应大力宣扬科学家的探索、学习、无畏的精神，用连环漫画故事性的插图生动地介绍。我们的学校里似乎很少悬挂中外科学家画像、塑像。在中小学生中大力宣扬中外科学家以及他们的成就，是科普美术家、漫画家应尽的职责。

我们应大力开发少年儿童的智力。通常的学习历程，就是接受知识的过程。比较多的是使用记忆方式、手段。例如珠算口诀、乘法口诀、历史朝代口诀……直到三字经、百家姓全文的背诵。然而，这些方式在提升少儿的想象力、思辨力、表达能力、创新能力方面却无所作为。少年阶段最爱幻想，天马行空，如果在此阶段加以引导，发挥想象力、创新思维，他们就很有可能走上发明、创造之路。

如何开发想象力？我想还是从兴趣入手，孩子们最易接受它，兴趣也可说是无声的老师，它不用约束，而是在无拘无束中让你接受你应接受的一切。

在能产生兴趣的手段中，漫画艺术可谓是其中有效的一种，它形象、直观、生动，它幽默有趣，它表达通俗易懂，正是我们科普需要的好伙伴、好帮手，它可以为我们传播科学知识、科学理念和科学方法。

过去我也看到过《趣味物理》《趣味数学》《趣味动物学》……可惜后来罕

见了，放弃了这个好的传播方式。我们应当继承下去才是。和漫画这一形态的结合也是一种新的创造，新的思路。

如何进行科学漫画创作？各种形式的漫画创作都有各自的创作特点和要求。我从自己的创作实践中体会到以下几点：

第一，要学会掌握漫画这项工具。一是学会漫画构思，二是学会漫画造型。这是创作科学漫画的基本功。

第二，平时注意积累文字素材，尤其是具有趣味性的科学材料，可以多读科普书刊。选材很重要，不太适合的题材，往往事倍功半。

第三，注意积累形象资料，并练习变形。

第四，要用有趣的构思来表达科学内容。要做到"有趣的"，首先要选择比较有趣的素材，然后进行巧妙的构思。继而用有趣的漫画形象画出，这样的作品就能引起人们的兴趣。培养自己"巧思"的能力，可以多注意阅读一些漫画，看笑话，听相声，分析它们的"点子"和"包袱"，找出规律来。

第五，要充分发挥漫画的长处。漫画能富有风趣地表现大至宏观世界，小至微观世界（如原子核），甚至无形的东西（如空气）也能用拟人化把它画出来。只要不违反科学原理，艺术上的虚构、夸张都是允许的。

四、科普传播要与时俱进

如何推动科学漫画的发展？

就题材问题而言，目前比较普遍存在的是知识面不广、不深，作品中不少是停留在吸铁石、气球、放大镜等题材上，或者是机器人、太阳能的伞，因而造成表现方法的雷同。科学漫画要以知识性为主，但题材还是宽些为好。

形式问题。我觉得形式还不够多样，这是现状。单幅、组画、连环的、图解、大场面的，都可以搞。新的形式的产生也是由于原有的形式不能表达内容而出现。不同的形式可以有不同的知识容量，比如单幅画总不如组画、连环画容纳的知识内容多。所以，形式要不断探索、创造。

队伍问题。目前科学漫画作者队伍是小的、不稳定的，缺少一支长期作战的队伍。不能仅靠搞一次展览才抓一次作品，需要建立一支精悍的作者队伍，开阔题材就会扩大作者范围，吸引专业漫画家来画这类题材。可以由各科普作协、科普美协来组织短期研究班、培训班来逐步扩大队伍，总结经验，促进创作。平时更需要各科普刊物的提倡和帮助，为科学漫画提供园地。此外，如有可能，编辑出版科学漫画年鉴，2～3年选编一本。有了这许多广阔园地，科学漫画这朵科学之花才能开得更加茂盛，更加鲜艳。

科普可以充分运用漫画的手段，但也得与时俱进，跟上时代，充分运用多媒体成果宣传科学，才能大有可为，让传播推进一步。

按理说，科学总是走在时代的前列，科学在宣传自身方面也应走在前列。可是，科技界的各种新媒体多为工商企业、影视服务行业服务，为他们创名牌、造明星，而为我们科学普及做了什么呢？科技界有星也亮不起来，有成果也不见多少，宣扬力度大不如工商、文艺界。打开媒体，几乎成了广告的天下、明星的天下。人家商业广告乘的是"高铁"，我们科普宣传乘的是"普客"。

科普应该充分利用最新的媒体，加强宣传力度，投入充足的资金。例如全景电影、字幕电影、3D电影有多少人见到？电视机如今相当便宜，不知农村小学课堂能否挂一块平板电视配合教学？网络、手机相当流行，仔细看会发现里面还有不少伪科学，甚至传播迷信的内容。

目前有些媒体声、像俱佳，稍加配套就可使科普更新，为我所用。假如为中小学配制教学辅导片，扩大视野；为游戏机装配有智力开发内容的软件，在游戏中学会看出山形地貌，学会战略战术、交通规则……那该多好！

我曾参观过两个航空公司，看到他们用模型驾驶舱培训驾驶员，驾驶员坐在椅子上就能看到"虚拟"的跑道、灯光，跟真景一样。在大连某家动漫公司参观，坐在放映室椅子上"观光大连风光"，犹如坐在真的轿车里穿街越野参观游览，如临其境。这些设备要普及到少年宫中该多好。

我们的科普漫画也不能停留在展览馆里、科普画廊上和报刊上，应该将精品复制成光盘、软件，通过电脑、网络、手机等各种渠道广为传播。当然，网络、手机也应有专人来做编辑出版工作。要重视"二传手"，重视"再传播"。

　　这里也有收视率的问题，关键要看我们的节目做得如何，做得精彩、丰富一样可以赢得观众。江苏卫视每周五有一台《超强大脑》节目，它是一个展示人类记忆力、观察力的节目。由于它采用了舞台银幕演示方式，加上主持人、嘉宾，以及真牛、真羊上台，场面宏大，相当吸引眼球。而邀请外国选手、引入"竞赛机制"更加诱人。这说明科普节目多动脑就有成果，出新才有出路。能吸引观众，就能吸引投资者。作为漫画也要出新，例如漫画可以和动画结合，把漫画、连环画改编成"微型动画"，动态化就能吸引孩子。如果可能，也可引入"竞赛机制"，搞"少年儿童科学幻想漫画赛"，更能吸引人们积极参加，提高作品水平。

　　我们还可以与小学、幼儿园合作，进行漫画开发智力的试验教学，取得经验，就可推广传播，成为教材。

　　作家、画家走出斗室，与各种新媒体多接触，就能创作出新类型的作品和佳作来。科学插上艺术、技术的翅膀，会飞得更高更远！

原载《科普研究》2016 年第 5 期

《三体》与《安德的游戏》宇宙观比较

许玉婷

就科学技术与社会的研究来说，通过各种载体和渠道，将科学知识置于社会中传播，是科学、技术与社会学领域非常重要的一部分内容。而在科学传播领域，科幻小说是用通俗易懂的语言与公众进行科学知识、科学精神、科学方法等方面沟通的文学形式。科幻小说融科学与文学于一体，不仅有自己独特的叙事逻辑与风格，也有自己独特的使命——基于科学规律及科技发展趋势，以大胆的想象，文学的逻辑将科技发展的影响置于整个社会层面，引导公众思考科学、科学与社会，甚至宇宙存在等终极问题，科学文化成为小说中的重要内涵。

科技高速发展不仅对社会发展产生了重要影响，对人类认识宇宙起源与发展也颇具意义，这一方面是科幻文学作品的重要议题，另一方面科幻文学作品也成为人们思考人生与宇宙终极问题的重要载体。自古以来，人类对世界的本源就有着极强的好奇心，东西方文化的先哲都有着自己对世界、宇宙的一套总体看法。但由于人们的社会地位不同，观察问题的角度不同，形成的世界观也不尽相同。有关宇宙观的定义，从古至今，从东方到西方，不同学科都不同，具有多样性。本文所说的宇宙观是指一个或多个文明中的智慧生命体对所处的宇宙环境、宇宙存在及形式、宇宙规律等方面形成的系统认知。

其中，东西方不同文化背景下孕育的不同宇宙观也借由科幻文学作品表达出来，本文致力于挖掘东西方科幻文学作品宇宙观的差异，探求差异背后的深层次原因。所研究的科幻文学作品宇宙观对比以《三体》和《安德的游戏》为范本。之所以选择《安德的游戏》与《三体》进行对比，因为二者均为雨果奖作品，前者获得了星云奖，后者入围星云奖；均对人类的未来、对其他星球生命的态度及行为有深刻的思考；两者时间跨度上接近30年，前者极具美国科幻风格，后者散发浓厚的中国田园情怀；叙事手法及价值观也有深刻差异。因此选取两者进行对比，有着深刻的启示和意义。

《三体》封面　　　　　　　　《安德的游戏》中译本封面

一、外星生命形态比较：三体人与虫族异同点

科幻作品中，"外星人"一直是重要的角色，外星人的形象塑造也是令人关注的话题。不同的地外智慧生命体有着自身的诞生及演化环境，对于地外智慧生命的形象塑造一方面体现了人类对生命的认知程度，另一方面体现了人类对宇宙起源的深思。

1. 三体人与虫族比较：不同生存环境演化出不同的生存技能

在《三体》中，三体人居住在三体星上。三体世界处于极不稳定的三颗恒星的结构关系之中，三体人通过对三颗恒星位置来判断恒纪元与乱纪元。在恒纪元里三体人积极发展，到了乱纪元则通过对三体人的"脱水"方式保存前一个文明阶段的文明种子，并以此为基础在下一个文明阶段继续向前发展，然而，三体人也并不是总能躲过乱纪元，因而，三体文明不断毁灭而又新生，三体世界的文明也在毁灭与新生中不断进化。由于三体人生存环境恶劣、文明生存的艰辛不易且脆弱，使得三体人文学艺术及精神方面几乎没有发展，三体人主要特点是冷静、克制。为了维系三体文明的生存，他们向宇宙深处寻找宜居的新家园，显示了三体文明因此而具备的侵略属性。

在《安德的游戏》中，虫族有着自己的特色。"事实上，尽管人类与虫族战斗多年，但是从未抓到过一个活着的虫族俘虏，因为一旦解除他们的武装，将他们生擒活捉，他们也会立刻死去。"虫族女王是虫族群体的中心，每个虫人完全听从虫族女王的指令。虫族整体就像一个人，而每一个虫族战士就像这个人的手和脚，因此，一旦虫族女王被消灭，虫族就被灭族，所以主人公安德获取胜利的唯一办法就是消灭虫族女王。

2. 三体人与虫族的共同点：思想透明，交流具有即时性、跨空间性

三体人最大的特点在于他们的思想透明。当人类面对比自己高阶的三体文明时，唯一可以算作战略优势点的是地球人的思维是不透明的，可以说谎、可以伪装。虫族最不普通之处在于虫族没有语言，他们用思想来交流，这种思想的交流没有时空的间隔，具备即时性。

3. 地外生命体构思异同的背后是中西方文化差异及全球传播时代共性

通过三体人和虫族不同点的对比，体现出东西方科幻作品对待不同地外文明形态有着自己的独特构思与想象，而这样的构思与想象与所处的社会环境及时代有着密不可分的关系。三体人在严酷的三体星球中演化出了脱水技能，这种演化的逻辑来源于达尔文的"物竞天择，适者生存"，而这种思维对近代中国的影响是极为深刻的。救亡图存与落后挨打的思维烙印于近代中国人心中，即使在现代社会，即使是在科学传播领域，这种思想依旧成为传播科学的前提和语境，潜在地影响着中国的作者与受众。虫族是一个整体，他们的社会分工类似于蚂蚁，所以被称为"虫族"，这种想象和构思有着实际的科学依据。对大自然的好奇和观察，是科学的起源。对蚂蚁社会分工的研究，成为了西方科

幻文学作品构思地外生命形态的灵感，这种对自然生命的观察和研究精神，无形中影响了西方的作者和受众。

《安德的游戏》比《三体》出现早了30多年，但是两者在构思地外生命体时出现了惊人的一致。三体人思想是透明的，虫族直接用思想交流，他们都不需要语言，唯独人类需要语言进行沟通。这在某种程度上暗合了麦克卢汉的"媒介是人体的延伸"这一思想。现代通信科技的迅猛发展，互联网的出现使得人类的交流具有即时性、跨空间、低成本、便捷性等特征。随着移动通信的出现，人类也不断进入了"读图时代"，微信及QQ表情的丰富性，使得人们满屏表情包，某种程度上减少了对文字的使用。通信技术的发展使得两位东西方作者敏锐捕捉到了这一科技趋势，从而使得他们在构思地外生命体时出现了惊人的"巧合"，而这一"巧合"并非偶然，而是有着深刻的时代背景。两部东西方科幻文学作品地外生命形象构思的一致性，显示出了同时代下，科技的进步跨越了文化差异取得了共性，这对科学传播而言具有重要意义。

二、星际战争起源比较：末日打击与太空战异同点

在科幻文学作品中，星际战争是常见的主题。传统的星际战争一般是在人类社会的战争中加上"科技""幻想"的元素，使得战争的场面更加壮阔，卷入的文明更加多样，战争的武器更加先进与强大。战争的起源也和人类社会的战争基本相似：为了争夺更多的资源，为了统一或者荣耀等。星际战争虽然多样，但在《三体》与《安德的游戏》中，却有着相当大的不同。星际战争是展现宇宙间多个文明如何共存、发展和演进的重要形式，体现了不同文明形态对宇宙的认识、对自身所处环境的判断，对宇宙规律的使用与敬畏。

1. 末日打击与太空战起源的不同点：黑暗森林法则与自我保护原则

在《三体》中，主人公叶文洁在经历父亲被杀、背叛、丧女等情况下对人类文明绝望，转而希望有地外文明的介入，借以改造地球文明。在一次意外中，借助太阳向外星球发出了信号，引来了末日打击。《安德的游戏》则是

人类遇到了未知的地外文明，虫族无法判断地球文明善恶时发动战争，攻击了地球文明，后来，幸存的人类文明为了避免二次打击，发动了对虫族的反击战。

在《三体》中，黑暗森林法则是指，"宇宙就是一座黑暗森林，每个文明都是带枪的猎人，像幽灵般潜行于林间，轻轻拨开挡路的树枝，竭力不让脚步发出一点儿声音，连呼吸都必须小心翼翼：他必须小心，因为林中到处都有与他一样潜行的猎人，如果他发现了别的生命，能做的只有一件事：开枪消灭。在这片森林中，他人就是地狱，就是永恒的威胁，任何暴露自己存在的生命都将很快被消灭。"

在黑暗森林法则的作用下，人类发射出了三体的坐标，使得三体文明被其他文明所灭；而地球也因为暴露了自身的坐标，最后被其他文明所灭。《安德的游戏》的游戏则是常规的星际战争，为了避免虫族再次发动攻击，出于自我保护而发动战争。"我打了很多架，我总能赢，因为我知道敌人是怎么想的"，"我摧毁了他们，我要让他们永远无法伤害我"。主人公安德赢得战争源自对敌人的了解和自我防御。前者是在整个宇宙的大环境下，出于对宇宙规律的敬畏，在完全不了解敌人的情况下，直接使用超强大的宇宙规律武器（如降维打击）消灭他人；后者则是尽管安德已经通过游戏感知到了末代蚁后并不想发动战争，但是舰队指挥长并不相信这一点，依旧精心策划了一场游戏，出于自我防御，使得安德最终消灭了虫族。

2. 末日打击与太空战起源的相同点：空间距离过大引发的猜疑与误会

《三体》中的黑暗森林法则由两条公理和两个关键词构成（宇宙社会学公理：第一，生存是文明的第一需要；第二，文明不断增长和扩张，宇宙中的物质总量保持不变。两个关键词：猜疑链和技术爆炸），这广为人知，但是建立宇宙社会学的推导过程却鲜有人注意到。

叶文洁认为，"星星都是一个个的点，宇宙中各个文明社会的复杂结构，其中的混沌和随机因素，都被这样巨大的距离滤去了，那些文明在我们看来就是一个个拥有参数的点"。由于空间距离过大，使得各个文明之间的交流几乎是不可能的，这才是"猜疑链"存在的现实基础，而又因为文明之间距离过大，无法了解其文明演化的阶段，技术爆炸又随时存在，因此，在不知道对方文明发展阶段的情况下，必然会推导出黑暗森林法则。《安德的游戏》中，由于虫族直接用思想进行交流，一旦虫族俘虏被抓也立即死去的特性，使得人类无法了解虫族的意图，直到末代蚁后发现可以通过游戏进入安德的思想，才得以澄清误会："虫族表示之前的战争是误会，他们也并不想发动战争。"

3. 星际战争起源异同的背后是对不同文明之间关系的预期：是否零和博弈

通过《三体》与《安德的游戏》中星际战争起源不同点的比较，可以看出东西方科幻文学作品对待未知的地外文明的不同态度，而这态度源自不同的理念。《三体》的两条公理奠定了全文的基调：文明与文明之间是残酷竞争的，是零和博弈，是你死我亡的。因此，黑暗森林法则也在这种坚若磐石的逻辑上运行。《安德的游戏》中，尽管格雷夫主张对虫族的母星进行毁灭性的攻击，但是安德依旧尽力在游戏中与虫族进行交流，相信不同的文明之间存在交流的可能性，因而也存在着和平共处的可能性。该作品反映了宇宙中的不同文明之间并非零和博弈，良好的沟通可以促进不同文明之间的共同发展，因而整个小说依旧具备着人性的光明与温情。

《三体》与《安德的游戏》在星际战争上，前者气势恢宏、波澜壮阔；后者在战争渲染上更加简约。但是，两者在星际战争的起源上具备共同点：空间距离过大引发的猜疑与误会。当东西方科幻作家们将目光投向浩瀚广袤的宇宙，将空间距离放到无限大时，产生了对人性的思考，对生存本身的思考，对待未知文明的不同态度。《三体》的宇宙观十分宏大，其宏大不仅体现在强科技背景下的科技幻想，还体现在极度的科学理性主义与人文情怀之间的矛盾；就宇宙观而言，从黑暗森林法则到十维宇宙再到最后宇宙终极轮回，本身形成了一个闭环，体现了浓郁的中国佛道思想下对宇宙终极问题的思索；《安德的游戏》的宇宙观并没有那么宏大，但具体到微观上却是一个开放的、积极的系统。

电影《安德的游戏》海报

三、宇宙文明生死的态度比较：死神永恒的达观与自我救赎的放逐

在科幻小说中，一种文明的兴衰枯荣是常见的，但是对一种或多种文明的兴衰生死进行描述和深思则是少见的，采用怎样的立场去看待一种文明的毁灭与发展是宇宙观的重要组成部分。中西方科幻作者对于文明形成的刻画不尽相同，对不同文明生死的态度也不尽相同。

在《三体》中，文明的生存是艰难的。三体文明经过了几百次演化和重启，地球则在末日危机下艰难生存。在宇宙中，文明的毁灭是常见的，高维度文明消灭低维度文明是正常的。降维打击直接体现了"毁灭你，与你何干"的理念，宇宙的真相是所有的宇宙规律都被作为武器用于星际战争，降维打击使得高维不断消失，低光速黑洞防御使得低光速区域不断增加，在整个宇宙产生了新的低光速常量，战争将宇宙化成了不断坍塌的干尸。在若干年后，大神级文明归零者重启宇宙文明，使其回到宇宙十维田园时代。宇宙是不断轮回重启的。因此，作者在书中，对于一个文明死亡的描述使用了诗化的语言，充满了虔诚的、神圣化的壮丽，就像一场场朝拜。因而，作者对文明的生死以一种理性的描述，热情的歌颂，淡然的态度，最终以死神永恒为终结，体现了东方式的向死而生的达观。

《安德的游戏》中，当安德以超乎完美的天才能力赢得战役后，安德突然意识到虫族或许是通过意识来直接跟自己交流。安德明白了虫族的末代领袖一直通过心理游戏，通过无意识的梦境与安德交流，解释了他们不想再次发动战争。后来，安德根据之前心理游戏中的暗示，他找到了被摧毁的虫族巢穴的遗迹并发现了最后一个蚁后的卵，安德向其忏悔无意间犯下的错误并得到了宽恕。最后，这位 11 岁的天才少年携带末代蚁后的希望之卵，驾驶一艘星舰航行在太空中永久漂泊来度过余生，为这个被自己摧毁的文明寻找新家园。作者通过一个少年复杂而矛盾的内心活动，展示了地球人类在面对因误会而消灭其他种族文明时的忏悔和救赎，体现了作者浓厚的人文情怀，尤其是对基督教中救赎这一主题的深思。两部科学文学作品，在面对地外文明生死时，都展现了自己的立场和态度，都向中西方文化源流深处进行了回溯，用各自对文明生死的理解选择了自己的方式，前者体现了东方式的向死而生的达观，后者体现了忏悔与救赎的关怀。这两种看似不同的方式，有着同样的思想高度——对生命的敬畏和热爱。科幻文学作品承载的不仅仅是科学内涵，还有思想与精神。在长期为西方科学文化主导的科学传播语境下，对本民族文化思想的深刻解读，使其符合时代精神，对提升本民族文化信心具有重要作用。

原载《科普研究》2017 年第 1 期

中国科技馆事业的战略思考

张开逊

一、中国科技馆事业的背景

我们生活在科学无所不在的时代。科学已经对人类活动产生了深远的影响，随着时间的推移，这种影响将更加广泛、深刻。国家的富强，经济的繁荣，以及个人的健康、幸福，与科学紧密相关。

科学不断丰富人类知识，增长人类能力。它以两种方式影响社会：以新技术改变人类生产方式与生存方式；以科学思想改变人们的观念与思维。前者见诸物质，直接影响经济、军事和国力；后者见诸精神，直接影响人们的世界观、行为方式以及对未来的思考。科学技术是第一生产力，科学思想是第一精神力量。

今天，科学已经居于历史舞台的中心，但它并不在大众文化的中心。人们享受着现代技术，然而对科学仍然陌生。

先行者一直在探索改变这种局面的途径。1903 年首次对公众开放的德意志博物馆，标志着现代科技馆的诞生，推动了世界科技馆事业的发展。113 年的实践表明，科技馆是连接科学与公众的纽带，是科学成为大众文化的重要转换之地。科技馆能够为现代社会培育不可或缺的创造意识与理性精神，为社会发展造就重要的思想基础。

文化往往有相应的物化实体，他们既是自身存在的象征，又是传播自身观念的基地。寺庙是宗教的象征，信众聚集之所；学校是文明的象征，人类知识与道德传承之地；科技馆是科学文化的象征，是人类科学智慧的集散地，是科学转变为大众文化的精神工厂。

在现代社会，人生80%以上的知识来自学校之外。德国哲学家康德（1724—1804年）曾言："人类知识只有两类，一类是关于物质的，一类是关于价值的。"关于价值的知识，在岁月流逝中相对稳定，关于物质的知识则日新月异。在现代社会中，人的一生从社会获取的知识，

德意志博物馆——再现伦琴发现X射线的实验室

主要是关于科学技术的知识，科技馆是这种知识的重要来源。

由于历史的原因，中国没有成为近代科学的故乡，没有从农业社会转变为工业社会的产业革命经历。在中国，现代科学技术的知识与理念没有成为大众文化。在建设创新型国家的伟大事业中，通过科技馆向公众传播现代科学技术的知识与理念，能够为社会造就进取、探究、创新的思想与知识基础。

世界上，许多国家还没有充分认识到科技馆对社会发展与人类繁荣的意义。人们对科技馆事业的关注，远不如对学校教育的关注。即使在发达国家，科技馆数量仍然不多，地域分布亦不均衡，少有为公众免费开放的科技馆（在美国，只有史密森学会下属的十多个博物馆免费开放，其中科技类博物馆不多）。

在中国，科技馆事业已经纳入国家发展规划，免费向公众开放。这是一项高瞻远瞩的决策，将对中国乃至世界产生深远的影响。

二、科技馆的使命

一是全面呈现人类理解与改变物质世界的核心科学智慧，为社会发展服务，为全体公众服务。使公众获得源于科学的启迪与精神享受，为青少年提供现代科学教育。

二是为建设创新型国家的战略目标服务，为八千万科技工作者服务。

三是推进科学与人文文化融合，探寻科学的终极价值，努力促使人类科学技术的进步化为文明的进步。

这三项目标凝练为三句话：为宇宙画真像，为大众谋幸福，为人类谋未来。

三、科技馆的性质

科技馆是公众的科学殿堂，应具有尽可能丰富的科学内涵。它没有门槛，欢迎一切来访者。不同年龄、不同生活经历、不同文化知识背景的参观者，在这里都能见到新事物，获得新知识，产生感悟，享受探究的快乐。如果愿意，可以走到科学殿堂深处，到达人类科学活动的前沿。

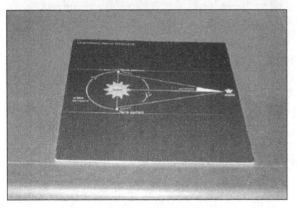

法国拉维莱特科学中心——为盲人设计的天文学展陈，讲述"秒差距"

科技馆是人类理解物质世界的一种新方式。它严格遵从逻辑与实证的原则诠释事物，但使用大众的、生活的、人文的语言。

科技馆的展陈内容涉及人类活动的众多领域，包括自然科学、工程技术、社会、政治、历史、经济、法律、哲学、心理学、教育学、伦理学、文学，以及各种形态的艺术。历史学家以人类活动的科学技术特征划分时代，因为改变物质世界的创造活动，是人类一切活动的基础。众多不同领域学术理念汇聚在科技馆中，有助于揭示科学对人类活动的深远影响，揭示不同领域间的关联。

科技馆运用一切有助于理解科学智慧，理解科学对人类意义的展陈方式，包括文字、绘画、图表、曲线、实物、互动操作、实验、模型、仿真、影像、史料、艺术品、建筑、音乐……寻求多种手段综合运用，努力实现与参观者多层次互动，包括感官互动、逻辑互动、情感互动与思想互动。

四、科技馆的展陈理念

1. 选择展陈内容的原则

科技馆展陈内容应当同时符合三个条件：重要、有趣、可以理解。

"重要"是指人类核心知识体系中的核心内容。它们在很大程度上直接影响人们的世界观，是人们理解物质世界的基础。

"有趣"源于诠释物质世界现象与规律的深刻性，改变物质世界方法的有效性、新颖性与先进性。

"可以理解"指科技馆的叙事应当与公众知识结构衔接，与人类真实的探索活动历程一致。简洁、清晰，符合逻辑。

2. 诠释科学主题的三个层次

科技馆展陈的每个科学主题，都应当包括三部分内容：一是以凝练的文字表述的核心科学事实与科学观念。二是相关内容的延伸与扩展，如探究的背景、知识产生的过程、探究的细节、对人类活动的影响、前沿活动，以及难点所在，等等。为有兴趣的参观者提供个性化服务，使展项具有丰富的科学信息。可以有更详细的图表、曲线、照片、视频或网络链接。三是有助于理解核心知识的模拟场景、模型、实物，或可以参与的实验。它们是有助于理解科学的入门道具，使人

美国航空航天博物馆——宇宙探索

们获得体验科学的感官实证。不同文化知识背景的参观者，会分别对三部分内容产生兴趣。

3. 寻求不同学术领域间的互相关联

在科技馆中着意展现多种联系，包括自然史与文明史的联系；家园与宇宙的联系；经验与科学普遍规律的联系；发现与发明的联系；数学与物质世界的联系；科学与社会的联系；科学与艺术的联系；等等。思考这种联系，有助于人们理解"不同学科不过是宇宙这部大书不同的章节"。了解不同学科之间的内在联系，有助于人们理解真实的世界，理解科学。使习惯于片段知识的头脑能够以新的方式思考宇宙。

五、科技馆呈现的知识体系

科技馆从浩瀚的知识海洋中选择展陈主题，这些主题应当是人类知识体系核心脉络中的节点。这些节点具有鲜明的科学特征，承上启下，继往开来，是理解物质世界运动、变化的基础，是创造新技术的智慧之源。

每个科技馆都会受到展陈空间和资金制约，必须分析人类知识体系的结构与层次，精心挑选。使公众通过有限的主题，观宇宙之无垠，思大千世界之新变。

科技馆呈现的科学，具有明确的含义。它包括三部分：探究物质世界的正确方法；依据这种方法获得的知识；由于获得这些知识，人类具有的做新事情的能力（这种能力，是基于科学发现创造的新技术）。在科技馆讲述的知识，同时包含人类理解物质世界的智慧与改变物质世界的智慧。

不同于自然科学与工程技术学术专著，科技馆的叙事不限于物质世界本身，它十分关注科学技术与人类的关系。在科技馆的知识体系中，包含科学智慧产生的过程，科学对人类活动的影响，科学的哲学意蕴，以及在现代科学技术背景下对人类行为的反思。这种知识体系，包含着社会科学与人文科学的范畴。

不同的科技馆会选择不同的知识体系和科学主题，充分展现人类的创造性与世界的多样性。然而，面对同一宇宙，面对有共同需求的人类，科技馆的知识体系会有许多共同之处。在此谨提出一些科学主题的脉络，以供参考。

美国旧金山探索馆——巨大的机械钟　　　　芝加哥科学与工业博物馆——

　　　　　　　　　　　　　　　　　　　　　　1893 年的白炽灯

1. 宇宙——人类世界观的原问题

2. 地球——人类的家

3. 生命——使宇宙有了生机、有了意义

4. 水——宇宙与生命的纽带，文明的物质基础

5. 健康——使每个人动心的话题

6. 数学——人类思维结构的基础部分

7. 关于物质运动与能量转换的趣味物理学实验——像科学家一样思考

8. 关于物质相互转化的趣味化学实验——动手改变世界

9. 关于认知的趣味心理学、脑科学实验——认识自己

10. 自然科学史——人类认知物质世界的经历

11. 人类在科学前沿的探索活动——科学家在忙什么

12. 人类的困境——全人类的麻烦

13. 材料科学技术——没有物质的世界是虚无的世界

14. 动力、能量与能源——没有能量的世界是死寂的世界

15. 从语言到互联网——不能交流信息的世界是混乱的世界

16. 环境——人类的生存空间

17. 食物与农业——人类与动物和植物的契约

18. 传感器、计算机与自动化——信息时代的典型技术特征

六、以创新思维建设科技馆

建设科技馆，是为科学赋予人文价值的创造活动。使公众在短暂的参观中感悟科学真谛，萌生探究的激情，思索身处其中的世界，这对科技馆是巨大的挑战。在思想史的意义上，科技馆是现代社会中助人"顿悟"的地方。

人类科学探索活动没有固定的模式，科技馆也一样。每个成功的科技馆都有自己的特点，他们会针对自己的服务对象，根据自己的条件，选择最好的方法。平庸的科技馆大多相似，杰出的科技馆各有各的不同。

创新源于深刻的思索。科技馆必须有好的顶层设计，对公众需求做出现实与前瞻分析，确定展陈的科学主题，选择实现目标的途径。

芝加哥科学与工业博物馆——
飞行器展厅

慕尼黑德意志博物馆——李林塔尔的
滑翔机

在理解事物的时候，人们交替运用形象思维与逻辑思维。中国传统文化习惯形象思维，喜欢比喻、联想。遵循近代科学传统的探索活动与知识体系，则以实证与逻辑为基础。科技馆是这两种思维方式的契合点，这种契合在参观者大脑中实现。契合的媒介，是美与情。缺乏这种媒介的展陈，会令人感到冷漠、乏味。

今天和古代最大的区别，是有了科学。人类生活的历史，就是科学的历史。从生活切入科学，是公众理解科学的快乐途径。人们从生活中体验的事物，是科学的普遍规律在特定条件下表现出的特例。从规律到特例，只需要逻辑和演绎。从体验特例到理解普遍规律，则需要归纳与想象。科技馆的创造性，在很多情况下表现为启迪这两种思维方式的自由切换。有创意的科技馆，可以信手捻取生活中的事物诠释科学，使人轻松跨越常识与规律之间的鸿沟。

七、建设覆盖全国的科技馆体系

科技馆是人类活动的创举，是现代社会重要的基础科学文化设施。同学校、医院一样，它应当具有覆盖全国城乡的服务体系，使人们能够就近与科学亲密接触。

为满足社会对科学文化的多元需求，应当建设多层次科技馆体系。这种体系至少包含五个层次的科技馆，它们分别是：

1. 国家科技馆
2. 省级科技馆
3. 市级科技馆
4. 县级科技馆
5. 乡镇科技馆

这些科技馆承担不同的使命，具有自己的特色，呼应社会需求，为公众服务。

美国旧金山探索馆——洒满阳光的展厅

目前，我国基本没有市级以下的科技馆。我国大部分人口生活在数以千计的县城和星罗棋布的乡镇，这里科学资源稀缺，人们向往科学、渴望科学，然而却难以系统、全面地了解科学。现在正值中国社会与产业转型时期，生活在基层的亿万公众，期待从身边的科技馆中获得科学信息与智慧启迪，帮助自己提高创业水平，提高生活质量，告别落后的生产方式。

建设覆盖全国的科技馆体系，有助于实现中国科学普及工作在时间与空间上的全覆盖，使科学普及工作不再有结构性空白。

学校教育培养人才，塑造未来。科技馆以科学理念影响人的世界观与行为，对现实社会产生直接影响。科技馆与学校是一对绝配，共同促进社会进步与人类繁荣。

人类建成今天的学校教育体系，大约经历了1000年。科技馆诞生仅仅百年。科技馆事业没有公认的最佳模式可以复制，应当根据社会需求作出前瞻性规划，逐渐试点建设县城和乡镇科技馆。

八、建设朴素的科技馆

科学是朴素的，科技馆亦然。人们喜爱亲切、自然、朴素的科技馆。

科学自身的魅力足以震撼心灵。最有效的传播，是将科学的核心智慧直接示之于人，勿需无干科学的渲染与装饰。大道至简，简约、简明、简洁。

当今世界不乏成功的朴素科技馆。享誉国际的美国旧金山探索馆，从1969年对公众开放直到2013年，44年间一直在1915年世博会留下的两间旧仓库里展示科学。探索馆创始人弗兰克·欧本海默（1912—1985）就在展厅中一节废弃的车厢里办公。2013年4月，探索馆迁往新馆，这是一座建于19世纪的旧码头（旧金山湾15号码头）。这些不合时宜的建筑，没有影响探索馆的形象与功能。探索馆的许多展品，是日常生活的普通物件，它们通过精彩的诠释，成为人们理解物质世界的实证。许多展品制作成本估计不到100美元，然而它们呈现出不可思议的运动状态与物性特征，令人围观、称奇、沉思。常常是一些制作成本很低的展项，聚集的参观者最多，人们在探索、思考寓于平凡中的真实智慧。许多反映科学前沿的展品，没有华丽的包装，没有漂亮的展台，没有对公众的苛刻限制，可以自由操作。

旧金山探索馆执着坚守一个朴素的理念：希望从这里走出去的人，不再对科学陌生。这里的工作人员对弗兰克·欧本海默的怀念，深情而且极富创意，他们用硬纸板剪出弗兰克·欧本海默的身影，靠在展厅二楼办公室的玻璃窗上，每天和员工一道在这里欢迎来自世界各地的参观者。

朴素寓意深邃、深刻、深沉，朴素的科技馆能够充分表达科学的真谛，呈现纯净的真、善、美。

原载《科普研究》2017 年第 1 期

科学与科普

——从人类基因组计划谈起

杨焕明

> 不要鼓吹微小的计划，它们缺失那种魅人的魔力。制定宏伟的计划：让人热血沸腾，心存高远，脚踏实地。
>
> ——丹尼尔·伯纳姆（美国城市规划建筑师）

人类基因组计划（HGP）始于美国科学家 1984 年的讨论和建议，于 1990 年 10 月 1 日在美国首先启动。2003 年 4 月 25 日，美国、英国、德国、法国、日本和中国的政府首脑宣布这一计划落下帷幕。全球 6 个国家的 16 家机构在短短的 13 年间共同攻下了这个"生物的圣杯"，实属不易。而能让人类基因组

（a）曼哈顿原子弹计划 1945 年 7 月 16 日 世界上第一颗原子弹试爆成功　　（b）阿波罗登月计划 1969 年 7 月 20 日 人类登月成功　　（c）HGP 2003 年 4 月 14 日 HGP 成功完成

自然科学史上的"三大计划"

计划与阿波罗登月计划、曼哈顿原子弹计划一起，被称为自然科学史上的"三大计划"并家喻户晓，科学普及和传播的贡献不可或缺，需要大书特书。

说起来，美国的人类基因组计划实施之前，当时的政府部门、科学界与社会各界，都有不少反对的意见。政府部门与社会各界的反对意见，主要是认为把30亿美元用来搞人类庞大无比的基因组序列，纯粹是拿纳税人的钱开玩笑！

科学界相当一部分人的反对意见就要命了：很多人认为到2005年完成这个计划是"吹牛"。说实在的，在那时能否如期完成，谁心里也没底——当时可是连现代化测序仪器的影子都还没有；还有一个反对意见便是科学研究领域的选择问题：自然科学要研究的问题还很多，为什么要先开展这样的计划？这笔钱花到别的地方也许更值得、更实际；更多的科学家还担心"大科学"会影响小科学，"大中心"会危及小实验室的生存。说的话也很难听，如批评这个计划是"过于偏激、过于集中，目标过多、预算过大"。而得到的东西，只不过是"一张部件名单"而已。而对于这个计划的具体项目，则更加刻薄，如"制图"是"在沙漠里建公路"，"测序"要么是把"把苹果一个一个摆在地上，然后告诉人们这是苹果在树上的排列顺序"，选择"模式生物"是拼凑"诺亚方舟"。最后，认为基因组计划建立的新的技术，是"不用现在的Saturn火箭"，而"要追求奢侈、舒适的新航天飞机"。那时，好多科学家还联名写信表示反对，结果原来的预算被砍了不少。

为了使这一科学计划得到普通民众的认同和认可，为解决人们的各种置疑和困惑，支持这一计划的科研人员使尽浑身解数，到处游说，到处讲演。君不见，一个个原本束于象牙塔的不善言谈的科学家，大多数基因组中心的头头，慢慢都变成了能说会道的科普宣传行家。他们经常奔赴各地做讲座报告，甚至还常常利用各种社交媒体，各档电视节目，一再阐述人类基因组计划的重要性和深远科学意义。最终，上至政府高官，下至平民百姓，都参与了进来，都从无知到了解，从了解到参与，从参与到推动，最后一起讨论并进行最后的决策。不得不说，政府与民众最后被说服，人类基因组最后被批准，在很大程度上，应归功于科学家们大量的科普工作。

（a）James Watson
HGP 的先驱与国际化的
推动者，美国国家人类
基因组研究中心创始人
和第一任主任

（b）Francis Collins
美国著名医学遗传学家
国际 HGP 主要协调人

（c）Eric Green
美国国家人类基因组
研究所现任所长

HGP 相关的三位科学家

很多政府要员与官员被说服了，还志愿做起了义务宣传员。美国政府是不能有自己的报纸、电台和电视台的，因此只好印了很多宣传小册子，如《人类基因组计划多大》《了解我们的基因》等，告诉纳税人国家为什么要花这个钱做这个计划，为什么要花这么多钱，这钱花得值不值。还把"人类基因组计划"讲得通俗易懂、活灵活现，如比喻人的基因组就像地球那么大，一个染色体就像一个国家那么大，一个基因就像我们所住的楼那么大，搞清楚 30 亿对核苷酸，就好像搞清楚整个地球上的 30 亿人各叫什么（假设天下只有 4 个姓氏）……"制图"就像在高速公路上设置必不可少的路标，等等。

经过各界人士的共同努力和积极宣传，人类基因组计划在美国和英国几乎家喻户晓。连一个并不能回答出什么是基因的纽约出租车司机，都会形象地告诉你："人类基因组计划，不就是一个美元测一个碱基嘛！"可以说，"人类基因组计划"是美国历史上规模最大、参与人数最多、也最为成功的"游说"。"人类基因组计划"被民众接受的过程，正是社会学家、伦理学家、科学家对民众的一场有关基因的科学普及过程。这也是美国民众现在对新的生物技术较为广泛接受的原因之一。

人类基因组计划的"中国卷"也同样来之不易。从《科技导报》等很多综合性科技期刊，到《中国青年报》和《读者》等诸多大众性读物，中国科学界为人类基因组计划在我国的启动做了大量的艰苦的科学普及性前期铺垫。2000年6月26日国际人类基因组计划协助组通过卫星在全球同时宣布完成"人类基因组序列草图"之后，中国科学家更把握住这一时机，将这一"大计划"变成多少年来规模最大的科普活动，各种不同规模和不同形式的会议，中央和地方的电视报纸无不采访报道，科技工作人员还深入中小学和社区进行科普演

中小学的教科书示例

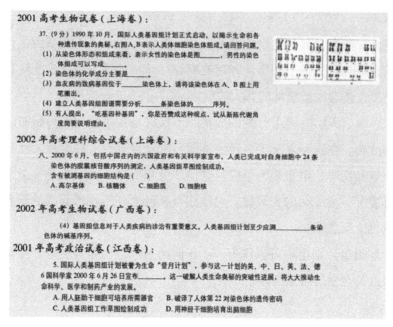

中学生高考试卷中有关 HGP 试题的示例

说，使"基因"和"基因组"走进千家万户。还举办了中学生的科技训练营，甚至还让他们直接参与人类基因组计划"中国卷"的实验部分，最后，有关人类基因组的内容还写进了中小学的教科书和大学入学考试的试卷之中。

回想当年，对人类基因组计划最严苛的批评之一称人类基因组是个"社会泡沫"。他们说，金融泡沫破灭的时候留下的只是坏账，而人类基因组计划的失败，则贻误万世，会断送整个科学界的名声。13年过去了，对人类基因组的非议已不大听到了。相反，在它的引领下，一个又一个后续计划正在进行，对如今的生命科学和生物产业已经发挥了积极的推动作用。

2013年，美国总统奥巴马更在国情咨文中引用巴特尔（Battelle）研究中心的《人类基因组计划的经济影响》报告数据称，在人类基因组计划中每投入1美元，就会给美国经济带来140美元的回报。在同一份报告里还这样写道：投入110亿美元的超导超级对撞机估计大概能用30年，投资15亿美元的哈勃太空望远镜预期能用15～20年，而人类基因组序列则不会折损或过时。相反，人类基因组更像是化学元素周期表，永不损耗，永不过时，一直是推进科学认知的基石。

也难怪牛津大学著名生物学家理查德·道金斯会说："人类基因组计划与巴赫的音乐、莎士比亚的十四行诗和阿波罗登月计划一样，是众多能使我感受到身为人类而自豪的人类精神的伟大成就之一。"

饮水思源，人类基因组计划的成功，不仅仅是直接参与者科研的成功，也是科普的成功。在这一意义上，还要感谢当时来自政界、科学界、社会各界各阶层的质疑和反对，也正是为了应对这些质疑和反对，我们才把一个大科学大计划，变成了一场成功的大科普。对照如今新科学与新技术面临的新质疑，我们是不是也应反思呢？

人类基因组计划也许可以作为一个正向的参照，为如何更好地推动中国科学和科普的长足发展带来启示。

原载《科普研究》2017年第3期

香中别有韵　静待百花开

——论刘慈欣《三体》系列小说

徐彦利　王卫英

《地球往事》《黑暗森林》《死神永生》厚厚的三本著作构成刘慈欣独特的《三体》世界，它们既可以看作是一架庞大机器的三个组成部分，又可以分割开来，拥有各自独立的生命。2015年8月，《三体》获得世界最具权威和影响力的科幻类文学奖项——雨果奖，成为中国科幻界的盛事。它的意义不仅在于将刘慈欣这个土生土长的中国科幻作家推向了全世界，还在于从很大程度上促进了国内科幻创作的发展。可以说，《三体》成就了刘慈欣，同时也带动了21世纪的中国科幻文学。它似乎让中国科幻作家看到了某种不再遥远的希望，如同1982年哥伦比亚作家马尔克斯的《百年孤独》获得诺贝尔文学奖一样可以受到国际的青睐。

《三体》取材于外星文明与地球的对峙，题材算不上新颖，无论是科幻小说还是电影对此都广有涉及，小说如《天渊》《严厉的月亮》《傀儡主人》《垂暮之战》《威尔历险记》等，电影如《星球大战》《世界之战》《外星人入侵》《独立日》《超级战舰》等。然而，《三体》又是不同的，在叙事与思想深度的挖掘等方面均显示出独异的特征，远远超越了同类作品。

一、行走的人物

人物历来是小说的灵魂，没有人物，情节便无法展开，叙事也无法进行。只有人物宛转灵活，小说才能具有精彩的生命。与主流文学相比，国内许多科幻小说并不十分重视人物的塑造，形象往往性格单一或者含混不清，很难具备动人心魄的力量。人物的存在有时只是为了叙述的方便，作者更加关注的是对科学前沿的勾勒与介绍，因此，科幻小说的主人公难以给人可以触摸的真实感。作者对科学的热情湮没了人物本身。你会看到一个又一个个性并不鲜明的人物，他们的性格缺乏厚度，行为没有内在逻辑，对话亦平白如水，无法通过语言、行为感知其性别、年龄、受教育程度等有效信息，成为一颗颗大小相似的叙述棋子，他们被作者随意驱使指挥，说着与身份不符的话，做着与性格不符的事。

在这一点上，《三体》无疑是有超越性的。我们不仅可以看到一个个活生生的人，读到他们的性格逻辑、行为逻辑，甚至可以推测他们面对某种情境时的必然选择。他们有兴趣爱好、有自私或公义，有口头禅、小心机，有执拗，有恐惧，有理想，有悲欢离合，可以让我们佩服、尊敬、厌恶或者惋惜。这是一个个圆形的存在，而非扁平。

在中国乃至世界的科幻作品中，女主人公远少于男主人公，女性塑造的成功度更是远不如男性，或许男人偏好冒险的性格与探索的勇气更契合科幻小说的精神。这种情况在世界科幻巨头凡尔纳、威尔斯、阿西莫夫的小说中同样存在，尼摩船长、工程师赛勒斯、福克先生、登布罗克教授、格里芬、莫洛博士、亚历山大博士、谢顿等均体现着这一不成文的规律。但所幸的是，在《三体》中我们看到了叶文洁与程心。

叶文洁是人、女人与科学家的复杂混合体。她看到了"文革"中人类的愚昧与疯狂、暴力与残忍，看到了人性的冷漠与自私，当她向外星发送信号请求支援时，毫不介意外星文明对地球的毁灭，因为这是她所厌恶的世界。"将宇宙中更高等的文明引入人类世界，成为她坚定不移的理想。"

在叶文洁身上，有人类面对政治噩梦时的挣扎、沮丧、潦倒、失败，在历尽无数沧桑后，她变得平静淡泊，有了一种看穿一切的淡然；她有一个女人的瘦弱、温柔、胆怯、细腻、敏感，还有一个科学家的理性、坚执、求知、远见、责任，这些在她身上体现得淋漓尽致。三种角色在她身上以一种奇怪的方式统一着，她是一个女人，一个母亲，但在理性的指引下却可以亲手杀死自己的丈夫；她是一个超脱于俗世的人，无意于功利的吸引，但却成为地球三体组织的精神领袖；她拒绝忘却，始终用理性的目光直视那些伤害了她的疯狂和偏执。她认识到人类的非理性和疯狂，对于人类未来本质的思考，常使她陷入沉重的精神危机。她的一生，镌刻着中国独特的历史烙印与人文思索。

2015 年 11 月第 28 期《鲁豫有约》中，鲁豫问大刘"《三体》里女性角色都不太讨喜，是不是你对女性有独特的看法"，刘慈欣的回答颇让人吃惊，他说："我的小说中的人物，一般我不太考虑性别，只是一个符号性的东西，换句话说，你说的这些女性用男性代替也都可以成立。"个人感觉如此回答有些不妥，因为叶文洁的女性意识、女性心理如此强烈，换成男性完全不能成立。她只是她自己，说自己的话，做自己的事，演绎自己的悲欢，她的经历独特，个性独特，心理独特，绝不会和小说中其他人物混淆。网络调查证明，许多读者心目中，叶文洁都是科幻文学中少有的能给人深刻印象的人物形象。

程心，一个有着圣母情怀的女科学家。母性与智者，两种身份常常发生激烈的冲突，对一种身份的倾斜常使另一种身份遭到唾弃。和地球上大多数女性相仿，她怀有善良的爱心，企望和平与文明有序的生存环境，不忍伤害他人，甚至不忍伤害外星生命。作为接替罗辑、掌握对三体世界威慑力的"执剑人"，或许她并未尽到自己的责任，放弃了最后向三体威胁展开有力反击的机会，致使人类在宇宙战役中被轻易摧毁。在读者中，程心是遭到指责与批评最多的人物。但这种指责与批评恰恰说明作者对于生活洞察的细微。她不是完人，不是超人，甚至不是叶文洁那种理性可以战胜感情的人，她按照自己最初的选择行事，无论这种选择是否伤害到了更多的人。当程心成为执剑人后，"三体"世界松了一口气，因为他们了解这个女人，知道她会做出怎样的选择。她的犹豫与失败恰是我们每个普通人的犹豫与失败。

和上述两位女主人公不同，罗辑则极具浪漫、睿智与强悍的个性。他可以疯狂地爱上自己创作出来的人物，并在现实中四处寻找这并不存在的女孩。作为"面壁者"和人类文明的守墓人，他从不在乎世俗的目光，无论隐居或出山，活在这个世纪或下个世纪，任何一种状态下他都我行我素，只听从自己心灵的声音，用生命完成着自己的使命，从不逃离。巨大的精神压力、亲人的远去、"三体"的谋杀、整个地球的鄙视、嘲讽和抛弃，这一切都没有击垮他灵魂深处的责任。作为五十四年一直保持着执剑待发状态的地球文明守护者，他紧握手中的引力波发射开关，耗尽漫长岁月为人类坚守着和三体世界的对峙。他发现了黑暗森林法则，并成功运用这一法则为地球赢得了抗衡的资格。他无视所有人的误解，敢于反抗"三体"的安排拒绝迁居澳大利亚，做着顽强的抵抗，他是一个可以使敌人脱帽致敬的真正勇士。

除却上述三位主人公，其他人物的塑造同样令人印象深刻。史强外表粗俗，内里老练，正是他的建议彻底治服了"审判日号"，也是他一次次身手敏捷地救罗辑于险境。伊文斯，到中国农村荒山上植树造林，只为拯救一种濒临灭绝的燕子，用他的"物种共产主义"对"人类中心主义"进行着顽强的反抗。他反对人类动辄以自己的得失衡量整个世界，反对人类将自身置于万物之上，而将地球上所有物种生来平等作为自己的价值观。章北海，拥有坚定的信念、睿智的谋略，胆大心细、一往无前，他只"为人类的生存而战"，为此可以忽略任何个人或集体的利益；是他为地球保存了希望，是他使更多的人感受到父亲般的爱护。维德高喊着"我只能前进，不择手段的前进"，这个威慑力达到百分之百的男人，令三体闻风丧胆的强者，为达目标可以抛开一切的决绝，这一复杂多元的人物，绝不应是简单的批判或肯定便能够表述的。

这些人物多维且多义，其作用并不是为了科幻情节的进展而存在，而是每个人都在演绎自己的故事，说自己的话，做自己的事。他们之间从不会混淆，每个人都是一颗散发着光辉的星星，而每种星光又都有各自的颜色。他们是动态的，变化的，无论读者如何看待，他们只在属于自己的路上行走，步履匆匆。

对于如何塑造人物，作者曾在作品中表达过自己的看法。《黑暗森林》中作家白蓉说："小说中的人物在文学家的思想中拥有了生命，文学家无法控制这些人物，甚至无法预测他们下一步的行为。"由此可以看出，作家十分肯定人物的独立性。他们只属于自己，拥有独立的人格和权力，有着自己的行为方式和思维方式，不是作家任意挪动的棋子和驱使的对象。罗辑创造出的人物不仅能和他沟通交流，甚至可以左右他的生活，这一情节表明了刘慈欣对文学人物的认知：他在行走，而路不由你来定。

二、科幻元素

科幻文学一直有"硬科幻"与"软科幻"之分，"硬科幻"的科技知识含量较高，会对各种科学知识予以精确描述，涉及这些知识的情节合乎逻辑，绝无硬伤。而"软科幻"的知识含量则要低得多，它们多是将科技因素作为叙述的背景推向后台，为叙述及情境的设置而服务。刘慈欣的小说毫无疑问地属于"硬科幻"之列。关于这一点，在他以第一人称叙述视角写的短篇小说《太原之恋》中有着非常明确的表述。

> 大刘和大角当初分别处于科幻的硬软两头儿……刘慈欣写硬得不能再硬的科幻版，面向男读者；大角写软得不能再软的奇幻版，面向MM们。

而在现实中，理工科出身水电工程系毕业的刘慈欣对科学成果和科学前沿的了解远非普通作家能及，尤其是他在现实中长期的计算机工程师身份，更使得他的科幻小说如虎添翼。他几乎从不回避与科技相关的知识，而是迎难而上，且无比熟稔。相对于某些科幻小说只顾漫天想象，并不顾及真实性与否的情况，刘慈欣的科幻或许是一种"更负责任"的想象。

可以看出，他对当前的物理学、化学、生物学、天文学、航空航天学、医学、心理学、光电、核武器等方面的研究成果、研究动态有着较为广泛的了解。小说中无处不体现着高含量科技成分，它们密集地渗透在文本之中，形成一股排山倒海的洪流。中子星、黑洞、引力波曲率驱动飞船、恒纪元、乱纪元、凌日干扰、去物质效应、太空狼烟，三体人的脱水与浸泡，太空电梯，太空移民，衣服上的闪光图像，通过冬眠到未来医治现代医学无法医治的病，地下城市，伞形自行车，无限供电，利用基因工程和核聚变能量大规模生产粮食，各国衰落太空舰队崛起，成为独立国家等，每一个名词后面几乎都需要一个学科的支撑。

如果这股高科技语汇以一种冷硬而陌生的面孔出现在读者面前，极有可能成为打断阅读兴趣和情节关注的阻遏。为此，作者采取了不同层次的弱化手段。将较难理解的科技知识采取注释的方式，进行讲解式剖析；次之的科学词汇用较为形象的语言描述一番，使它们变得浅显而具体；更次之的一些较为普通的科学术语则通过读者的自我想象完成。

如对"水滴"型探测器和基因武器的描述。"水滴"是地球世界并不存在的东西，从它的外形的超常精妙，到其出人意料的杀伤性，小说都进行了极为形象的描摹，告知读者它并非和平使者，而是"可以像子弹穿过奶酪那样穿过地球"的武器，最终，水滴用一分十八秒飞完两千公里并穿透了一百艘战舰，情节的紧张激烈、动人心魂，瞬间达到无与伦比的高潮。此时，"水滴"脱去了科幻的冷硬，变得奇特而真实，带给读者非同寻常的阅读感受。以"轻流感"面目出现的基因武器（基因导弹），通过基因改造的病毒，具有基因识别能力，能够识别某个人的基因特征，一旦这个攻击目标被感染，病毒就会在他的血液中制造出致命的毒素。但对于其他人而言，这种病毒完全不起作用。文本饱含科幻元素，但同时降低了科幻元素的刻板难懂，使之变成可以感受的客观对象，这是《三体》不遗余力试图达到的。

有些科幻理念的提出让人倍感宇宙世界的奇妙：雷迪亚兹设置的摇篮系统，时间老乡、二向箔、舰队的深海状态，星舰地球上人们的"N问题"（NOSTALSIA思乡病），危机幼稚症，用纳米丝在运河上拦截，切割"审判日"号巨型油轮，在真空环境下开枪与引爆核弹可能出现的效果等，它们引领读者进入未来科技世界的神奇，走向探索的深处，带有某种别开生面的意味。似乎可以从中触摸到作者在描述这些科幻语汇时的初衷：科幻并非钢铁似的冰冷僵硬，板着脸无情地站在远处，相反，它是有生命、有温度并且有趣的，当你走近，请你聆听，它发出的悦耳之声在别处不会听到。

为了使作品更加恢宏大气，作者还编写了三体纪元，划分为危机纪元、威慑纪元、威慑后、广播纪元、掩体纪元、银河纪元等，并将其与现在通行的公元纪元一一对应。这种时间上的"求真"让读者产生一种迷离之感，若干年后，地球真的要进入书中所说的某个纪元吗？不得不说，这种纪元设置使《三体》的系统性、独立性、严肃性得以突显，达到了以假乱真的地步。这一点，让人联想到二十世纪九十年代主流文学兴起的"新历史主义"，那种"造史"式写作，颇让人感觉到某种刻意营造出的真实之感。在纪元这一手法的运用上，《三体》或可看作是科幻中的"新历史主义"。

有些概念或定义则是作者首次提出来的，这里，作者显示出非凡的想象力。在奇异的三体世界中，三体人没有交流器官，大脑可以把思维向外界显示出来，这是一个思维全透明的社会，没有欺骗和谎言，而它们和地球作战的失败最终缘于无法运用计谋。有些概念，是作者首次提出，如人列计算机、猜疑链、技术爆炸、思想钢印、智子、未来史学派、大低谷、"黑暗森林"法则、威慑博弈学、文化反射……如同阿西莫夫创造的"正子学""心理史学"等概念，这些新异语汇的出现，大大丰富了中国科幻的叙事，使它从个体描述走向公众想象。一个极富开创性的作家对于整个领域的贡献会在未来的某一时刻得以显现，《三体》之后，这些词语将汇入浩浩的科幻之河，一点一滴汇聚成坚实的基础。

三、文学性叙述

对一部小说而言，情节固然是重要的，但如何组织和设置情节、用何种语言表述情节同样重要，如同最好的丝线在蹩脚织工手里也不会变成一幅锦绣一样，小说技巧的重要性在某些时候可以超过内容本身。无论《三体》讲了怎样引人入胜的故事，都需要合理的结构、精美的语言、叙述的技巧，如果没有这些，那么它必将成为若干科幻创意的无序罗列与堆砌。

就三部作品而言，小说的架构较为匀称，杂而不乱。我们可以看到宏观世界与微观世界的有机交融，浩渺宇宙的无限延伸、望远镜下的星际尘埃与一只蚂蚁自顾自的爬行，恒星战舰的爆炸与某人死前的遗言，尘封的历史与眼下的庸常，大场面的气势磅礴与小场景的精微细致，众多人与事错综复杂的交结，时空的延展与跨越。它们彼此穿插、验证，相互影响，大与小，远与近，粗与细紧密结合在一起，彰显出某种运筹帷幄的视野与能力。小说广泛运用了套叠、镶嵌、拼贴等叙事结构。富于历史意味的"三体"游戏、云天明讲的几个童话、君士坦丁堡的陷落等镶嵌在三体与地球的现实对峙中，像一片马赛克中的异质石子，异常醒目，但又发挥着隶属于整体的作用。同一时刻不同人物、不同场景的花样拼贴，达到一种色彩纷呈的共时性存在状态。

和一些喜欢急切地奔向科技尖端、关注某项研究的现实转化的科幻小说不同，《三体》的叙事较为沉稳，从容不迫，小说并不急于告诉你到底发生了什么，某个谜团的终极解释究竟如何，而是始终按照自己的节奏展开、进行、收尾，不疾不徐。因此，在紧迫的外星文明进攻的庞大主题下，我们可以充分感知普通人（而非超人、科幻人）的生活与故事。叶文洁起伏的人生遭遇演绎着主流文学"伤痕"和"反思"的主题；罗辑与自己幻想出的女子情愫暗生，卿卿我我，很像地地道道的言情小说，甚至还能感受到某种扑面而来的琼瑶气息；地球与三体剑拔弩张互相窥视刺探的过程又很像谍战与悬疑小说。这些情节的设置或许暗示了这样一个道理：科幻可以和其他任何类别的文学进行有效嫁接，将对方的优点拿来我用，既然同属文学这一大的范畴，便没有什么不可逾越的屏障。科幻同样能做到风情万种、旖旎多姿，同样可以精雕细琢、诡谲离奇，将他山之石搬来自己的庭院。

悬念是《三体》挥起的利剑，更是引导读者向阅读顶峰攀爬的有力绳索。它是一片看似无路可走的丛林，但又在冥冥中为读者亮起寻路的微光。

小说无时无刻不在设置悬念，这些悬念一个个套叠起来，大大小小，纵横交错，密如蛛网，远近呼应。众多科学家蹊跷的自杀，汪淼看到的幽灵倒计时，红岸基地神秘的工作，匪夷所思的外星信号，叶文洁怎样从一个"文革"中的被迫害者变成三体组织的精神领袖，罗辑作为一个普通人为什么会成为唯一一个三体要杀的人，他的咒语到底是什么，四个面壁者中为什么唯独他没有破壁人？云天明大脑的下落，四个童话的破解过程，掩体计划最终的效果等等。每一个悬念的提出都看似漫不经心，并无刻意的迹象，但每个悬念的最终解开又似水到渠成，毫无卖弄之嫌。如果剔除了这些悬念，小说的可读性则会大幅度下降。

除此之外，隐喻、暗示、影射、同一事件多角度多人称描述等手法的运用同样丰富。许多场景的描述与人物对话值得玩味，它们充满着某种不确定性、不可穷尽性，让人回味悠长。以弱小的女魔法师狄奥伦娜刺杀穆罕默德二世的失败隐喻着程心作为执剑人的失败，并不强悍的个性被命运之手推到一个急需强悍个性的位置，在把握逆转机会的一瞬，个性的柔弱却使历史改变了走向；章北海与父亲意味深长的交谈，只有在读完关于他的故事返回来再读时，才可以读出背后隐藏的暗示；叶文洁许多看似无心的谈话中暗藏机锋；罗辑的梦中人与后来的妻子庄颜之间的关系……这些，如同中国古典文论中提到的"草蛇灰线，伏脉千里"，每一句话都并非孤立的存在，而是牵扯着无数的盘根错节，如同一棵参天巨树潜伏在地下的庞大根系，想要参悟，必得用心。

刘慈欣深谙叙事技巧，能够充分体会到语言的魔力，在文字不同的排列组合中准确揣摩出不断衍生的微妙差异。这些富义的语言表达与修辞使文本具有了丰厚的意蕴，从而超越了简单的情节展示。

"小区外的沙原在橙红的夕阳下显得如奶油般柔软细腻，连绵的沙丘像睡卧的女性胴体。""没有一丝风，黑暗在寂静中变得如沥青般黏稠，把夜空和沙漠糊成一体。"

这种温柔甜美的叙述语调部分消解了太空战争的残酷氛围与枯燥单调，运用充满新意的比喻和通感调动出阅读中的视觉、听觉与触感，使之成为冷硬机器时代的绚丽调色板。语言在小说中起着巨大的作用，它可以营造氛围，调动情绪，传达美感，隐喻未来。科幻文学如果放弃了对语言的关注，便会沦落成一种冷冰冰的概要与简介。

小说对于细节同样极为重视，不惜用较多的笔墨描述某个人物内心微小的悸动。叶文洁在老乡炕头上的温暖情怀是这样的："心中的什么东西渐渐融化了，在她心灵的冰原上，融出了小小的一汪清澈的湖泊。"蛛网被破坏后它开始重新织，"网被破坏一万次它就重建一万次，对这过程它没有厌烦和绝望，也没有乐趣，一亿年来一直如此。"这些细节描写轻轻拨动着读者的心弦，让人们在感知宇宙、爆炸、舰队、外星之类宏大概念的同时，也感受到细小而轻微的震颤，抬头看到太阳的炫目，低头也能看到草叶上的露珠，这便是一个作家的敏锐。

用语言营造画面感，将抽象的场景具象化、色彩化、现实化，将科技的枯燥演化为蝴蝶曼舞般的轻灵美妙，这是《三体》在叙事中特意兼顾到的一面。典型的一个情节是山杉惠子向希恩斯用全息图像放大自己的大脑结构，大脑中瞬息万变，不时呈现各种各样的美图，"每一颗星星就是一个神经元"，读来让人如同置身星海，而忽略了那些不可触摸的神经元的抽象性，将高科技从远处拉到近前，还可驻足观望，仔细打量。

四、走向思想深处

一个一流的作家绝不应仅仅满足于讲好一个故事，而更在于通过故事彰显自己独特的思想。故事只是表达的手段和工具，思想才是真正的内核。让思想走得更远，沉淀得更加深厚，成为支撑故事的强硬骨骼，以达到在理性上与读者产生共鸣与沟通的效果，这才是一流作家应当做到的。从这个意义上来讲，科幻只是一种题材，一种叙事的策略，而不是终极的关注。如果科幻小说不负载思想的重任，未来的路将会越走越窄。

在思想性方面，《三体》显然比国内同类科幻题材更加深邃。作者不断提出一些超越性问题，并独树一帜地创造了一些令人深思的概念与定律，这些已超出了科幻题材的限制，成为一种压倒情节的深刻思索。譬如小说中提到的"宇宙社会学"，它并非一个简单空泛的词语，而是一门严肃的学问，是关于某个文明生死存亡的大事，任何忽视这一学问的文明都必将遭受灭顶之灾。地球文明与其他文明如漆黑森林中四处逡巡的猎手，虽然谁也看不到谁，但首先消灭对方却是最好的保护自己的方法，而任何使自己暴露在别人视野中的做法都无异于向死亡迈进。某个文明无法判断其他文明的善恶，也无法确定其他文明对自己的态度，所有文明都仿佛在玩瞎子摸象的游戏，只是他们摸的不是象，而是对方。一旦摸到马上消灭，毫不留情，被摸到的只能处于被动位置，任人宰割。这种殊死搏斗中并无对与错、好与坏的分野，只是出于生存的需要。

对于刘慈欣的这种创见，美国报纸也表现了异常肯定的态度，"刘慈欣用他所谓的'宇宙社会学'理论来包装这个故事，这种推理路线让人联想到一些国际关系方面的经典著作。他假设了几条关键公理：宇宙间有许多文明；所有文明都要生存；而空间是有限的。按照这个逻辑，显而易见，每个文明必须将其他文明视为关乎自身存亡的威胁，一看到就攻击成为唯一的安全战略。科技落后的文明要保平安只能靠其他文明不知道其存在。"这说明宇宙社会学中的"黑暗森林"法则不仅可以自圆其说，而且有着某种科学性、合理性。

几千年来地球文明逐渐形成的道德与人性或许并不适应宇宙生存规律，而且很有可能成为一种无法突破的自我约束。人类应摒弃长久以来的自我中心主义及自恋、傲慢，既不要认为自己有了与其他文明抗衡的力量，也不要妄想与其他文明和平相处甚至成为朋友。只有罗辑这种深谙宇宙生存之道、利用黑暗森林法则与三体保持威慑平衡的智者才是人类真正的守护神，任何无谓的善良与怜悯都会葬送整个地球的未来。执剑人程心的失败已充分证明了这一点。在如何应对"三体"世界的攻击时，作者既表现出对非人道主义的反对，即反对泰勒对生命的无视，也反对希恩斯对人类思想的掌控，然而当程心因为善良的天性而忘却一个执剑人的责任时，作者无疑同样是反对的。他说"生存是文明的第一需要"。如果存在都不可保障，那么何来生命的延续与文明的进化？

《三体》中提出的这些法则与定律令人耳目一新，有着极强的说服力，令人回味悠长并报以首肯，成为小说思想内核中最成功的理念创新。小说虽然涉及外星题材，但却与斯皮尔伯格的《E.T.》等大相径庭，并未将外星生命设计成善良友好并可以帮助地球的超能力生命，而是科技极度发达且虎视眈眈觊觎地球的敌人，寻找着最好的出手机会，它们的存在便是地球的噩梦。刘慈欣对宇宙的描述更为残忍、冷酷，但也更为真实。《三体》似在引导我们冲破长久以来自我标榜的宽容、善待、慈悲、人道这些字眼，而给读者一个全新的视角打量宇宙及宇宙中的其他文明，这种超乎想象的冷静和理智在当代科幻文学中并不多见。

除对宇宙的思索外，《三体》亦思索了人类世界。它批判"文革"，但绝不是为了控诉和呐喊，而是从更深刻的意义上思索那场荒诞运动的本质。当年那些红卫兵在残酷折磨无辜的批斗对象后，自身并未获得任何好处。相反，她们同样成为时代的殉葬品，只是无人凭吊。掠夺者被掠夺，奴役者被奴役，在疯狂的人为浪潮中，撕碎别人的人在下个时段便成为凋零的碎片。这场畸形运动里，谁受了害，谁又受了益？它带给我们的究竟是什么？

小说思索着"人在历史中的作用"，某个伟人不出现，历史是否会与现实不同？人性与兽性的关系，二者是否一个正确一个错误，无论何时何地，人性一定优于兽性？生命对宇宙的影响，假使没有生命，宇宙会怎样？大自然真是自然的吗？爱、善良、人道主义真的是拯救危机的必由之路吗？人类所认同的某些颠扑不破的观念和信仰是否始终适用？环境破坏的终极原因一定是贫穷造成的吗？道德是好的还是坏的？它是否拥有超越一切的优先权，还是在某些特殊情境下可以暂时放弃？这些都是作者在文本中极力想表达的。正如在第一部《地球往事》中他写道："我认为零道德的宇宙文明完全可能存在，有道德的人类文明如何在这样一个宇宙中生存？这就是我写'地球往事'的初衷。"作者所思索的不仅是人如何在地球上生存，还有人如何在宇宙中自处。对于人类来说，究竟什么才是第一要义？

这些设问广袤而浩渺，即使提问者本身也未必能给出最恰当的答案，但是，他的设问却开启了读者的思维，让阅读随之走向思想的纵深处。穷思极想，千思万虑，这世界，我是谁？谁又是我？生命如何产生，又如何消逝？未来的某一天，所有生命的最终结局是什么？在对这些问题的冥想中，完成与自己与灵魂的深层对话。

除了上述这些哲理性的思考，《三体》也表示出对科学技术本身的质疑。文本所体现出的价值观并不认为技术是拯救人类的途径，可以带领人类进入天堂般的美好。相反，巨大的科技进步所衍生出的种种弊端已经浮现。"三体"世界中，无论已经达到了怎样的科技水平，但这里"没有文学，没有艺术，没有对美的追求和享受，甚至连爱情也不能倾诉"，这样的未来，难道是地球人渴望的未来吗？地球人在不断追逐更高状态的文明，企望更加发达的科技便利，而另一个已经达到这境地的文明则已对此厌倦，三体人表示："三体世界已经让我厌倦了。我们的生活和精神中除了为生存而战就没有其他东西了。"他们绝望于"精神生活的单一和枯竭"。这让我们想起那句话："你所追逐的明天，正是无数人厌恶的今天。"世界的一切，美与丑，好与坏，是与非，无不存在着不可解释的悖论。

我们可以不看重雨果奖，但必须承认：刘慈欣是一位好作家。他带给我们的启示是：科幻原来可以这样写，科幻原来可以写成这样。《三体》这树繁花已然盛开良久，我们希望会有更多的树随之绽放，一起带来一幅更美的春天。

原载《科普研究》2017 年第 5 期

以古诗词为载体普及物理学

熊万杰　郭子政　陈　娟

　　诗词歌赋是中华传统文化的重要表现形式，好的诗词，穿越了时空，传唱了千年，沉淀为我们民族文化的基因。古人云："吟诗喜作豪句，须不叛于理方善。"文学虽然允许虚构、夸张、想象、比喻，但不违背事物的道理、不背离生活的真实是一些优美诗词作品的重要特征。一些诗词中包含了对自然现象与人类生活实践的描述，甚至渗透了诗人对自然规律的理解和领悟，令人叹为观止。而作为自然科学的基础学科，物理学从它诞生起就一直以探索自然规律为己任。尽管诗词与物理学分属文理科的不同研究领域，但他们都对自然现象进行描述与分析，都对社会的发展进步发挥积极作用，两者之间并不是毫无关联的，并没有一道不可逾越的鸿沟。如果以诗词为载体，用现代物理学知识解读其中所描述的自然现象及其背后所蕴含的科学原理，既能引导人们认知和探索物理学，提升物理学普及的趣味性、有效性，又能进一步发掘古诗词的丰富内涵，促进诗词的推广，可谓一举两得。

一、古诗词在物理学普及中的作用

　　从文化的角度来看，古诗词中描述的自然现象或是赋、比、兴等写作手法的需要，或是为塑造鲜明的艺术形象作铺垫，或是为作者触景生情、借景抒情服务。从科学的角度来看，古诗词中对自然规律的思考与描述来源于人们的生产生活实践，体现了古人对科学技术的探索，同时也承载了普及科学的功能。

　　以下将从参照物——参考系、杆秤——杠杆原理、茶声——蒸发与沸腾、露珠——表面张力、潮汐——引潮力、雷电——放电现象、彩虹——光的色散、海市蜃楼——光的折射、颜色——眼睛的视觉效果等九个物理学知识点展开，分析古诗词中的相关描述，展示其在物理学普及中的作用。

1. 参照物——参考系

北宋词人张先（990—1078）曾作《天仙子》：

> 水调数声持酒听，午醉醒来愁未醒。
>
> 送春春去几时回？临晚镜，伤流景，往事后期空记省。
>
> 沙上并禽池上暝，云破月来花弄影。
>
> 重重帘幕密遮灯，风不定，人初静，明日落红应满径。

这首词上阕描述了作者借歌、酒来消愁，但却于事无补，烦恼尤甚。而下阕则表达了百无聊赖之余对酣歌妙舞的府会了无兴趣的心理，尽管似乎有些消极，但词中的"云破月来花弄影"一句却是备受推崇，张先因此有"张三影"的美誉。这句词前半段写月亮破云而出，后半段描述花在忽明忽暗的月光下形成的影子摇曳不定。其中"月来"以云为参考系观察月亮，"花弄影"所选的参考系则又变成了地面。词人从生活经验出发，通过变换参考系，写出了既自然美妙又有物理学意味的优美诗句。

而清朝诗人孙原湘（1760—1829）在《西陵峡》中写道：

> 一滩声过一滩催，一日舟行几百回。
>
> 郢树碧从帆底尽，楚台青向橹前来。

郢是古代中国楚国的都城，在今湖北省荆州市境内。这里的"郢树"与"楚台"对仗工整，都是指西陵峡岸边的景物。诗人以自己所坐的船为参照物，把江边的树描绘成从帆底退去，把面前楚台描述成扑向船橹一样。正是诗人以船为参照物，才有了动、静物体互为颠倒的写法。这样既写出船行至西陵峡独特的感受，又给读者以新奇的印象。

2. 杆秤——杠杆原理

晚唐著名诗人杜牧（803—约852）在《早秋》中写道：

> 疏雨洗空旷，秋标惊意新。
>
> 大热去酷吏，清风来故人。
>
> 樽酒酌未酌，晚花颦不颦。
>
> 铢秤与缕雪，谁觉老陈陈？

颦同"颦"，皱眉。铢，最小计量单位，二十四铢为一两。缕雪即雪缕，白色的丝线，这里指代高雅洁净的事物。陈陈，指陈年的粮食，泛指陈旧的东西。全诗大意为：疏雨潇潇，碧空如洗。秋之刚至，气象清新。炎热如酷吏离去，清风似故人来到。举杯欲饮，斟而未斟；晚花折皱，谢而未谢。早秋时节，粮食买卖和丝线贸易正当其时。这首诗的最后两句也可意译为：谁说公平正义和高雅洁净已是陈年旧事？这实质上暗喻着诗人对政治清明之期盼。

杆秤在这首诗中被赋予了公平正义的人文意义，事实上，它在古代是称重和度量的重要工具（图1），可以将其视为一个杠杆：提纽为支点，提纽到秤钩的距离为阻力臂、到秤砣的距离为动力臂，待测物体对秤钩的作用力为阻力，秤砣对杆的作用力为动力。使用木杆秤称重时，根据被称物的轻重移动秤砣，使砣与物体对提纽形成的力矩相等，秤杆因而保持平衡，此时砣绳对应的杆秤上的星点读数，即被称物体的质量。

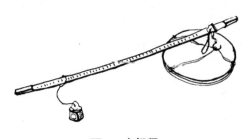

图1 木杆秤

3. 茶声——蒸发与沸腾

宋代学者罗大经（1196—1242）有经邦济世之志，他所编撰的《鹤林玉露》记述了宋代文人轶事，并对前代及宋代诗文的文学流派、文艺思想、作品风格，作过中肯而又有益的评论，有较强的文学史料价值。该书中录有宋代词人李南金的诗作《茶声》：

> 砌虫唧唧万蝉催，忽有千车捆载来。
> 听得松风并涧水，急呼缥色绿瓷杯。

这首诗实际上详细描述了茶水从加热、快速蒸发到沸腾的过程（图2）。水初沸时如虫声唧唧同鸣，又如万蝉齐噪。二沸如同千辆重载大车驶过。到了松涛骤起，涧流喧豗（撞击），已是三沸，应即注入放好茶末的绿瓷杯中。古人的观察，何等认真与细致！

用壶烧开水时，冷水重而往下沉，热水轻而往上浮，形成一定的环流。在环流过程中水分子相互碰撞，导致出现振动而发声。而气泡上浮至液面后破裂也会产生声音，这是因为由于持续加热，水面下离热源最近的水会先达到沸点，一部分水汽化为水蒸气，形成气泡，向上运动，并挣脱液体表面的束缚，释放到空气中。在此过程中，水的响声有高低不同的两种：一种是快要沸腾时，水发出非常连续的响声，音调很高，正如"砌虫唧唧万蝉催，忽有千车捆载来"；另一种是沸腾时，水发出"噗噜、噗噜"可辨的断续响声，音调远没有前者的高。这又是为什么呢？原来，水壶盛水前，壶壁上吸附着一层空气，加了水后，这层空气就变成了大量微小的气泡。气泡受到壶壁的吸附力大于气泡自身所受到的浮力，因此它们黏附在壶壁上。当水温升高，气泡受热膨胀，且水温达到 $70\sim80℃$ 时包裹住气泡的水蒸发加快，水蒸气渗透进入气泡使其体积明显增大，它所受到的浮力就相应增加。直至浮力大于壶壁吸附力时，气泡就要离开壶壁

图2 煮水泡茶

上升，之后遇到周围的凉水，里面的水蒸气就要液化，使气泡变小或破裂。气泡在水中运动，而且上升过程中体积大小交替变化非常快，再加上因上下温度不均匀引起的水的对流，使壶里的水处于频率较高的振动状态，进而又经过空气的传播，形成了音调较高的水声。随着不断加热，壶里各处的温差越来越小，水的对流渐渐平息，气泡体积大小交替变化也越来越慢，壶内水的振动也越来越弱。尽管沸腾时气泡在水面上破裂引起了空气的振动，但其频率远不如前者的高，水声的音调也就不那么高了。这就是"开水不响，响水不开"的物理原因。至于其人文意义，则是指真正有本领和水平的人不事张扬，而喜欢自我标榜的人往往能力不济。

4. 露珠——表面张力

中唐时期的著名诗人白居易（772—846）曾作七言绝句《暮江吟》：

一道残阳铺水中，半江瑟瑟半江红。

可怜九月初三夜，露似真珠月似弓。

该诗语言清丽流畅，格调清新，尤其是后半段写到了江边的草地上挂满了晶莹的露珠，而这绿草上的滴滴清露，很像是镶嵌在上面的粒粒珍珠。这里的"真珠"通"珍珠"，用"真珠"作比喻，不仅写出了露珠的圆润，而且写出了在新月的清辉下，露珠闪烁的光泽。"露似真珠"表明露珠呈球形且晶莹透亮。

无独有偶，另两首唐诗也描写了露珠的圆润（图3），一首是韦应物（737—792）创作的一首五言绝句《咏露珠》：

图3　荷叶上的露珠

秋荷一滴露，清夜坠玄天。

好来玉盘上，不定始知圆。

另一首是羊士谔（约762—819）的《林馆避暑》：

池岛清阴里，无人泛酒船。
山蝈金奏响，荷露水精圆。
静胜朝还暮，幽观白已玄。
家林正如此，何事赋归田。

露珠之所以是球形的，这是水的表面张力在起作用。在液体表面，由于表面层里的分子向液面内扩散比液体内部分子向表面扩散来得容易，表面分子变得稀疏了，分子间的距离比液体内部大一些，分子间的相互作用整体表现为引力。因分子间的引力，液体表面就像一张绷紧的橡皮膜，这种促使液体表面收缩的绷紧的力，就是表面张力。正如成语"张弛有度"所体现的，"张"是紧张、绷紧的意思，就像你要把弹簧拉开些，弹簧反而表现具有收缩的趋势。体积相等的各种形状的物体中，球形物体的表面积最小。对于一定体积的露水，由于液体表面张力的作用，其具有收缩到最小面积的趋势，因此，露水会呈现球形。

5. 潮汐——引潮力

初唐诗人张若虚（约647—约730）的《春江花月夜》被现代著名诗人闻一多称为"诗中的诗，顶峰上的顶峰""以孤篇压倒全唐之作"。该诗的前两句就写道："春江潮水连海平，海上明月共潮生。"这两句诗所描绘的景象就是浩瀚的潮汐带来的滔滔江水，一轮明月悬挂在空中，潮汐和月亮仿佛商量好了一般，同步出现。这其实说明潮汐的形成与月亮的运动有关。的确如此，地球上各处海水受到月球对它的万有引力以及因地球绕地月质心旋转而形成的惯性离心力，人们把这两力的合力称为引潮力。如图4所示，P是月球，E是地球，Q是地月质心，在引潮力的作用下，近月点A和远月点B处的海

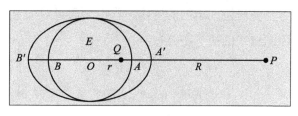

图4　引潮力示意图

水都出现涨潮，分别到达 A' 和 B' 处，使本是球形的海平面微微出现纺锤体形状。

此外，唐代诗人白居易在《潮》中写道：

> 早潮才落晚潮来，一月周流六十回。
>
> 不独光阴朝复暮，杭州老去被潮催。

这实际上描述了钱塘江一天内有两次高潮，分别为早潮和晚潮，若按 30 天计，一个月中就有 60 次高潮。这是因为随着地球的自转，一个地方一昼夜会有两次靠近和远离月球，形成两次高潮。

而北宋诗人陈师道（1053—1102）在《十七日观潮》中写道：

> 漫漫平沙走白虹，瑶台失手玉杯空。
>
> 晴天摇动清江底，晚日浮沉急浪中。

意思是说，涌上来的潮水像一道白色的长虹，奔腾汹涌，好似天上瑶台中的水被泼向人间。这其实是因为海水涨潮倒灌进钱塘江的入海口，受到河床的约束，排山倒海般层层相叠，掀起巨大的波澜。而且一般而言，农历八月十六日至八月十八日潮涌最大，因为这一时间段太阳、月亮、地球几乎在一条直线上，海水受到的引潮力最大。这里需要说明的是，尽管太阳对海水的引力是月亮对海水的引力的 180 倍，但月球的引潮力是太阳的 2.3 倍，原因在于引潮力与距离的立方而不是平方成反比。

6. 雷电——放电现象

晚唐诗人李洞的诗作《华山》通过对大自然风云变幻的描述，有声有色地勾画出华山的千姿百态：

> 碧山长冻地长秋，日夕泉源聒华州。
>
> 万户烟侵关令宅，四时云在使君楼。

风驱雷电临河震，鹤引神仙出月游。

峰顶高眠灵药熟，自无霜雪上人头。

华山海拔 2154.9 米，挺拔屹立于海拔仅 330～400 米的渭河平原，北临咆哮的黄河，南依秦岭，是秦岭支脉分水脊北侧的一座花岗岩山。这首诗介绍了华山的四季风光，及其高、奇、险、峻的特点。尤其是"风驱雷电临河震，鹤引神仙出月游"一句，指出了因风的驱动产生了雷电，而雷电带来了如此壮观的景象，以至于震动山河，从而把华山磅礴的气势与雄伟的气魄体现得淋漓尽致。

雷电是一种自然放电现象。一般而言，因气候和光照等原因，地表水吸收热量后汽化为水蒸气。水蒸气随着热空气上升，与高空中的冷空气相遇后产生对流，吸附空气中游离的正离子和负离子，并在地球电场的作用下，凝结成大量带电的小水滴和小冰粒，形成带电积雨云。若水珠和冰粒体积增大，就会下落到地上成为雨滴和冰雹。在大气层的对流圈附近，随着风的驱动，积雨云对流发展越来越旺盛，云与云之间的碰撞加剧，它们分离、组合成分别带正电和带负电的不同云块。随着异种电荷的不断积累，不同电极性云块之间的电势差不断增大，当电势差达到 250 万～300 万伏时便会击穿云层或空气进行放电，瞬间形成强烈的弧光和火花，这就是我们看到的闪电。在闪电通道中电流极强，电能转化为热能，空气受热急剧膨胀，气压突增，随之发生爆炸的轰鸣声，这就是雷声。

7. 彩虹——光的色散

《诗经·鄘风》第七篇《蝃蝀》中写道："蝃蝀在东，莫之敢指。""朝隮于西，崇朝其雨。""蝃蝀"就是虹的别称。"莫之敢指"，字面意思是"没人胆敢将它指"，实际上指晴天对着高照的太阳看可能会灼伤人眼。隮，"升起"的意思。"崇"通"终"，"崇朝"即整个早上。这几句意思是说，暮虹出现在东方，次日就会是艳阳高照的晴天；朝虹出现在西方，整个早上都会是蒙蒙雨的天气。这实际上是古人对生活经验的总结。人必须背对太阳时，才能看到太阳光因穿过云层和空气中的小水滴而形成的主虹，因此暮虹在东，此时太阳在西，云层在东；朝虹在西，此时太阳在东，云层在西。所谓"东边日出西边雨"，人们根据云层厚度及其所在的位置判断天气的情况。

而毛泽东（1893—1976）在《菩萨蛮·大柏地》也写到了彩虹：

赤橙黄绿青蓝紫，谁持彩练当空舞？雨后复斜阳，关山阵阵苍。当年鏖战急，弹洞前村壁，装点此关山，今朝更好看。

这首词是毛主席 1933 年重返江西瑞金市北部的大柏地，想起四年前在此处金戈铁马的往事而写就的。其中前两句意思是说：天空中有赤橙黄绿青蓝紫七种颜色，是谁又在手持这彩虹临空舞蹈？这实际上是说彩虹有红橙黄绿青蓝紫七种颜色。从物理学解析，这正是太阳光的色散现象。太阳发出白光，而白光是一种复合光，由红橙黄绿青蓝紫七种单色光组成。不同色光进入同一种介质，波长小的频率高，介质的折射率随之变大，这使入射光的折射能力增强，在入射角相同时，相应的折射角也大。红光的波长最长，紫光波长最短，因此紫光的折射角最大，红光最小。于是，太阳光经过折射之后原本混合在一起的白色光被分离成七种颜色。

如图 5 所示，太阳光照射到由大量小水珠组成的云层时，由于光在小水珠内被反射，观察者看见的光谱应该是倒过来，红光在最下方，紫光在最上方，其他颜色居中，而且入射太阳光与色散光呈 $40°\sim42°$。但是，人们看到的彩虹多为弧形，且外侧为红色，紫色居于最内侧，这是为什么呢？原来，彩虹是多个小水珠对太阳光色散的结果，因空间的广阔，人眼只能观察到某个水珠散射出来的一种色光。也就是说如果人眼看见了甲水珠散射的紫光，那么它散射的

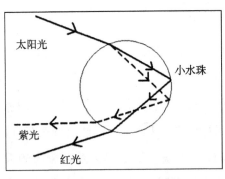

图 5　小水珠对太阳光的色散

红光位于紫光的下方且相距较远而不能为该处的人眼所探知（图6）。人眼看到彩虹中的红色，来源于位于甲水珠上方的乙水珠的散射，因此人们发现彩虹的外侧是红光，内侧是紫光。又因为排列成弧形的水珠散射的同一种色光能为人眼感知，所以彩虹成弧形。

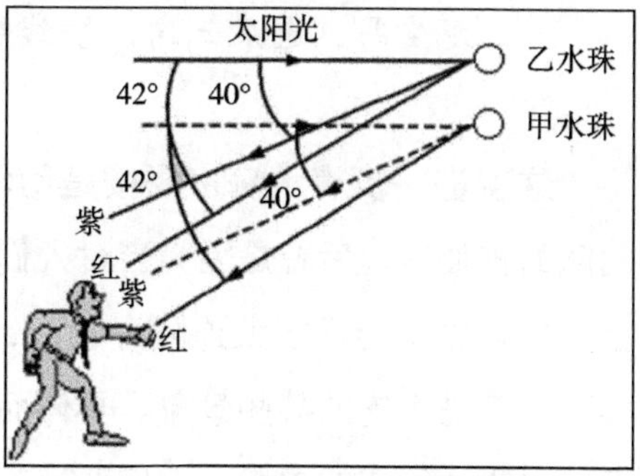

图6　人眼看到的彩虹颜色次序

8.海市蜃楼——光的折射

宋代大文豪苏轼（1037—1101）在《登州海市》中写道：

> 东方云海空复空，群仙出没空明中。
> 荡摇浮世生万象，岂有贝阙藏珠宫。
> 心知所见皆幻影，敢以耳目烦神工。
> 岁寒水冷天地闭，为我起蛰鞭鱼龙。
> 重楼翠阜出霜晓，异事惊倒百岁翁。
> 人间所得容力取，世外无物谁为雄。
> 率然有请不我拒，信我人厄非天穷。

登州即为现在的山东蓬莱一带，这首诗描述的就是在此处出现了海市蜃楼现象，苏轼在诗中认为这种现象是人的视觉所产生的一种幻境。"海市蜃楼"现在已经是一个成语，比喻虚幻的事物；蓬莱附近的海域就是古代神话小说《八仙过海》中"海"的所在地。

元代马钰（1123—1183）也曾作《蓬莱客·咏海市》：

> 灵烟漠，红光紫雾成楼阁。
> 成楼阁，鸾飞凤舞，往来琼廓。
> 神仙队仗迎丹药，虚无造化龙生恶。

　　龙生恶，蓬莱三岛，横铺碧落。

　　这就进一步表示海市蜃楼是幻境了，人们看到了空中楼阁，甚至看到了列队的神仙等，后者是因为当时人们无法了解其中的原理而进行的臆测。事实上，山东蓬莱与辽宁大连隔海相望，古人在蓬莱看到的似乎浮在天上的景物，实际上就是大连的某些景象。具体而言，海市蜃楼中出现的"物体"是地球上真实的物体所成的虚像，人们看到其所处的位置并非对应真实物体所在的实际位置。如图7所示，在炎热的夏季，海平面上方的气温较高而空气密度小，其折射率也小，而因海水蒸发等原因，紧贴海面的空气温度较低而密度较大，其折射率也大。这就导致远处的景物反射出来的光线射向空中时，在海平面附近不再是一条直线，而是不断被折射而发生偏折后射入人眼，人们逆着光线看过去，感觉物体在该光线切线方向（即虚线）上，就会看到远方景物的虚像悬在空中，这就是人们看到的"上现蜃景"。

　　而艳阳天之时，人们在公路上骑车，发现在远处伸展的路上出现了一汪水，开到近处却发现路面很干燥，这就是海市蜃楼的下蜃现象。如图8所示，当路面很热的时候，路面附近的空气温度高、密度低、折射率小，其上的空气相对较冷、密度高、折射率大。空气层的折射率不一样，光通过时会发生折射，光线从天空中到达地面附近后先向下弯曲进入到路面上的炎热空气区域，之后向上弯曲沿偏折的路径入射人眼。人们所看

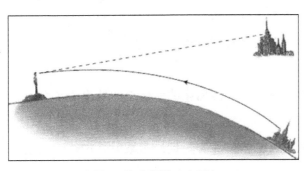

图7　海市蜃楼（上蜃）

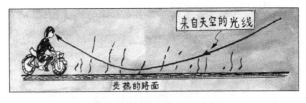

图8　海市蜃楼（下蜃）

到的公路上的潮湿地方，实际上是沿着折射光线的切线方向看到路面时形成的，它是天空中某处景象的虚像。

9. 颜色——眼睛的视觉效果

唐代诗人崔护（772—846）曾写过一首《题都城南庄》：

去年今日此门中，人面桃花相映红。

人面不知何处去，桃花依旧笑春风。

诗人在郊外春游时偶遇一位姿色艳丽、风姿婉约的女子。一年后因思念之心日盛，再去寻访，桃花依旧，但人面杳然。诗人无限怅惘间，写下这首诗。"人面桃花相映红"，诗人记忆中那位姑娘的脸和桃花相映，光彩照人，美丽非凡。桃花和人脸"相映红"的原因，从人文的角度分析，也许是姑娘因爱慕得不到回应感到羞涩、期待而脸红；也许是因为在诗人的眼中，姑娘的脸在桃花的映衬下显得娇羞可人、令人陶醉。从物理学上看，在"桃花红"的氛围中，人脸发射出的红光为诗人所感知。当光线照射时，物体的反射光进入人眼形成视觉效果，我们就说看到了这个物体。光对不同物质的反射能力，会导致人眼感觉到不同的颜色。同一种光线照射下，因对色光具有不同的吸收与反射能力，物体发射出来的光颜色不同，眼睛就会看到不同的色彩。白花不含色素，细胞组织会将组成白光的赤、橙、黄、绿、青、蓝、紫七种色光全部反射出来，人们看到的便是白花。有些花的细胞液里含有色素，其主要成分是类胡萝卜素或花青素。不同种类的类胡萝卜素能使花显出黄色、橙黄色、橙红色等；而花青素在不同的酸碱反应中显示出不同的颜色，它在酸性溶液中呈现红色，在碱性溶液中呈现蓝色，在中性溶液中呈现紫色。桃花中含有酸性的花青素，它吸收除红光外的其他色光，而唯独把红光反射出来为人眼所探知，人们看到的便是红花。桃花与人脸"相映红"是因为当太阳光照射到桃花上时，其他色光被吸收，只剩下红光反射出来又照到离桃花不远的人脸上，构成了一幅相映成趣的美景。

二、物理学在理解古诗词中的作用

古诗词是传统文化世界里一座瑰丽的艺术殿堂，它既是知识的宝库，又是思想的源泉、故事的摇篮。从物理学的角度分析古诗词，有助于进一步了解诗词的意境、体认诗词的特点、领悟作者的创作意图。这既有助于诗词的推广，又契合文化创新的需要。以下分析诗词名句"日照香炉生紫烟"和"春来江水绿如蓝"，例证现代物理学在理解古诗词中的作用。

1. 日照香炉生紫烟

人们对李白（701—762）的《望庐山瀑布》耳熟能详：

> 日照香炉生紫烟，遥看瀑布挂前川。
>
> 飞流直下三千尺，疑是银河落九天。

全诗对庐山瀑布的美丽景色做了深入刻画，第一句中的"香炉"指香炉峰；"紫烟"指日光透过云雾，远望如紫色的烟云。但是，从现代物理学的角度分析，这里的"烟"应该为"雾"。根据此诗的意境，经过一晚上的积累，香炉峰上云雾缭绕，湿度很大。日照香炉，让香炉峰上产生了大量的水蒸气，水蒸气升空过程中，遇到较冷的空气，凝结成小水滴飘浮在空气中，形成"雾"。从科学意义上讲，"烟"是指固体小颗粒，因此此诗描绘的"烟"实则是"雾"。另外，早上香炉峰的"雾"应该是白色，而不是紫色。当光线通过不均匀介质向各个方向再发射时，出现光的散射。玉宇澄清的时候，人们看到的天空是蓝色的，这是因为频率高的可见光被大气中的氮气和氧气散射得非常多，而且人的眼睛对蓝光较为敏感。这种散射叫作瑞利散射，散射微粒的尺度小于光的波长，散射光的强度与入射光频率的四次方成正比。但是，早上的香炉峰水蒸气含量比较大，周围的空气处于高湿度状态，水蒸气分子的数量大于氧分子、氮分子，它们凝结成雾滴后，其尺度大于入射光的波长，散射光的强度与入射光频率的依赖关系变得不再明显，这种散射称为米氏散射。此时较低频率的光

（比如红、橙、黄光）也被强烈散射，也就是说各种颜色的光都被散射，形成复合光，天空看起来发白。因此，诗中的"紫烟"应为"白雾"。

那么诗中所言的"紫"，究竟是怎么回事？要考证清楚这个问题，我们不妨先来搜索包括"紫烟"一词的诗句：

> 外发龙鳞之丹彩，内含麝芬之紫烟。
> ——［晋］谢灵运《拟行路难》
> 相期红粉色，飞向紫烟中。
> ——［隋］江总《箫史曲》
> 借问吹箫向紫烟，曾经学舞度芳年。
> ——［唐］卢照邻《长安古意》
> 列室窥丹洞，分楼瞰紫烟。
> ——［唐］王勃《三月曲水宴得烟字》

即便是李白自己，在他的另一首作品《古风》中也写道："金华牧羊儿，乃是紫烟客。我愿从之游，未去发已白。"这就说明"紫烟"一词在古诗词中是一个固定的词语，指代祥瑞的云烟、仙境等。尽管庐山香炉峰上的云雾是白色的，但在李白的眼里它就是紫色的，香炉峰上缭绕的云雾被他想象成祥瑞的征兆。有了这些分析，人们对李白的浪漫主义写作方法及其"诗仙"的称谓会有更深的认识。

2. 春来江水绿如蓝

唐代诗人白居易（772—846）在《忆江南·江南好》中写道：

> 江南好，风景旧曾谙。
> 日出江花红胜火，春来江水绿如蓝。能不忆江南？

本诗的第三、四句通过"红胜火"和"绿如蓝"的异色相衬，让江南的江水获得了色彩感，从而层次丰富而又灵动地展现了江南之美，这两句诗因此也成为了千古名句。从物理学来看，"日出江花红胜火"说的是当日出之时，江边的花被照得像火焰一样。初升的太阳是红色的，这是因为当清晨的阳光斜射入厚厚的大气层之时，空气中飘浮的微粒和水滴会将波长较短的光侧向散射出去，而波长较长的红光散射较小，几乎直线出射大气层而被人眼观察到。当红色光照射在江边的花上时，几乎所有的红色光漫反射，造成了"日出江花红胜火"的奇妙视觉体验。而"春来江水绿如蓝"中的"蓝"一般被解释为是一种用来做青绿色染料的植物——蓝草，因此，这一句单从字面上理解是说春水荡漾，碧波千里，江水比蓝草还要绿。事实上，当阳光照射在无色透明江水中时，江面上大量的水分子散射阳光中波长较短、频率较高的可见光，结合人的视觉敏感程度，最终绿色光和蓝色光进入观测者眼中，所以无色透明的江水被岸上的人看起来产生了"绿如蓝"的绚丽效果。因此，通过物理学分析，这里的"如"应该是连词，相对于现代汉语中的"和""同"。儒家十三经之一的《仪礼·乡饮酒》中有一句："公如大夫入，主人降，宾介降，众宾皆降，复初位。"此句中的"如"即是此意。

三、结论与启示

诗词用优美、精炼的文字描述自然现象或人类的生活实践，在此基础上表情达意，向世人展现着中华民族的伟大创造力和独特的艺术追求。物理学与诗词的交流、碰撞往往能够产生意想不到的效果，例如，经钱三强先生倡导，我国当代物理学家们也曾以诗词这种文学体裁来反映物理学在新中国的发展进程以及他们的内心世界，令人读起来饶有兴味。本文展示了古诗词在物理学普及中的作用以及物理学在理解古诗词中的作用，尽管大部分古诗词中涉及的仅仅是自然现象，但是如果我们以此为载体，或者说将其作为引子，合理运用这些古诗词，就可以增加物理学普及素材的亲和度，毕竟科普活动不是用刻板的知识来教育受众，而是用深刻的体验来感染人们。一些富有韵味和美感的古诗词出现在物理学普及活动中，较为容易获得人们的感知和认同。它们既能展现物理之理，又能显示文化之妙，这能激发人们的兴趣而提高对物理学普及活动的参与度，从而促进人们科学素质、人文素养的提升。

此外，用现代物理学知识来理解、领会一些诗句的内容，有助于发掘古诗词的丰富内涵，领会诗词的意境，还原作者的写作背景，从而激发人们对诗词的进一步关注与研究，扩大诗词的传播面，增加古诗词的受众群体。这对于诗词推广具有积极意义，甚至会促进人们重新审视对一些古诗词约定俗成的理解而开展文化创新。

总之，以现代物理知识解析古诗词中所描述的自然景观和物理学现象，对于物理学的普及以及诗词的推广都有积极意义。同时，既能了解前人是如何看待自然及其内在的规律的，又能分析他们的视角可能存在的一些局限。

原载《科普研究》2017 年第 6 期

对中国特色科幻事业的一点思考

吴 岩

一

在 2016 年 5 月"科技三会"上，中国科协主席韩启德在题为《坚定不移地走中国特色的社会主义群团发展道路，团结带领广大科技工作者为决胜全面建成小康社会、建设世界科技强国而奋斗》的工作报告中特别指出，未来的五年要实施科普创作繁荣工程，推动设立国家科普创作基金，重点支持科幻创作，设立国家科幻奖项，举办中国国际科幻节，推动科普产品研发与创新。同年 9 月 8 日，在由中国科协牵头主办的中国科幻大会上，国家副主席李源潮出席并发言。他的讲话以一个科幻迷对科幻的喜爱开场，以国家领导人对事业发展的前景期待结束。他指出，科技创新是推动人类社会进步的重要力量，科普科幻是科技创新的重要源泉。这次讲话强调了科幻作品对青少年教育的重要作用。李源潮呼吁中国科协和各级科协组织要把创新科普科幻作为科协改革的大事来抓，发现培养科普科幻人才，支持科幻创作，动员社会力量促进中国科普科幻事业繁荣发展。10 月 21 日，中央政治局常委、书记处书记刘云山出席繁荣社会主义文艺推进会，接见作家中包括"三体"系列小说的作者刘慈欣。2017 年 1 月 22 日，教育部科技司正式发文决定在北京师范大学建立科幻创意与科普战略研究基地。

事实上，这一轮从政府和国家层面对科幻文艺的关注并非开始于 2016 年。早在 2014 年 11 月 4 日，李源潮已经在中国科普作家协会成立 35 周年的科普作家座谈会上谈到过科幻的重要性。在听取了六位代表发言（其中五位以不同方式谈及科幻创作或作品）后，他意犹未尽，当场询问大家美国科学传播人才聚集在哪里？当大家给出高校、科研院所等答案后，他提醒说不要忘记好莱坞。言外之意，不能小看科幻电影（或称为科学大片）对科普的作用。2015 年 8 月，刘慈欣获得美国科幻小说雨果奖，没过一个月，中国作家协会（以下简称中国作协）就召开了《三体》与中国科幻原创力研讨会。会上，中国作协副主席李敬泽指出，中国科幻文学正在进入高速发展期，作为一个正在崛起的文学类型，拥有数量众多的读者和广阔的发展前景。据悉，中国作协可能会在近期成立科幻委员会。

为什么在这样的时刻，国家领导人和相关主管部门领导对科幻文艺表示出如此强烈的关注？为什么随后出台了系列计划予以扶持？对此，一些朋友存在着疑问。第一种观点认为，领导人多数是从科学传播方向提出的想法，但科学传播是以扎实科学的知识为基础的，科幻作品提供的知识在很多情况下无法确认甚至存在"错误"。中国科协在 20 世纪 80 年代还组织过对这个领域的批判。现在的态度怎么会有了如此大的转弯？第二种观点从教育孩子的角度出发，认为当前各种作品种类太多，阅读包括科幻在内的幻想文学作品会让孩子走火入魔，想入非非。只要高考在，科幻作品就不应该大张旗鼓地推荐给青少年阅读。第三种观点是针对政策方针的，提问者指出，国外没有国家把某个文艺门类纳入重点支持的先例，中国这么做会让人笑话。

针对上述观点，我想就科幻文艺到底是什么，与科学传播的关系到底是怎样的，青少年是否应该阅读科幻作品，将这种创作的繁荣纳入国家层面的发展规划是否会"开国际玩笑"谈一些自己的思考。

二

今天我们所说的科幻文艺是工业革命之后产生的一些特殊作品的总称，这种作品最初从小说开始。英国作家布里安·奥尔迪斯在流传很广的科幻史专著《亿万年大狂欢》中把这种作品的起源追溯到 1818 年玛丽·雪莱的《弗兰肯斯坦——现代普罗米修斯的故事》，而加拿大文学批评家达科·苏恩文则在西方科幻理论的奠基读物《科幻小说变形记》中将其推向更早的乌托邦文学。但不管起源于何时，这种文学是一种有关现代性的文学，这个说法是有共识的。面对文艺复兴和启蒙运动对个体自由的诉求，面对科技和社会发展导致的生活变化，一些敏感的作家首先创作出一种包含新内容新形式的、以科技发展影响生活为主题的小说。在 19 世纪下半叶的欧洲和 20 世纪上半叶的美国，科幻小说的蓬勃发展使这种文学式样不但深入主流文化还找到了适当的产业形式。20 世纪后半叶，科幻电影产业逐渐成熟。随后，电子游戏和主题公园加入其中。近期的人工智能和 VR 技术，作为载体也很快找到了科幻的支撑。

今天，科幻文化已经成为发达国家的主要文化元素之一。以科幻为基础的产品已经形成了一种可以单独计算产值的文化产业门类。每年全球最卖座电影的前 10 名中，一般有 4～6 部属于科幻题材，与这些电影相关的周边产品，在随后的多年中都会持续产生利润。科幻电子游戏也是如此。在像芬兰这样的国家中，科幻游戏产业正在走向支柱产业并协助他们渡过金融危机。科幻创意还会带动创新咨询和教育的发展。2013 年，加拿大作家罗伯特·索耶在中国科技馆的讲演中提到，欧美作家每年的创作时间只有 4 个月，其他 8 个月除了休假，最主要是在全球范围内进行技术创新咨询。

科幻之所以在当代社会有如此大的发展，主要是因为这种作品有着其他作品所少有的重要功能。弄清科幻的功能，有助于回答前面提出的疑问。

第一，科幻反映独特的科技现实。在当代没有一种叙事文艺形式这么持续热衷于聚焦科技改变人类生活。在中国，这一文学类型并没有很好地发展起来。这个问题已经被讨论了许多年。传统文化对科技不聚焦，当代文化关注救国存亡，现代文化受国家政治起伏总是转向等，都是原因。即便如此，我们发现，在过去的 100 年中，只要中国社会的主流重视科技发展，中国的科幻文学马上会蓬勃兴起，吸引人们面对科技发展的现实。

第二，反映现实也不是一味地说好话，科幻对科学现实的态度是多元化的。许多科幻有着强烈的批判性，这种批判功能强化了作品对科技或发展的思考。以往的历史证明，是科幻文学最早看到了航天、生物技术、人工智能的潜力，也是科幻批判了这些方向人类的狭隘和发展过程中的问题。当前，在高速的中国现代化过程中，科幻作品对后人类、城市化、生物改造等问题的思考，也会有助于我们更好地迎接未来。

第三，科幻的其中一个功能是谋划。人类是有计划地面向未来的种族，在额叶增长的智人时代，战略和谋划给人类带来前途。作为创意类的作品，科幻富含多种技术和社会变革的灵感。

第四，科幻的另一个功能是抚慰。面对工业化之后环境的变化加速，面对相对稳定的心理格局受到的惊吓，想象力充足的文艺形式提供了抚慰。在这一点，科幻与奇幻、童话、民间故事等有些类似。难怪高尔基曾经把这种文学当成一种新时代的科学神话。不同的是，科幻在提供抚慰的同时，还帮助我们释放压力。

科幻与科普之间，确实存在着较大差异。这些差异表现在作者不同、作品形式不同、功能不同。科幻作者不一定都是科学工作者，但必须对科技变化异常敏感。科幻作品的形式不是简单的说理式，而是需要建构叙事。科幻的功能不是说理，而是抒情和畅想。虽然存在着这些不同，但正如徐延豪书记在一次会议上指出，只要能在公众中传递科学、引发关注的，都是科学传播的组成部分。不是传统意义上的科学普及，但能起到传统科普作品不能起到的作用，科幻更多地会让读者感受科学、关注科学、增加探索热情、发现科学家的生活秘密。针对所谓的知识错误，这些年我们做过一些研究，发现存在错误的科学阐述能给读者增加辨析的机会，使他们真正体验到知识的核心是"能辩护的真"。此外，我们的教育总是要求青少年不能犯错。但现实生活是，科学工作者每天都在犯着这样那样的错误，对他们的正确形容，就是在探索和错误中前进。我认为绝对的"正确拜物教"，会彻底坍缩人的想象力创造力，会破坏一个民族的创新能力和跃迁动力。另一方面，传统科普更多协助人用认知分析世界，科幻作品用想象和直观把握世界，两者并不矛盾。科幻不应该从教育中清除，因为它弥补了想象力的缺席。

前文中，我们从特点和功能方面重点地阐述了科幻的意义，下文我们将从国际社会对科幻文学的推崇和喜爱方面，考察政府介入来推进科幻文艺的发展是否有必要。

考察最近半个世纪科幻文学获得的各国主流文学奖就可以发现，无论是欧美还是日韩，主流文学圈都在逐渐发现科幻文学。哈瑞·马丁松和威廉·戈尔丁的小说，其实是准科幻性的。多丽丝·莱辛写过不少科幻作品。小库特·冯尼格、托马斯·品钦、玛格丽特·阿特伍德、村上春树、圆城塔等人的科幻作品，各自夺得过国内的文学大奖。日本的芥川奖就曾经发给春田沙耶香的科幻小说《便利店人生》。在电影方面，奥斯卡金像奖早就突破了类型限制，以特殊成就奖方式授予过《第三类接触》《星球大战》《超人》。此外，导演阿方索还因《地心引力》夺奖。

教育领域发现科幻的步伐，也可以追溯到超过半个世纪之前。早在 20 世纪 50 年代，科幻小说就进入了美国课堂。20 世纪 90 年代我去美国纽约州参加美国科幻研究会年会，就接触了美国的科幻教学论坛和课程大纲。美国的科幻课程从小学到大学都有，内容也五花八门，利用科幻讲科技、讲未来、讲方法学、甚至讲密码破解。STEM 教育兴起以后，我与威斯康星大学的包德珍一起，连续六年在国际 STEM 教育会议开设科幻论坛，得到了来自中国（包括台湾）、美国、澳大利亚、加拿大等国家学者和教师的支持。

在文化产业领域，借助科幻增强国力的情况更是真实的存在。2013 年，我应邀参加日本科幻大会。会上，巽孝之教授介绍，日本政府的文化外推战略计划"Cool Japan"就很好地协助了本土科幻走向世界。2014 年，在参加韩国使馆文化官组织的《雪国列车》看片会上，我们再次看到韩国驻外主管对本土科幻作品的直接外推。而美国国家航空航天局、国土安全部等对科幻作品的关注，则制度化地通过年度的课题设置或者直接邀请作家就专业问题参加研讨完成。

上述领域的这些案例证明，世界各国都在试图提取科幻作品中的有效成分，以便帮助自身创意实力的孕育，帮助创新大国、文化大国和产品输出大国的建设。这些内容值得我们参考借鉴。

随着中国科幻作品的国际输出，我们更多地进入国际讲坛。这些年，在几次科幻大会上，都有这样的说法：中国当前的科幻发展局面与美国20世纪40～60年代相当类似。这些发言全部来自国外的学者或作者，他们认为，从社会对科幻的关注、科幻作品受到拥戴的情况、科幻作家走向大众和科幻作品销量上升等方面，中国出现了所谓英美科幻黄金时代的征兆。一旦我们观察科幻史就会明白，在那样的时期里，社会从战后的萧条中走向恢复，技术大范围地受到重视，社会发展进一步成熟。而这一阶段的结束恰好就是美国教育改革取得初步成效和阿波罗飞船成功登月的时期。

如果真的像他们所说，我们正在面临一个大发展的时代，那么政策的指引和政府的配合必不可少。

三

要想发展好具有本土特色的科幻事业，应该重点考虑以下几个方面。

第一，继续在国家战略层面支持科幻事业和产业的发展。保持年度中国科幻大会的持续召开，会议的内容除了聚焦科幻文艺的繁荣，还要更大范围涉及创新文化建设。要把科技前沿发展、创意设计、城市规划、教育改革等都纳入会议的讨论范围。国家领导人应该持续参与会议，还要更多地引入科技工作者、文化名人等，既为创新提供思想，也为科幻发展站台助威。在国家科幻大会上，可以考虑设置国家奖励。这是体现文化正从传统走向关注科学的一个重要部分，是中国特色的一种展现。

第二，要设计促进科幻创意创新的可持续机制。要大力开拓作家和从业者的培养方式。围绕当前国家的"双创"活动、"一带一路"、命运共同体等未来发展方向，设置科幻创作大赛，要给成功的作品重奖。以往的经验证明，后期奖励比前期奖励更有效。因此，保持对成品的强化比进行预先支持更加重要。要给有困难的作者改善创作条件，增加科幻专项培训。例如，当前影视业对科幻很有雄心，但囿于人才不足，许多项目无法很好地完成，要进行大规模扫盲培训才能解决科幻电影的重大人才缺口问题。

第三，要建立运行良好的科幻市场环境和市场机制，鼓励科幻创业。最近两年，在政府政策带动下，一批科幻创意企业已经萌生。像聚焦科幻电影创作的竺灿、十放、地平线、壹天传媒，聚焦 IP 转化的微像和八光分，聚焦作家培养的未来事务管理局，聚焦周边产品营销的赛凡空间，聚焦青少年科幻教育活动的清大紫育和青蜜等公司都已经初见成效，有的已经取得了二轮融资或正式获得了经济收益，这些经验需要认真总结。要完善税务和法律机制，保证作品版权的成功转化。

第四，各地区也可以根据自己的情况将科幻纳入城市规划的范围。目前，多数国家在建设城市的过程中，会将一些区域设计成未来感强烈的科幻新区。建立新的城市名片需要在传统上嫁接未来，科幻正是这种嫁接的合理元素。

第五，要从文学艺术走向文化发展，就必须重视科幻教育。要鼓励中小学设置科幻方向的校本课程，鼓励中考、高考等考试加入科幻内容，这种加入不是要让学生增加一种死记硬背的学科，而是要让他们能把更多从科幻学到的技巧用于生活。

第六，要鼓励科研院所、规划院所和高校与科幻作家进行更多的交流，鼓励从科幻作品中提取素材、丰富原创性。各类企业在考虑未来发展的过程中，也可以将辛纳锐欧（scenario）等一定程度来源于科幻的方法用于计划和战略制定。鼓励奇点大学、未来教育、人类想象力研究中心这样的新型研究和教学机构的设置，这是推进想象力文化的重要方法。

第七，要增加与海外科幻文学艺术界的双向交流，重点鼓励对外推广者。更多向世界各国学习，向发达的先行者学习。要多支持海外交流，在交通、食宿方面提供方便。在专题方面要有重点地设置那些我们薄弱的部分，进行对口学习。应该设置专项的科幻推广基金，鼓励向海外推广中国科幻。应该设立国家奖励，奖掖在海外为中国科幻作品翻译、印行、评论、甚至摇旗呐喊者。这些人长期无报酬地为中国科幻进行海外宣传，国家应给他们相应的尊重。

第八，要增加科研投入。继续鼓励各种科幻创作方式、创新方式、转化方式方面的基础研究。各种基金应该继续支持科幻研究的发展。要鼓励留学生在海外学习科幻电影、游戏、小说、设计方面的专业并吸引他们归国工作。

以上是我对当前中国发展科幻产业的一些想法。很多是在这些年工作中的感受，如有不妥，欢迎大家批评指正。

原载《科普创作》2017 年第 1 期

鲁迅的博物学情怀

金 涛

[题记]

按《辞海》解释：博物，旧时总称动物、植物、矿物、生理等学科。"博物洽闻，通达古今"，这句引自《汉书》的典故，虽不能说明博物学的科学内涵，但至少提示我们，在自然科学各学科分工还不太精细的时期，博物学是一个研究大自然的范畴较广的学科。20世纪初或更早的时候，为了认识自然界，揭开大千世界的秘密，博物学很是风行，不仅出现了许多杰出的学者，也诞生了很多优秀的经典之作。那个时期的博物学，面对的是一个比较完美的、保持原始状态的自然界，它调动了人们亲近大自然的美好情怀，至今仍是令人神往。

今天，博物学又在中国以及别的国家、地区悄然兴起，令人欣喜。因此，回顾鲁迅先生的博物学情怀，多少也折射出在那个并不遥远的时代，一名中国知识分子对大自然的深厚情感，每一次的探索都低声诉说着他对生活的无比热爱。

一提起鲁迅的大名，相信很多人马上会想到阿Q、孔乙己和祥林嫂，想到"横眉冷对千夫指，俯首甘为孺子牛"的诗句，想到那位精瘦的寸发怒竖、目光如炬、个头不高、身穿一袭棉袍的大先生，在荒野彷徨、向沉沉黑夜呐喊的孤独身影。不管你是不是喜欢他，多少年来，中国的好几代人是读他的文章长大的，也无形地受到他的思想哪怕是只言片语的影响。鲁迅是杰出的作家、思想的前驱者，这也是无法否认的事实。

不过，这只是多数人对鲁迅的印象，至少我认为这不能代表鲁迅的全部。

如果我说，鲁迅深入到地下矿井，观察岩层结构，曾经描绘出中国最早的矿产分布图；他密切关注科学探险，心系北极遥远的冰雪世界和北极熊，又对在中国西部沙漠戈壁跋涉的驼队和不畏劳苦的科学家充满敬意，期望他们把探险经历和重大发现告知国人；他十分喜欢奇异的植物，常和年轻朋友一起，背着标本夹，翻山越岭，采集植物的枝叶、花和果实，然后制作植物标本……

这些，你会相信是鲁迅吗？不错，这也是鲁迅。他是一个博物学家，视野开阔，兴趣广泛，对自然科学许多领域都有独到的见解。

一、鲁迅与《地质学原理》

"有谁从小康人家而坠入困顿的么，我以为在这途路中，大概可以看见世人的真面目；我要到 N 进 K 学堂去了，仿佛是想走异路，逃异地，去寻求别样的人们。我的母亲没有法，办了八元的川资，说是由我的自便；然而伊哭了，这正是情理中的事，因为那时读书应试是正路，所谓学洋务，社会上便以为是一种走投无路的人，只得将灵魂卖给鬼子，要加倍的奚落而且排斥的，而况伊又看不见自己的儿子了。然而我也顾不得这些事，终于到 N 去进了 K 学堂了，在这学堂里，我才知道世上还有所谓格致，算学，地理，历史，绘图和体操。"

在《呐喊》的自序中，鲁迅谈到自己的人生转折：1898 年春"到 N 进 K 学堂"（即进入南京江南水师学堂，1899 年，又改去江南陆师学堂附设的矿路学堂）。在这所新式学堂读了整整四年，一直到 1902 年 4 月赴日留学。他在这里学习了西方自然科学的课程，接触了达尔文进化论，加上第三年在江苏句容县青龙山煤矿的地质考察，从理论到实践，打下了比较坚实的科学基础。

从熟读四书五经的旧式私塾转入传授西方科学技术的新式学堂，对于清末许多年轻学子而言，无疑是人生的重大转折，也是一场影响深远的思想革命。鲁迅同样接受了西方文明的洗礼，不仅"知道世上还有所谓格致，算学，地理，历史，绘图和体操"，而且开始用思考的眼光，观察神奇的自然界，开始了他的博物学探索。

矿路学堂所用的教材，一本是讲矿物学的，名为《金石识别》，作者是美国地质学家、矿物学家代那，中译本出版于 1871 年。另外一本是讲地质学的，名为《地学浅说》，译自英国地质学家莱伊尔的《地质学原理》，1871 年由江南制造局翻译出版，共 38 卷。莱伊尔的《地质学原理》在地质学发展史上有着非常重要的地位，因为当时关于地球的形成，一种观点是灾变论，即地球形成过程中遭受了许多巨大的灾难性事件，这种观点往往导入《圣经》里的大洪水，使严肃的科学探索与宗教掺杂在一起。另一种是渐进论，认为地球的变迁是一贯的、缓慢的，要经历漫长的时间。作为伦敦大学国王学院地质学教授的莱伊尔，是渐进论的代表人物，他的《地质学原理》于 1830—1833 年分 3 卷出版，在他生前出了 12 版，直到 20 世纪，书中的许多观点仍然受到地质学界的重视。达尔文当年乘"猎犬号"环球航行携带的不多的书中，一本即是《地质学原理》。

达尔文曾经精辟地指出，《地质学原理》"最大的优点在于它改变了一个人的整个思想状况"。鲁迅系统地学习了莱伊尔的《地质学原理》，由于课本《地学浅说》的刻本不易得到，鲁迅精细地照样抄写了一部，印象更加深刻。他还采集了不少矿石标本，放在木匣子里观察。

另一本对鲁迅产生很大影响的书，是严复译述的《天演论》。该书取自托马斯·赫胥黎的《进化论与伦理学》前二章，并在按语和序中加上自己的见解，于 1895 年译成，1898 年正式出版。赫胥黎是英国博物学家，自称是达尔文进化学说最忠实的"斗犬"，他在《进化论与伦理学》中宣扬了达尔文关于地球生物演化过程的新思路，而严复在《天演论》中提炼出的物竞天择、生存竞争、优胜劣汰的思想，在当时中国知识界掀起层层波澜。

正是由于受到莱伊尔和达尔文进化论潜移默化的影响，鲁迅的博物学情怀一开始就不单纯是对大自然的好奇，也不仅仅是对某些科学知识的兴趣，而是蕴涵着对自然界不断发展变化的深层思考：地球永远处在演化中，地层在变，岩石在变，动物植物也同样在变，那岩层中的生物化石即是死去的古老生命。生物变化的原因是生存竞争、优胜劣汰，以此类推，人类社会不也要变吗？哪个王朝不也是由兴而衰，最终走向灭亡？没有铁打的江山，世上没有活一万岁的皇帝!

这些与传统观念决裂的新思想,由朦胧变得清晰,进而支配了鲁迅的一生。

二、鲁迅与科学探险

1902 年,鲁迅东渡日本,成为清朝的一名公费留学生。他在东京弘文书院学日语,同时阅读各种报刊,像海绵一样汲取各种西方科学技术的最新信息。

这期间,有两个重大的科学事件引起他的关注。一个是北极探险取得的新进展,1893 年 6 月 24 日挪威探险家南森与同伴向北极点挺进,花了近 2 年时间,于 1895 年 4 月 7 日到达北纬 86 度 14 分,离北极点仅 235 千米,这是当时人类距北极点最近的距离。另外一个重大科学发现,是 1898 年法国物理学家居里夫人和她的丈夫皮埃尔·居里,发现了放射性极强的新元素镭。1903 年,居里夫妇和另一位法国物理学家贝克勒耳共享了诺贝尔物理学奖。一些重大的科学事件使鲁迅激动不已。他阅读了所能找到的报刊,详细地了解有关科学知识,奋笔疾书,短时间内完成了一篇作品,题为《说鈤》(镭的旧译名),发表在 1903 年 10 月东京留学生出版的《浙江潮》月刊第八期。值得一提的是,这篇全面介绍镭的发现和放射科学的论文,距居里夫妇发现镭仅五年,获得诺贝尔奖后仅半年。另外,1903 年可说是鲁迅创作的"爆发期"。他相继发表了《中国地质略论》(《浙江潮》8 期),翻译了法国儒勒·凡尔纳的科学小说《月界旅行》(东京进化书社),以及同一作家的另一部科学小说《地底旅行》第一、二回刊登在《浙江潮》10 期,全书由南京启新书局于 1906 年 3 月出版。

1904 年,鲁迅译过一部《北极探险记》,说明他对北极探险的关注。1934 年 5 月 15 日,晚年的鲁迅致信杨霁云,还念念不忘年轻时的这部译作,也许他又回想起当年对北极探险的痴迷和向往:"我因为向学科学,所以喜欢科学小说,但年轻时自作聪明,不肯直译,回想起来真是悔之已晚。那时又译过一部《北极探险记》,叙事用文言,对话用白话,托蒋观云先生绍介于商务印书馆,不料不但不收,编辑者还将我大骂一通,说是译法荒谬。后来寄来寄去,终于没有人要，而且稿子也不见了，这一部书，好像至今没有人拿去出版过。"根据信的语气，"叙事用文言，对话用白话"，《北极探险记》应是一部科学小说。不过，这本译著至今下落不明。因原稿遗失，原作及该书内容至今仍是一个有待发掘的课题。

不过，热爱大自然、对科学探险怀有浓厚兴趣的鲁迅，即便后期困守在孤岛般的上海，仍然以好奇的眼光尽可能地获取最新的信息。他在1929年6月10日的日记中这样写道："夜同贤桢、三弟及广平往上海大戏院观《北极探险记》影片。"又在1936年4月15日致颜黎民信中写道，"附记：其次是可以看看世界旅行记，借此就知道各处的人情风俗和物产。我不知道你们看不看电影；我是看的，但不看什么'获美''得宝'之类，是看关于非洲和南北极之类的片子，因为我想自己将来未必到非洲或南北极去，只好在影片上得到一点见识了。"

这也恰恰是一个博物学家的情怀吧。

鲁迅对西北科学考察团的科学考察的密切关注彰显了他的远大目光。

1927—1935年，由中国科学家与瑞典探险家斯文·赫定合作组成的西北科学考察团（全称是中国学术团体协会西北科学考察团），在我国西北地区开展多学科的科学考察，这是20世纪二三十年代我国最重要的科考活动，不仅成果丰硕，而且是第一次以我国为主、与外国平等合作的科学考察。当时双方签订的19条协议，一改清末以来外国探险家、科学家在中国境内畅行无阻，任意发掘、考察，并将大量文物和动植物标本掠至国外的屈辱历史，成为这之后外国人来华考察与我国签约的典范，意义重大。西北科学考察团先后共计38人，进行了多学科的综合考察，取得了不寻常的成绩，填补了许多学科的空白。

值得一提的是，鲁迅虽然无缘参与考察活动，但是鲁迅的两位朋友却是这次科学考察的关键人物。

一位是刘半农（1891—1934），又名刘复，北京大学教授、著名文学家、语言学家。他是当时成立的中国学术团体协会推举的常务理事，西北科学考察团名义上是中国学术团体协会组织的，双方签订的 19 条协议，倾注了刘半农的心血。

另一位就是负有全面责任的中方团长徐炳昶。徐炳昶（1888—1976），字旭生，著名史学家，留学法国，在巴黎大学攻读西洋哲学。学成归国后，先后任北京大学哲学系教授、北京大学教务长、北京师范大学校长。1927 年，徐炳昶担任中国西北科学考察团的中方团长。他知识渊博、为人正直，赢得全团中外队员的钦佩。徐炳昶与鲁迅早就相识。鲁迅的《华盖集》收有《通讯》一文，即是鲁迅与徐炳昶往来的四封信，鲁迅致徐炳昶的信是 1925 年 3 月 12 日、29 日，徐炳昶致鲁迅信则是同年同月的 16 日和 31 日。1927 年，徐炳昶担任中国西北科学考察团的中方团长，与赫定率团出征，以及此前中国学术界维护国家主权的努力，这些频频见诸报端的消息，鲁迅肯定十分关注。

从《徐旭生西游日记》的序言可知，考察团从西北回来后，《东方杂志》编辑立即找到徐炳昶，转达了鲁迅先生的约稿要求。徐炳昶在序言中写道："东归以后，东方杂志的编辑曾由我的朋友鲁迅先生转请我将本团二十个月的经过及工作大略写出来，我当时答应了，可是迁延复迁延，直延到一年多，这篇东西还没有写出来，这是我十二分抱歉的。现在因我印行日记的方便，把这些东西补写出来，权当作日记的序言，并且向鲁迅先生同《东方杂志》的编辑表示歉意。"由此不难看出，鲁迅先生对于这次中外合作科学考察的高度重视。

他热切地希望徐炳昶"将本团二十个月的经过及工作大略写出来"，把考察中的见闻、科考的发现、取得的成果迅速地告诉国人，这无疑是一次最生动、最有影响的科学传播。

《徐旭生西游日记》（1930 年出版，全三册）的序言，虽然总结了这次科考的许多情况，但是仅见于书中，其影响力恐怕远比鲁迅期待的发表在《东方杂志》上面要小得多。

三、鲁迅与植物学

鲁迅一生对博物学的热爱，还突出地表现在他对花花草草的钟爱，这似乎是与生俱来的天性，也是许多博物学者的共同爱好。《从百草园到三味书屋》的散文中，鲁迅对童年的乐园充满诗意的回忆；他还痴迷《花镜》《广群芳谱》《南方草木状》《释草小记》等图书；他带着浙江两级师范学堂的学生，到西湖附近的山丘湖畔采集标本，和三弟周建人一起到绍兴的会稽山采集标本……所有这些，生动地勾画出一个热爱大自然、对植物世界充满好奇的鲁迅的身影。如今，北京鲁迅博物馆陈列室还保存着鲁迅亲手制作的植物标本；旧居的四合院内，鲁迅亲手种植的丁香依然郁郁葱葱，这些无不是鲁迅博物学情怀的体现。

1926年7～8月，鲁迅在齐寿山协助下，翻译了荷兰作家望·蔼覃（1860—1932）的长篇童话《小约翰》，为此写了《〈小约翰〉引言》和《动植物译名小记》。这两篇文章不仅讲述了翻译《小约翰》的由来，更重要的是，鉴于中国古代文献动植物名称与实物对照的模糊，尤其是植物、动物的中外译名如何统一、规范，提出了很殷切的希望。鲁迅列举了翻译《小约翰》时遇到的树木、昆虫、花草、禽鸟等外文名称以及考证准确的中文译名的经过："我想，将来如果有专心的生物学家，单是对于名目，除采取可用的旧名外，还须博访各处的俗名，择其较通行而合用者，定为正名，不足，又益以新制，则别的且不说，单是译书就便当得远了。"

1930年10月，鲁迅译日本刘米达夫的《药用植物》，文章连载于《自然界》同年10月、11月第5卷第9、10期和次年1月、2月的第6卷第1、2期。以后收入商务印书馆的"中学生自然研究丛书"，书名为《药用植物及其他》，该书出版9个月后（至1937年3月）已印了3版。

还有必要指出的是，鲁迅是我国近代最早提出自然保护这一概念的先行者，并且在当时历史条件下做了一些开创性的工作。

自1912年起在教育部社会教育司任职期间，鲁迅曾发表《拟播布美术意见书》（载于1913年2月《教育部编纂处月刊》），文中特别强调自然保护（名曰"保存事业"）："当审察各地优美林野，加以保护，禁绝剪伐；或相度地势，辟为公园。其美丽之动植物亦然。"对中国而言，这是很超前的自然保护的构想，并且将自然保护纳入美育教育的范畴。与此同时，该意见书还强调文物保护：凡著名的建筑，如伽蓝宫殿"所当保存，无令毁坏""其他若史上著名之地，或名人故居，祠宇，坟墓等，亦当令地方议定，施以爱护，或加修饰，为国人观瞻游步之所。"此外，还提到碑碣、壁画及造像的保护，指出："近时假破除迷信为名，任意毁坏，当考核作手，指定保存。"这些已具备自然保护与文物保护法的雏形。

据鲁迅 1912 年 6 月 14 日的日记："与梅光羲、胡玉缙赴天坛及先农坛，考察其地能否改建公园。"可见鲁迅曾参与将旧日帝王坛庙变为人民共享的公园之事。先农坛于 1915 年被辟为先农公园，1918 年改为城南公园。社稷坛于 1914 年被辟为中央公园（1928 年改称中山公园）。天坛则在 1918 年被辟为公园。北京近代公园的出现，成为现代城市一道美丽的景观，是与鲁迅等前辈的努力分不开的。

原载《科普创作》2017 年第 1 期

期待我国的"元科普"力作

卞毓麟

2017 年 5 月 19 日，"2017 科普产业化上海论坛暨睿宏文化院士专家工作站揭牌仪式"在沪举行。这个工作站由中国科普作家协会理事长、中国科学院古脊椎与古人类研究所所长周忠和院士领衔建立，是全国第一个致力于科普创作和科学传播的院士工作站，工作站驻地为上海睿宏文化传播有限公司。近 10 年来，这家公司创制科普电影的成绩有目共睹，兹不赘述。

在这次论坛筹备期间，睿宏文化公司的创意总监叶剑先生征询我可否为大会做一个特邀报告，从天文普及的角度谈科普产业化。我表示，其实我更希望谈谈已思考多时而尚未公开论述的一个问题，即对我国"元科普"力作的期待。这样，便有了我在论坛上的特邀报告"元科普与科普产业化"。

"元科普"一语是在上述论坛上首次提出的，今遵《科普创作》之嘱进一步扩充成文，并祈方家赐教。

一、什么是"元科普"作品

"元科普"这个新名词，人们还不太熟悉。元科普作品，指工作在某个科研领域第一线的领军人物（或团队）生产的一类科普作品，这类作品是对本领域科学前沿的清晰阐释、对知识由来的系统梳理、对该领域未来发展的理性展望，以及科学家亲身沉浸其中的独特感悟。

那么，"元科普"的这个"元"字，究竟是什么意思？

我们先从并非科普作品的《科学元典丛书》（以下简称《丛书》）说起。此《丛书》由任定成教授主编，北京大学出版社出版。《丛书》从哥白尼的《天体运行论》开始，包括哈维的《心血运动论》、笛卡尔的《几何》、牛顿的《自然哲学之数学原理》、拉瓦锡的《化学基础论》、拉马克的《动物学哲学》、达尔文的《物种起源》、摩尔根的《基因论》、魏格纳的《海陆的起源》、维纳的《控制论》、哈勃的《星云世界》和薛定谔的《生命是什么》等，已先后推出好几十种。在每本书的扉页前面，都印着这样一段话："科学元典是科学史和人类文明史上划时代的丰碑，是人类文化的优秀遗产，是历经时间考验的不朽之作。它们不仅是伟大的科学创造的结晶，而且是科学精神、科学思想和科学方法的载体，具有永恒的意义和价值。"

这里，元典的"元"字用得好！在《辞海》（2009 版）中，"元"字共有17 个义项，除了"姓""朝代名""货币单位"等若干特定含义外，主要的意思就是"始、第一""为首的""本来、原先""主要、根本"等。《现代汉语词典》（第 6 版）中，"元"字的主要释义也是"开始的、第一""为首的、居首的""主要、根本"。由此可见，《科学元典丛书》的这个"元"字确实用得很巧妙。现在，在同样的意义下把"元"字用到科普上："元科普"就是科普中的元典之作。

或问，科普作品的内容与形式林林总总，为何要特别强调"元科普"的重要性？我以为，如果把科普及其产业化比作一棵大树，那么元科普就是这棵大树的根基，它既不同于专业论文的综述，也不同于职业科普工作者的创作，而是源自科学前沿团队的一股"科学之泉"。它既为其他形形色色的科普作品提供坚实的依据——包括可靠的素材和令人信服的说理，又真实地传递了探索和

《科学元典丛书》

原始创新过程中深深蕴含的科学精神。可以说，元科普乃是往下开展层层科普的源头。

向大众传播科学知识，传递科学思想、科学方法和科学精神，是科学家义不容辞的职责。但是，一名科学家究竟应该或能够花多少时间来做科普呢？这当然因人而异。但这里也有一个共同点，那就是一线科学家投入科普实践的时间和精力，应尽可能优先用于做别人难以替代因而潜在社会影响更大的科普，而元科普正是这样的大事。

二、元科普作品范例

世上优秀的元科普作品已有不少，为说明问题此处谨略举数例。

首先是爱因斯坦（Albert Einstein）和英菲尔德（Leopold Infeld）合著的《物理学的进化》。爱因斯坦亲自来科普相对论和量子论，自然是无人可以替代的。作为相对论的创始人，他最明了这一思想究竟是怎么形成的，这个理论是怎样建立的。1936 年，波兰理论物理学家英菲尔德接受爱因斯坦的建议，到美国普林斯顿高等研究院工作了两年，他们基于广义相对论合作研究了重物体的运动问题，并在此期间写成、出版了《物理学的进化》。20 多年以后，英菲尔德在此书新版序中写道："爱因斯坦去世了。他是这本书的主要作者……本书问世以后，物理学又有了空前的发展……不过这本书只是讨论物理学的重要观念，它们在本质上仍然没有变化，所以书中需要修改的地方极少。""我不愿把这些小小的修改引到正文中去，因为我觉得这本书既然是跟爱因斯坦共同写的，就应该让它保留我们原来所写成的那样。"此书初版至今已经大半个世纪，它在世界科学史、科普史方面都是经典，是元科普的典范。

我还想提到《双螺旋——发现 DNA 结构的个人经历》（1968 年）一书，它的作者是 DNA 双螺旋结构的发现者之一、1962 年诺贝尔生理学或医学奖得主詹姆斯·沃森（James Dewey Watson）。这部作品详述了 DNA 双螺旋结构的发现过程，半个多世纪以来，人皆赞不绝口。其中一个主要原因，正在于沃森的亲述为后人提供了丰富的史料和准确的理解，这是他人无法替代的。作者在序言中写道:"在本书中,我从个人的角度讲述 DNA 结构是如何发现的。在写作中,我尽量把握战后初期诸多重大事件的发生地英国的气氛……我试图再现当时对有关事件和人物的最初印象,而非根据 DNA 结构发现之后我所知道的一切作出评价。"这段话,非常生动地体现了元科普之"非我莫属"的功能。

再如 1991 年诺贝尔物理学奖得主、法国科学家德热纳(Pierre-Gilles De Gennes)与其同事巴杜(Jacques Badoz)合著的《软物质与硬科学》(1994 年)。德热纳是软物质学科的创始人,这本书以与中学生谈话的形式,从橡胶、墨水等我们身边的诸多事物,具体入微地阐明了什么是"软物质",描述了它们融物理、化学、生物三大学科于一体的全新特征和认知方法。现在,软物质已经是物理学中非常重要的一个领域。欧阳钟灿院士为中文版《软物质与硬科学》写了一篇精彩的导读,其中介绍了德热纳如何透过 1839 年美国人固特异(Charles Goodyear)发明橡胶硫化技术从而引申出软物质的深刻定义:"天然橡胶的每 200 个碳原子中,只有一个原子与硫发生反应。尽管它们的化学作用如此微弱,却足以使其物理性质发生液态转变成固态的巨大变化,生胶变成熟胶。这证明了有些物质会因微弱的外力作用而改变形态,就如雕塑家以拇指轻压,就能改变黏土的外形一般。这也正是'软物质'的基本定义。"

《最初三分钟——宇宙起源的现代观点》(1976 年)的作者斯蒂芬·温伯格(Steven Weinberg)是 1979 年诺贝尔物理学奖得主,对基本粒子物理学和现代宇宙学都有深厚的造诣。他在本书序中写道:"我发觉自己情不自禁地想写一本关于早期宇宙的书……正是在宇宙初始时,特别是在最初的百分之一秒中,宇宙学问题和基本粒子理论是会合在一起的。最重要的是在过去 10 年里,一个被称为'标准模型'的有关早期宇宙事件进程的详细理论已经被广泛接受,所以现在正是写有关早期宇宙问题的好机会。"这部元科普作品的反响好到什么程度?李政道教授曾说:"我以极大的兴趣读了温伯格教授的《最初三分钟》,作者以严格的科学准确性,生动而清楚地介绍了我们宇宙的这一短暂而重要的时刻,这的确是值得称道的成就。"美国科普巨擘艾萨克·阿西莫夫(Isaac

Asimov）则说："我曾接触过不少描述宇宙早期历史的读物。一直到读了这本书之后，我才认识到，专门的观测和详细计算的结果，能使这个问题如此明白易懂。"

还可以再举几个元科普佳作的例子。《脑的进化——自我意识的创生》（1989 年）的作者是澳大利亚神经生理学家约翰·C. 埃克尔斯（John C. Eccles），他因发现神经细胞之间的突触抑制作用而与阿兰·霍奇金（Allen Hodgkin）和安德鲁·赫胥黎（Andrew Huxley）共享了 1963 年诺贝尔生理学或医学奖。在某种意义上，《脑的进化》可视为用通俗的笔调写就的学术专著，但亦可明确归入元科普之列。著名科学哲学家卡尔·波普尔（Karl Popper）在为此书所作序中写道："我认为这是一本独一无二的好书。""本书综合了各方面的科学证据，其中包括比较解剖学（尤其是脑解剖学）、考古学和古文字学（这两门学问以前很少放在一起讨论）、脑生理学（尤其是语言生理学）以及哲学……为心脑问题描绘了一幅前所未有的总概观图。"

最后再举一例。物理学家历尽艰辛，终于证实了"上帝粒子"——希格斯玻色子的存在，它的两位预言者并因此荣获 2013 年诺贝尔物理学奖，这使人们重读 20 年前的杰作《上帝粒子——假如宇宙是答案，究竟什么是问题？》（1993 年）的热情再度高涨。此书的第一作者利昂·莱德曼（Leon Lederman）在粒子物理领域成就卓著，是 1988 年诺贝尔物理学奖得主。美国著名科学刊物《自然》对此书评价道："有历史，有传记，还有激烈的辩论，一路不忘掇拾神秘的花絮……《上帝粒子》一书乐就乐在它描述了以实验的方式揭示宇宙奥秘的快乐。"

这些例子充分表明，同为元科普作品，创作的形式与风格却可以各有异趣。确实，多样性永远为可读性提供无尽发挥的空间。

三、元科普与高端科普

科普界早先常用"高级科普"一语，指涉及科学内容较深、对读者所具备的科学背景要求较高——所谓"起点较高"或"门槛较高"的那类科普作品，其使用语境往往与"青少年科普""少儿科普"相对。这些年来,为避免"高级"与"低级"相对而生歧义,避免科普有"高级""低级"之误解,业内人士已逐渐用"高端科普"取代"高级科普"的提法,我亦颇以为然。

或许有人会问,"元科普"不就是科学家创作的高端科普作品吗?诚然,元科普作品通常都是高端科普作品,但是高端科普作品却未必都能归入元科普之列。这不妨以我本人的两篇作品为例来说明。第一例是 2014 年我在《现代物理知识》上发表的科普长文《恒星身世案循迹赫罗图》,为纪念现代天文学中极为重要的"赫罗图"诞生百周年而作。此文是一篇地道的高端科普作品,读者对象是具备理科背景的大学生乃至非天体物理专业的科学家,文章刊出后颇获好评。但是,它并不能跻身元科普之列,因为其作者——我本人并非在相应领域取得重要创新成果的一线学者,我在文中介绍的乃是前人已经取得的成就。第二例也是发表在《现代物理知识》上的长文,题为《黑洞的"解剖学"》(1992 年),文章从广义相对论的黑洞观说起,渐次介绍施瓦西黑洞、带电黑洞、旋转黑洞,乃至既带电又旋转的各种黑洞的结构与性质。文章见刊后因其所述科学内容深入但依然不失可读性而受欢迎。不过,这篇作品同样并非元科普之作,其理由一如上例。

另外,鉴于元科普是一线优秀科学家对某一前沿科学领域做全景式或特写式的通俗描述,所以又容易让人联想到学术著作中的综述。那么,元科普和综述两者的主要区别何在呢?简单地说,综述主要是面向圈内人的,有时甚至主要是给小同行看的,所以完全用纯专业的语言来叙述。但元科普著作的目标是本领域以外的人群,因此需要由最了解这一行的人将知识的由来和背景,乃至科研的甘苦和心得,都梳理清楚,娓娓道来,这就是非亲历者所不能为的缘故。

我国的《科学》杂志曾在 2002 年 54 卷第 1 期的"论坛"专栏刊出拙文《"科普追求"九章》,文末编辑附言云,在本文作者"荣获第四届上海市大众科学奖之际,本刊约他谈谈对科普创作的追求,于是有了上述文字。文分九段,故名九章"。其中第一章就谈道:"2001 年 5 月 30 日,我拜访了中国科学院院士、北京天文台（今国家天文台）的陈建生先生。我本人曾在北京天文台度过 30 余年的科研生涯，其中后一半时间就在陈先生主持的类星体和观测宇宙学课题组中。他向我谈了自己对科普作品的向往：'像我们这样的人，有较好的科学背景，但是非常忙，能用于读科普书的时间很有限，所以希望作品内容实在，语言精练，篇幅适度，很快就触及要害，进入问题的核心，这才有助于了解非本行的学术成就，把握当代科学前进的脉搏。'"

这是一位科学家从切身需求出发，对科普读物的期望。如今想来，他所期望和欢迎的，正是各前沿领域的元科普作品。

四、呼唤更多的中国"元科普"

我也记得上海科技馆一位科普主管曾对我提到，他们做了许许多多面向青少年、面向学生的科普工作，但有时难免感到力不从心，感觉有些科学内容把握不准，很希望有一线科学家来讲解指导。在我看来，倘若我们拥有更多的元科普资源，那么广大的教育工作者、科普工作者和传媒工作者就更容易找到坚实的依靠了。

向公众传递科学知识、传播科学精神，为科学家所义不容辞。但是科学家首先要致力于科研，他究竟能花多少精力来做科普，显然是一言难尽的。通常，一线科学家很难花费太多的时间直接参与一波又一波的科普活动。然而，一项科学进展，一个科研成果，从高端的传播到儿童的科学玩具，它的科普化、产业化链条是很长的，书籍、影像、课件……就像一棵大树的枝丫可以纵横交错，在一线科学家不可能对每个环节都事必躬亲的情况下，元科普作品也就显得分外重要了。

毋庸置疑，科学家直接面向青少年、面向公众做科普演讲，是非常值得称道，也非常值得尊敬的。但这里有一些——即并非元科普的那一部分，却是有可能由他人替代的。我想，一线领军科学家能够用于科普的宝贵时间和精力，难道不是应当更多地倾注于他人难以替代的元科普创作吗？

最后，也是我最想说的，就是希望看到我国一线科学家的更多的元科普力作。在我国,这样的作品还太少太少,而需求却很大很大。

这次科普产业论坛的主办方之一睿宏文化传播公司,和中国科学院古脊椎动物与古人类研究所的一线优秀科学家深度合作,将科研成果变成电影脚本,生产出高质量的 4D 科普电影。上海科技馆现在放映的不少原创影片,也与科学家有着全面合作。有越来越多的优秀科学家热心投入科普事业中,这确实很鼓舞人心。

然而,总体而言,我们在元科普方面的力度、广度、深度还是不够。21 世纪来临之际,清华大学出版社曾和暨南大学出版社联手推出一套"院士科普书系",共有上百个品种,作者都是我国的领军科学家。这是一次有益的尝试,"书系"中有不少佳作,有些选题甚至很有成为元科普范例之潜力。但囿于时间仓促等因素,"书系"的总体效果尚不能尽如人意。

近年来,国内外重大科技成果迭出,这正意味着对元科普作品的强烈诉求。例如,社会公众都很关注量子通信以及我国在该领域取得的世界领先成果。我想,如果潘建伟院士的团队能够就此写一本元科普作品,以利外行人——至少是让非本行的科学家——明白就里,那该是多好的事情!前不久读到瑞士著名量子物理学家尼古拉·吉桑著《跨越时空的骰子:量子通信、量子密码背后的原理》一书,潘建伟院士在中文版序中对此给予很高的评价。但是,此书法文原版是 2012 年问世的,而今世人更翘首以待的已是潘建伟团队自己的元科普新作了。当然,元科普对于科技政策制定者和科技管理人员更好地把握科研动向,对于国家决策、经费投入,也都有重要的现实意义,此处就暂不展开了。

衷心期盼中国的领军科学家团队创造出更多的元科普产品,这是社会的需求,也是时代的呼唤!

原载《科普创作》2017 年第 2 期

左手科学，右手娱乐

——揭秘科普节目《加油！向未来》

陈 虎

　　2016 年 8 月 4 日，我无意之中在当天的《北京晚报》上发现一篇文章，介绍正在中央电视台一套播出的大型科学实验秀节目——《加油！向未来》。什么科学类节目能在中央电视台一套周末黄金时间播出，时长还有 90 分钟？抱着极大的好奇心，我在中央电视台的官网上找到了这个节目，并认真地看了一遍，果然值得点赞。这确实是一个制作精良、兴趣盎然、充满科学魅力的大型科学实验秀节目，是我至今看到的、国内生产的、最上乘的同类节目。时值第九届中国国际科教影视展评暨制作人年会举办的"中国龙奖"（国际科教类节目评奖）作品征集接近尾声之际，我赶紧联系到该节目制片人王宁，建议他们送作品参评"中国龙奖"。当时，王宁还不无担心地对我说："如果只是陪衬就太遗憾了。"我的回答是："可以理解，祝你好运！"而好运终于降临到这个节目头上，初评顺利过关，终评得到国内外评委的一致认可，最终摘得 2016 年"中国龙奖"金奖的桂冠。我为中国电视人的努力成果骄傲，也想基于我自身学识与经验谈一谈对这个电视节目的看法。

　　《加油！向未来》从社会意义角度上讲，可以把它定义为科普类节目；从节目形态上讲，国内把它称之为益智类节目或从内容上直接定义为科学实验秀节目；而国际上一般称之为 game show（竞赛秀）或 quiz show（竞猜秀）。这类节目是在电视屏幕上非常流行，且长盛不衰的一种节目类型或节目形态。这种节目形态在内容上不受限制、五花八门、包罗万象。例如，20 世纪 90 年代中央电视台的《正大综艺》就是以世界知识为内容的竞赛、竞猜秀节目，北京电

科普节目《加油！向未来》

视台的《东芝动物乐园》则是以动物知识为内容的竞赛、竞猜秀节目。当时，这两档节目被称为"知识节目娱乐包装"，第一次将电视的传输知识功能和那时还不太雅的"娱乐"这个词结合在一起。这两档节目的巨大成功带动了竞赛、竞猜秀节目在中国的蓬勃发展，如今已是遍地开花，各台不惜重金甚至从国外引进模式打造的品牌娱乐栏目多为此种类型的节目。最有说服力的就是中央电视台春节期间推出的《中国诗词大会》这个节目。该节目内容就是中国古典诗词，纯属传统文化，而节目表现形态是竞赛、竞猜。由于该节目抓住了竞赛、竞猜秀节目的核心特点，用得恰到好处，不仅吸引了广大观众的眼球，而且引起了社会的强烈反响。

一个成功的竞赛、竞猜秀节目，它的核心特点、成功要素是什么呢？我于1997—2006年出任亚洲电视奖评委10年，看到过亚洲各国制作的很多此类节目，为此我在撰写的《中国电视节目与国际电视奖的接轨》（以下简称《接轨》）一书中曾就成功的这类节目归纳出三个要素，现结合《加油！向未来》叙述如下。

第一个成功要素为通过舞美、灯光、音响等各种元素，精心设计创作一个讲究的、抢眼的竞赛环境。即演示大厅和现场环境设计得高雅、大气，充满与主题对应的权威和神秘气氛，有人称之为节目的气场。我认为在这一点上，《加油！向未来》做到了。该节目画面投入观众眼帘的第一个感觉为，这是一档大制作、大手笔的节目，弥漫着神奇的科学奥秘，值得一看。当然，作为科学实验秀节目，由于演示实验过程的要求，它较之一般竞赛、竞猜秀节目，场面更宏大，甚至外景拍摄都要加在其中。各种镜头的运用，特别是特写镜头的运用也较之更丰富，这都是显而易见的。

第二个成功要素为通过一系列精心设计的技能型或智力型竞赛，创造一个始终抓住参赛者和观众心理的竞赛过程。这个要素是三个成功要素中最核心的要素，对此，我在《接轨》一书中有如下一段描述："对观众来说，最强烈的吸引力来自节目竞赛环节、竞赛表演的设计。无论是采用何种竞赛方式还是采取猜问题的方式，大到整体比赛结构的设计，小到一个比赛回合，每一个现场环节对观众而言都要有某种迫切的期待感，欲罢不忍。即通过竞赛的不确定性、出乎意料性、滑稽性和抉择的两难性等手段，使观众的心随比赛的进程跌宕起伏，就像当时获得第一名的作品在介绍自己节目的文章中说的'快节奏和各种要过关的技能考试让竞赛者包括观众总是保持着肾上腺素分泌在高水平状态'。"

我认为《中国诗词大会》节目竞猜比赛的总体设计和每一个环节的设计都比较到位。每一个选手、每一次答题的成败不仅与自己的命运有关，而且与赛场上其他人的命运、与比赛的总结局息息相关。因此也让在场的观众和电视机前的观众有扣人心弦之感，产生强烈的吸引力。《加油！向未来》节目虽然实验展示内容更显突出和重要，环节设计有可视性和趣味性，但结果的竞猜仍旧起到吸引观众产生某种迫切的期待感、欲罢不忍的作用。根据节目组材料介绍，该节目在创作上专门有一个团队负责设计节目中的各种实验，让它达到激发兴趣的效果。这样一来，实验过程的展示、竞猜的悬念、选手的输赢三者有机的结合将《加油！向未来》节目成功的核心要素发挥得恰到好处。

第三个成功要素为通过滑稽幽默的主持人（一般是男士）与公众人物（明星）、参赛者和相关观众的有机结合，始终保持现场气氛的跌宕起伏和凝聚力。这是我10年前出版的书中写的总结，如今这个趋势不仅仍在保持，而且更加强烈，《加油！向未来》也充分体现了这一点。正是由于撒贝宁、张腾跃的主持，各界公众人物，特别是影视明星的加盟，以及未来博士（邓楚涵）的角色设计，大大提升了节目的人气和亲和力，进而提高了节目的收视率。当然，《加油！向未来》节目的成功不仅仅是把握住了这三个要素所致，节目组在其他很多环节上也动了不少脑筋，起到了很好的效果，在此就不一一赘述。

该节目科学顾问团队负责人、北京交通大学国家级物理实验中心陈征博士评价，《加油！向未来》是中国科普节目向前迈出的很大一步，"走到这步，对科普工作是重大突破"。陈征认为："原来，严肃的科普节目不敢太娱乐，观众小众；娱乐节目不敢有科学，掉收视率。而这档节目，在收视率和科学严谨两个方面找到了平衡点，只有公众收看了电视节目，我们才有可能引起他们对科学的兴趣，进而主动认识科学、了解科学。"陈征博士说得对，寓教于乐，对于大众媒体而言，如果没有娱乐因素吸引观众，哪来科学内容的普及效果。

《加油！向未来》第二季将于2017年7月继续在中央电视台一套周日晚上黄金时间与广大观众见面。在此也衷心祝愿第二季《加油！向未来》做得更具吸引力，让整个社会，特别是让年轻的一代切身感受到科学给我们这个世界带来的无限的魅力。

原载《科普创作》2017年第2期

记忆中的未来中国

黄　海

　　梦，是现实里未曾发生，让人百般期待未来发生的事物。然而，爱因斯坦去世前的一封信提道："在物理学家眼光中，过去、现在与未来，只是人们心中顽固坚持的幻象。"这句话成为科学名言，现代物理学家也有人提出时间根本不存在，并以"为何我们记得过去的事，而不记得未来的事"提出对时间不对称的质疑。

　　科幻小说作家出入于时间之流，填补了我们未来的记忆。对于过去的追忆，连接了未来与现在，于是"长着金属翅膀的人在现实中飞翔，长着羽毛翅膀的人在神话里飞翔"。又如刘兴诗《悲歌》中的时间之舟，是幻想与现实交织而成的飞车，可以在时间中来去自如。

一、我们未来的远古梦

　　何夕的《盘古》引领我们看到爆炸中的盘古，宇宙由胀而缩、由缩而胀，这有中生无、无中生有的两极就是零，也引领我们看到未来的盘古。骆伯迪的《文明毁灭计划》写出黄帝大战蚩尤的奇想，黄帝原来是科学家，在他战胜蚩尤后，改变人类基因，把人类的寿命从 300 岁减到 70 岁，也减低大脑功能，不使人类毁灭自己，小说构织了一个属于中国和世界的万年之梦。

　　古老中国的未来记忆，如天女散花般被传唱，飞氘《一览众山小》，写孔子求道，登上擎天之柱的泰山之旅，山山水水、层层云霄，星斗在脚下闪烁，孔子梦见未来，看到天外的世界，那是几千年以后了，将来的人也在求道，但仍然不可得。中国台湾科学家郑文豪写画家完成太初形象后震动宇宙，得到能力遍访宇宙各处，造访了《红楼梦》大观园和牛郎织女星。

偃师是智者与科技的象征，"偃师造人"一再被科幻作家梦到，童恩正《一个机器人之死》、潘海天《偃师传说》、拉拉《春日泽·云梦山·仲昆》都有表述。长铗在他的《昆仑》中借着偃师说："人不能取代神的！"王晋康《一生的故事》不认为人类的智能比人工智能高贵，总有一天非自然的智能会超过人类，他把未来比喻成可以记忆的过去："不当科幻作家，去当史学家，写《三百年未来史》更是盖了帽了……前无古人后无来者。"

不管如何，从早期最简单原始的机器人——电饭锅、自动门开始发展，机器人如今变得更复杂，在制造业中的强大功能逐渐成为现实。郭台铭在中国的百万机器人大军，很快就要上阵服役，更甚者，机器人与人结婚也指日可待。

二、我们未来的过去梦

回顾百年来的现代"中国梦"，20世纪初，梁启超《新中国未来记》描绘了中国未来60年的壮盛繁荣。1910年上海青浦朱家角，32岁的陆士谔，出版《新中国》，描绘100年后的上海浦东，大桥、过江隧道电车、中国银行、世博会，都成为浦东开发传奇——把地掘空、安放铁轨、日夜点电灯、城市里地铁穿梭、洋房鳞次栉比、跑马厅附近修建了大剧院、陆家嘴成为金融中心。陆士谔的"浦东梦"，有30多个已实现，是"中国梦"的典型之一。

1904年，荒江钓叟所著《月球殖民地小说》发表，这是现代中国的未来梦初起。小说发表在世界上出现飞机的前夕，主人翁乘坐气艇在世界各地冒险，再到月球，堪称为当时的科幻小说。刚

太空人（姚大海绘图）

好在不久之前的 1903 年 12 月 17 日，人类自制的第一架飞行器——莱特兄弟的动力飞机四次起飞，最长的一次是 59 秒、260 米，完成了人类史上征空创举。两件事的意义巧合，意味着中国对科学起飞和科学救国的迫不及待。随后的科幻作家顾均正、宋宜昌、童恩正、叶永烈、金涛、肖建亨描绘的中国，是循着科学发展的未来可能进程去勾勒蓝图的。如今的中国已现代化，科学已大致超越了当年的科幻。

新中国梦，念兹在兹。第一篇科幻小说郑文光的《从地球到火星》（1954年）带来北京天文热，之后的《飞向人马座》，标示着中国人向太阳外开拓的梦想。在香港，1956—1958 年赵滋藩的《飞碟征空》《太空历险记》对于太空旅行的描绘，提供了未来的科技与人文旅游的想象。当时还是美苏太空竞赛的前奏，中国人的想象不曾落后。随之，张系国《超人列传》宣示着梦向未来的超人诞生，是一个可以活到两万岁的人，比彭祖的长寿还多数十倍。

韩松的《台湾漂移》，是科幻现实主义的典型，由于花莲外海地底引发的五六级地震，台湾岛便以每天 2.8 千米的速度朝大陆漂来。最后，台湾宝岛如在眼前，美丽有如海市蜃楼，山峦像彩云，树木如大海，高楼大厦间紫霞蒸腾，繁华无尽。小说结尾语带幽默地贬责华航失事空难，206 名旅客因为未实现"三通"而在多出来的旅程中平白送命，令海内外华人扼腕哀恸。

无独有偶，黄海的《冰冻地球》（2017 年）讲第三次世界大战核战争爆发后，带来核冬天，全球冷酷严寒，连台湾海峡也结冰了，喜马拉雅山上的雪人走过台湾海峡来台定居，又要回去探亲，台湾这边的妈祖信徒走上冰冻的台湾海峡到福建湄州妈祖庙进香。

叶永烈《小灵通漫游未来》系列作品所描绘诸多科技梦想，不少事物已成了科学事实，包括直呼电话（手机）、电子报纸、机器人、气垫船、太空穿梭机，至于飘行车，不仅能在地面行驶，也可以在空中飞行，已是近在眼前的事。

1980 年前后，正是两岸科幻小说同时兴起勃发之时，也正是两岸不约而同以"科幻小说"名称来表述这项描述未来梦的文类。炎黄子孙的梦，果然所见略同。

三、我们未来的现在：等待脱胎换骨

科幻现实主义的作家深刻描绘了现代中国梦。潘海天写了一个反映黄浦江漂浮数千头猪的故事：2018 年，汶川什邡红白镇的村民从地震废墟中挖出一头猪，命名"猪太强"，人们疯狂从废墟中挖猪，造成了猪的泛滥，于是，长江中下游暴雨成灾，成群的猪顺着冲沟往低洼地里滚，触目惊心。只有科幻文学以荒谬剧形式呈现了发展的另一幅面孔。

陈楸帆的《荒潮》中，位于广东海边的硅屿，有垃圾人和美国的惠睿公司的利益纠葛，资本入侵对生态的破坏、人机融合、族群冲突，空气、水、土壤污染严重，陈楸帆写的是一座被进步的浪潮抛弃的垃圾岛。无独有偶，海峡对岸的吴明益，贡献生态文学写作，以如诗的散文，画构自然奇观，获国际文坛重视，《复眼人》描述了太平洋一座神秘小岛——瓦忧瓦忧岛，这是由垃圾涡流形成的岛，拥有自身语言与神话，岛民过着渔猎采集生活。这些垃圾涡流组成的岛，在漂流中撞击了台湾。岛上青年在他的航海旅程中，漂移到台湾东海岸，岛民与阿美人、布农族、挪威科学家等角色，交织复杂的情感，探索生态环境问题。台湾另一位主流文学作家宋泽莱 1985 年的名作《废墟台湾》，描述了台湾因为核能灾变，从 1992 年起成为废墟。该书出版不久，就发生了切尔诺贝利核电站事故，一时成了畅销书。科幻作家描绘的噩梦足堪警惕，给了我们向上提升的机会，征服自然、人定胜天一直是远古至今的定律，我们在坚忍中等待脱胎换骨，迎来希望。

四、我们未来的未来

然后，我们读到刘慈欣动人的太空工程名作《中国太阳》，讲的是架设在地球上空 36000 千米处同步轨道上的反射镜，是一项改造国土生态的超大型工程，在大西北的天空成为另一个太阳。因为人造太阳利用超级计算机的精密运算，以多种方式调节天气，改变热平衡来影响大气环流、增加海洋蒸发量、移动锋面，也能给干旱的大西北带来更多的雨量。有一天夜里，天安门广场上几

十万人一起目睹了壮丽的日出，当太阳的亮度达到最大时，这圈蓝天占据了半个天空，边缘的色彩由纯蓝渐渐过渡到黄色、橘红和深紫，这圈渐变的色彩如一圈彩虹把蓝天围在中央，形成了人们所称的环形朝霞。

黄海曾指出，刘慈欣是他所敬佩的作家，大刘优雅的文笔，敏捷的科技思维，处处融合可见的诗意化的美妙文句，细腻的科幻构设描写令人惊艳，说他是科幻诗人恰当无疑，如果有人将他的《流浪地球》与黄海《地球逃亡》相比，就会发现两岸科幻之梦本质上最大的差异是什么。两部小说使用了同样的科幻点子，讲地球因为太阳的灾变，必须设法逃离太阳的闪焰，必须利用超级大型的地球推进器把地球像宇宙飞船一般推出去，前去寻找另一个太阳系。黄海小说只讲到地球宇宙飞船的出发，对于发动机的科技细节略而不提，刘慈欣则描写了地球宇宙飞船出发之后，人定胜天的天文科技景观。

未来的灾难过于巨大，迎来缥缈、美丽梦幻、壮丽的天文景观，我们继续在《流浪地球》看到了生动惊人的描写："我们首先在近距离见到了地球发动机，是在石家庄附近的太行山出口处看到它的，那是一座金属的高山，在我们面前赫然耸立，占据了半个天空，同它相比，西边的太行山脉如同一串小土丘。有的孩子惊叹它如珠峰一样高。我们的班主任小星老师是一位漂亮姑娘，她笑着告诉我们，这座发动机的高度是11000千米，比珠峰还要高2000多米，人们管它们叫'上帝的喷灯'。我们站在它巨大的阴影中，感受着它通过大地传来的震动。"

五、我们记忆中的未来美好

黄海1976年的科幻小说《银河迷航记》有了大视野的动人描绘——正是"文化大革命"结束，恰巧也是科幻小说兴起之时，该作品写的是数世纪之后，人类离开太阳系的星际之旅途中，以复制人再将本尊心智转移到新人头脑的技术（一如《阿凡达》的概念），在长途旅行中达成身体和心智的更替和不朽。小说中有一段诗意感人的叙述，让人进入深沉的梦里，伴随着怀思之情，它是以未来数世纪的眼光审视过去，借着主角离开太阳系的寂寞旅程表述心境："他憧憬着太阳系的那边，地球上的美丽景色，白云青山，壮阔的野地与一望无际的海洋。他曾在巨型人造卫星俯视大地，看见中国大陆与宝岛台湾，亮丽诱人。古老的中国文明曾经一蹶不振，终于在一阵发愤图强后，重新创造了更进步的文明。虽然自己诞生于火星，那儿的环境是人类后来改造的，景色与地球不同，许多地球人都还羡慕居住在火星的居民，常常来观光度假，他还是喜欢地球。他怀念那一次的中国之旅，爱好自由和平的中国人民，以他们的智慧和斗志，经过多少世纪以来的不断努力，已经把中国建设成一副全新的面貌，地球本是人类的家乡，如今地球已不可目见，只有太阳成了隐约的遥远光点。"

每次重读这个段落，看到中国未来数百年的变迁历历在目，兴起无限幽情感怀。黄海有一篇微科幻小说《嫦娥城》，写于1982年，讲的是月球已完成可观的开发，中秋节时候，地球上的人在赏月吃月饼，月球上的嫦娥城则是在欣赏地球；黄海一定没想到30年后的2013年12月14日"嫦娥三号"探测船顺利登月。《科幻世界》第300期的贺词，黄海写道，"《科幻世界》三千期，科幻作家都在月球上庆祝"。

张系国的名作《星云组曲》短篇小说集，在台湾畅销将近100版，轰动了台湾学子。在那言论还不十分自由的年代，小说的第一篇《归》讲的是两岸合作海底采矿，很少人注意到其中两位不起眼的配角，一闪而过提到的名字分别是台教授、钟教授，两位教授的象征"姓"，无须多说了。

建造一座天梯，直达太空的升降机，美国已在规划中。那么多少年后，一条贯穿台湾海峡的海底隧道可以开通也是顺理成章。20世纪末以来，中国曾经多次邀集专业学者展开台湾海峡隧道学术论证研讨会，有中国、美国等学者参加，设想中的路线方案有一条从平潭岛东澳村到新竹市南寮渔港的隧道，约126千米，是三个方案中最短的路线，因为沿线地区从未发生过超过七级地震，这条路线是首选路线。《国家公路网规划（2013—2030年）》中包括一条122千米长的海底隧道，连接中国福建省平潭县和台湾省北部的新竹。

记忆中的未来中国梦，还有未尽描述的无限风华在宇宙传唱。

原载《科普创作》2017年第2期

漫谈古生物科普创作

冯伟民

近年来，古生物科普创作成果不断，硕果累累，在国家级优秀科普作品评选中屡获褒奖。《远古的悸动——生命起源与进化》荣获 2014 年国家科技进步奖二等奖，它与《渐行渐远的南极大陆》《十万个为什么（第 6 版）》《征程：从鱼到人》《童话古生物丛书》科普图书获得了 2013—2016 年的全国优秀科普作品称号，《征程：从鱼到人》和《远古的灾难——生物大灭绝》还分别获得了中国科普作家协会优秀作品金奖和银奖。这些作品充分展示了古生物学的最新知识和最新成果，很好诠释了生命进化的含义和精髓，生动讲述了地球过去曾经发生的生命起源、演化、辐射和灭绝等一个个精彩的故事，为传播古生物知识和生物进化理论、弘扬古生物学家探索自然和生命进化奥秘的精神、激发广大青少年对科学和自然的兴趣、提高公众科学素养以及在全社会树立正确的自然观和人生观发挥了重要作用。因此，古生物科普创作已成为我国科普创作百花园里的重要成员，并呈现出良好的发展前景。

其实，古生物科普创作离不开这门学科发展的历史脉络，它伴随着古生物学科的发展孕育而生，走过了一条让人回味无穷的路径。尤其当今古生物新发现和新成果源源不断，为科普创作带来了丰富的素材。古生物科普创作也源于化石这一研究的载体所体现出来的各种"角色"及美学价值，由此激发了古生物学家的创作灵感，文思泉涌，为公众奉献出了一本本科普佳作。

一、古生物科普创作历史渊源

古生物学是一门古老的学科，研究对象是化石。化石是保存在岩石中的远古（一般指一万年以前）生物的遗体、遗迹和死亡后分解的有机物分子。寻找化石的历史非常久远，它是人类文明史的一部分，体现了人类百折不挠、持之以恒的开拓探究精神，是今天古生物学家和化石爱好者科普创作的力量来源。

1. 化石探索之路

人类关于化石的记载最早可以追溯到公元前 6 世纪。古希腊学者、诗人色诺芬尼曾经在陆地内部的高山上观察到远海软体动物的贝壳遗迹，又在帕罗斯岛（Paros）的岩石里发现过月桂树叶的印痕的文字记载。古希腊学者著名哲学家亚里士多德最得意的门生蒂武弗拉斯特的《论石头》，古希腊学者天文学家、地理学家埃拉托色尼的《地球概论》，英国物理学家、化学家罗伯特·波义耳的《论海底》，法国地质学家让·厄蒂勒·盖塔尔的《化石贝类的遭遇与海生贝类之对比》以及丹麦科学家尼科劳斯·史腾喏，意大利杰出的数学家、工程师、建筑家、艺术家、画家列奥纳多·达·芬奇以及英国物理学家、数学家罗伯特·胡克等都对化石的发现和化石现象有过论述。

中国关于化石的记载，也可追溯到公元前 4 世纪至前 5 世纪。早在春秋战国时代的《山海经》中就有过关于"龙骨"、鱼等脊椎动物化石方面的描述。春秋时期学者韩非子、晋朝名画家顾恺之、盛唐时代大书法家颜真卿、宋朝大科学家沈括、南宋著名理学大师朱熹、南宋学者杜绾、明朝著名旅行家及地理学家徐霞客等都对化石的发现有过记载，提出过有关化石成因、化石见证海陆变迁的真知灼见。北宋诗人黄庭坚曾经收藏了一块珍贵化石——距今 4.6 亿年的"中华震旦角石"。化石左侧清晰刻有四句古诗："南崖新妇石，霹雳压笋出。勺水润其根，成竹知何日。"目前为止，它可以作为人类最早化石收藏的见证。

2. 化石科学之路

18 世纪起源于英国的工业革命，推动了欧洲各国工业化的发展，极大地刺激了作为工业原料和能源的各种矿产的开发，由此也促使了地质科学的发展。在社会大发展的背景中，古生物学作为地质科学与生物科学边缘的交叉学科，产生后并迅速形成了完整的体系。英国地质学家威廉·史密斯总结出了地层层序律和化石层序律，出版了经典巨著——《由生物化石鉴定的地层》和《生物化石的地层系统》，被赞誉为"英国地质学之父"和"世界生物地层学的奠基人"；法国著名动物学家居维叶出版的《骨骼化石研究》巨著，提出了器官相关定律，运用比较解剖的方法研究古脊椎动物化石，并首先提出了动物分类系统；法国博物学家、生物学主要奠基人之一让·巴蒂斯特·拉马克出版了经典巨著《法国植物区系》《无脊椎动物志》和《动物学哲学》。他们三位奠定了古生物学的形成基础。从此，化石研究走上了一条科学之路。

随着学科发展，古代自然哲学中就已萌发的进化思想得到迅速发展。19世纪中期，达尔文发表的科学巨著《物种起源》完成了重大的科学思想革命，为人类社会的自然认知做出了影响深远的贡献。

19世纪中国兴起了西学东进的浪潮，包括地质学和古生物学的西方近代自然科学传入中国。严复编译的《天演论》、马君武翻译的达尔文原著《物种起源》等都是影响深远的重要成果，为国人接受正确的自然观、唤起生命演化意识起到了启蒙作用，并为20世纪中国古生物学的兴起做了铺垫。

中国近代古生物学事业始于辛亥革命后的民国时期，在国家积贫积弱、内忧外患的环境下，中国地质古生物学者以坚韧不拔的精神艰苦创业，开拓了中国近代自然科学发展史上的重要一页。

新中国成立以来，古生物学获得了迅速发展，在探寻和开发矿产资源、探索生命起源与演化理论，以及在保护地球、科普教育和国际学术竞争中发挥了不可取代的重要作用。特别是改革开放以来，中国古生物学进入了蓬勃发展的新阶段，不断出现震惊世界的新发现和新成果，大大促进了国际古生物学科的发展和繁荣，开创了中国古生物学百年发展历史上的黄金时期。古生物科普创作也相伴而行，不断结出丰硕成果，与古生物科学研究共同成为推动古生物事业不断发展的鸟之双翼、车之双轮。

二、古生物科普创作历史脉络

古生物科普创作的拓展和前行一直伴随着古生物科学研究的发展，不断适应着国家科普事业的要求。20世纪五六十年代，主要出版科普图书和科普文章，

70 年代以来相继推出了《化石》《生物进化》等一批古生物科普刊物。21 世纪以来，系列的科普图书、音像制品及多媒体作品不断涌现，随着中国古动物馆和南京古生物博物馆的建设和对外开放，古生物科普创作拓展到科普展览，涌现了一批反映当代古生物成就、很有特色的科普特展。

1. 科普图书创作

新中国成立之初，为了配合普及科学知识，老一辈古生物学家编写了不少有影响的文章与书籍，如杨钟健的《化石是过去生物的写影》(1950)、《古生物学研究法》(1951)，贾兰坡的《中国猿人》(1950)，裴文中的《河套人》(1950)、《山顶洞人》(1950)、《自然发展简史》(1951)，贾兰坡、刘宪亭的《从鱼到人》(1951)，刘宪亭的《地球发展的证据——化石》(1951)，刘东生的《人是从猴子变来的吗？》(1949)等。

20 世纪 90 年代以来，更多的古生物学家投身于科普创作，科普图书更加丰富，如介绍古生物学基本知识的《古生物与能源》(夏树芳，1983)，《古动物世界》(夏树芳，1986)等；讲述生物和人类进化的《植物界的演化和发展》(李星学等，1981)，《漫谈古无脊椎动物的进化》(林甲兴、孙全英，1987)，《脊椎动物话古今》(叶祥奎，1997)等；关于恐龙的《中国恐龙》(甄朔南，1997)，《恐龙大地》(程延年、董枝明，1996)等；讲述地球历史变迁的《沧海桑田话江苏》(夏树芳，1984)，《地球变迁》(夏树芳，1997)等。

进入 21 世纪，古生物科普创作更是进入全新的发展阶段。除了《还我大自然——地球敲响了警钟》(李星学、王仁农，2000)，《未亡的恐龙》(徐星，2001)，《史前生物历程》(李传夔主编，2002)，《人类进化足迹》(吴新智主编，2002)，《亚洲恐龙》(董枝明，2009)等外，还出现了一批对大学生、研究生、教学和科研工作者都有重要参考价值的图书。如《澄江生物群：寒武纪大爆发的见证》(陈均远等，1996)，《澄江动物群：5.3 亿年前的海洋动物》(侯先光等，1999)，《热河生物群》(张弥曼等主编，2001)，《陡山沱期生物群——早期动物辐射前夕的生命》(袁训来等，2002)，《关岭生物群——探索两亿年前海洋生物世界奥秘的窗口》(汪啸风、陈孝红等，2004)，《中国辽西中生代热河生物群》（季强等，2004），《畅游在两亿年前的海洋——华南三叠纪海生爬行类和环境巡礼》（李锦玲、金帆等，2009），《凯里生物群》（赵元龙等，2011）等。

为纪念中国古生物学会成立80周年，由沙金庚主编《世纪飞跃——辉煌的中国古生物学》（2009），收录了43篇文章，其内容非常丰富，覆盖面很宽，普及与理论兼顾，使读者可以从一篇篇生动的叙述中了解古生物王国里奇妙纷呈的故事，感受远古生命的精彩和博大。冯伟民主持编著的"远古生命的探索"系列科普图书，包括《远古的悸动——生命起源与进化》（冯伟民等，2010），《远古的霸主——恐龙、翼龙、鱼龙》（冯伟民等，2013），《远古的灾难——生物大灭绝》（许汉奎、冯伟民等，2014），《远古的辉煌——生物大辐射》（冯伟民等，2016），《远古的密码——解读化石》（冯伟民等，2017）等，既有宏观展示生命起源与进化的整个历史画卷，也有针对重大事件的详细描述，是中华人民共和国成立以来难得一见的较为系统反映我国古生物学研究成果的科普系列图书。王小娟《童话古生物丛书》4册：《两粒沙新传》《魔幻中生代》《博物馆的一天》和《丑九怪历险记》，则是以童话形式向少年儿童讲述生命演化的故事。还有王原等撰写的《征程：从鱼到人》等。2013年最新出版的第6版《十万个为什么（古生物分册）》（周忠和主编），不仅浓缩了中国古生物学百年来发现和研究的精华，更是突破了老版本《十万个为什么》古生物学没有独立成卷、仅有零星条目的状况，是中国古生物学科普工作的重大进展。

我国古生物学家精心撰写的科普图书，图文并茂、深入浅出、文笔生动、广受公众欢迎，其中多部作品曾分别获得国家科技进步奖、国家图书奖、海峡两岸吴大猷科普图书奖等荣誉。

2. 科普刊物发行

我国古生物科普期刊有《化石》《恐龙》《生物进化》，加上《地球》《大自然》《国家地理》《科学世界》等多种综合性含有古生物知识的科普刊物，使古生物科普期刊在我国科普期刊中占有重要一席。其中，《化石》《恐龙》《生物进化》《国家地理》《科学世界》都是由中国科学院主办。

《化石》于 1972 年创刊，首开我国古生物科普期刊的先河。它以古生物化石介绍为中心，深入浅出地向公众普及地质学、古生物学、进化生物学、古人类学、史前考古学以及涉及古生态、古环境领域的其他学科的科学知识，图文并茂，广受社会公众特别是青少年的欢迎。经过改版后，《化石》内容更为丰富，出版质量进一步提高，社会影响更为扩大。

《恐龙》创刊于 1999 年，主要面向少年儿童进行地质古生物及生物进化等方面的科学普及教育。杂志设有《新闻小喇叭》《走进博物馆》《恐龙大地》《恐龙的远亲近邻们》《恐龙之前的岁月》等定期或不定期栏目。2007 年 9 月经全面改版后，已经成为小读者以及古生物爱好者跨越时空、探究史前生物演化、学习科学知识、掌握科学方法的一个优秀平台。

《生物进化》创刊于 2007 年 3 月，是一份国内外公开发行的关于自然和生命的科普刊物。杂志以"让公众理解进化，让进化丰富生活"为宗旨，帮助公众理解生命的过去和未来，力图将地球生命历程的精彩画卷展现给公众，希望它成为连接科学家与公众的桥梁，共同关注地球家园的过去、现在和未来。

3. 化石展览引领

科普宣传是古生物学科的优势之一。古生物学领域内的许多发现和研究成果，如"北京猿人"的发现、"大型恐龙"的出土，是广大民众尤其是青少年喜闻乐见的。在这种背景下，我国政府筹建或利用原有条件改建了一批含有生物进化内容的自然博物馆。

1951 年 4 月 2 日，国家成立中央自然博物馆筹备处，建设了中央自然博物馆；1952 年天津市人民政府批准组建天津人民科学馆（1957 年 6 月更名为天津市自然博物馆）；1952 年长春地质学院创建现名为吉林大学博物馆的地质博物馆；1953 年建成重庆市博物馆；1954 年成立山东省博物馆自然陈列室；1956 年在北京建立全国性的地质博物馆。尤其值得一提的是全国第一个专门的古生物学陈列馆——周口店中国猿人化石产地陈列室，于 1953 年 9 月 21 日正式对外开放。

在这些博物馆中，除北京自然博物馆、周口店遗址陈列馆为新建外，上海自然博物馆、天津自然博物馆、重庆自然博物馆、大连自然博物馆、中国地质博物馆、南京地质陈列馆、中国地质大学地质博物馆，都是在中华人民共和国成立前旧有博物馆的基础上改建、扩建而成；吉林大学地质博物馆、成都理工大学地质博物馆则是随学校的发展而建。这些建有古生物陈列的博物馆在科学普及、知识传播、科学史观的宣传上起到极大的推动作用。

中国科学院依托北京古脊椎所和南京古生物所，在20世纪末和21世纪初，先后建设了中国古动物馆和南京古生物博物馆，推出了一大批科普特展，成为国内引领古生物科普展览展示的中坚力量。

4. 视频作品创作

进入21世纪，科学传播手段越来越多样化。不仅新闻媒体对古生物学的新发现、新进展及时报道，电影、电视也以古生物学为主题制作了一批科教片和纪录片等，如澄江动物群与寒武纪大爆发、青藏高原演化、热河生物群与鸟类起源、恐龙世界、被子植物的起源、中国夺得的"金钉子"等的热播，都在广大公众中产生了前所未有的影响。

近年来，自媒体和新媒体的发展，带动了微视频和动漫普及。由南京古生物博物馆原创制作的《地球诞生与早期环境》和《青藏高原的隆起》，分别获得了科技部和中国科学院的优秀微视频作品。

5. 科普网站开辟

互联网的迅速发展开辟了科普宣传的新天地。古生物科普内容几乎成为所有自然博物馆网站的主要展示内容，也是各大科普网站的重要展示栏目。它们在宣传、报道、普及古生物知识方面效果显著，影响不断扩大。

由南京古生物所和中国古生物学会主办、于2004年建立的化石网，是一个以古生物科普为主，兼顾普及多学科自然科学知识的非营利性专业科普网站。开通伊始就受到广泛关注和欢迎，他们注重与网友的交流和互动，点击量不断上升，很快成为中国最大的科普网站之一，取得了显著的社会效益。2009年9月，被世界信息社会峰会授予e-Science组大奖。多年来，化石网一直是中国科学院优秀科普网站。

现在，微信平台、新浪博客以及各种社交平台成为知识传播的新途径，为古生物科普创作融入社会大众发挥了积极的科普宣传作用。

三、古生物科普创作动力来源

古生物科普创作固然得益于古生物学科深厚的科学积淀，同时也源于古生物学研究的对象——化石自身所具有的独特魅力，它所具有的多重角色、意义及美学价值。

1. 化石的多重角色

化石作为连接古生物学家与远古生命的载体，含有极为丰富的科学信息，扮演着各种各样的历史角色。

化石是书写地球历史的"文字"。就像人类社会编年史，历代皇朝的更替形成了一个个国家的发展历史，每个朝代都是书页，书里都有文字记述了该皇朝的人文景观、经济状况、社会发展等历史事件。地球地质年代的划分则是以岩层为"书页"，化石当"文字"，书写地球这本厚重的大书。

化石像一个"时光指示器"，清楚地揭示了生命进化的规律，即生命从无到有、生物构造由简单到复杂、门类由少到多、与现生生物的差异由大到小、从低等到高等的进化过程。具体而言，植物界经历了细菌—藻类—裸蕨—裸子植物—被子植物的演化，动物界经历了无脊椎—脊椎动物的演化，脊椎动物经历了鱼类—两栖类—爬行类—哺乳类—人类的演化。

化石又是地球历史舞台上的"模特"。地球就像一个无比巨大的舞台，每个地质历史时期都会产生不同特征的生物类型，演绎着你方唱罢我登场的历史剧目。这些登台亮相的生物就像当今 T 型台上的"模特"，展示了自古以来一批又一批的生物造型。

化石还是地球环境的"监视器"，如果在地层中找到造礁珊瑚的化石，就可以推断这个地层曾经是温暖的浅海；如果在地层中发现猛犸象化石，那么就可以知道这一地层是在寒冷的气候条件下形成的。

化石作为地球气候的"温度计"，可以复原地球古环境。化石还能起到远古时代地球板块"拼图大师"的作用，指示那些如今隔海相望的化石，或许曾是生活在同一块大陆上的邻居。化石甚至是地球旋转变化的"天文台"，因为对骨骼化石生长周期的研究（如双壳类、珊瑚、叠层石等），能得知远古时代的一年究竟有多少天；对于渴望能源的人类来说，化石还是实实在在的"藏宝图"，而对于收藏家而言，化石则是地地道道的科学和艺术兼具的鉴赏品。

2. 化石的多重美感

化石的美感首先来自化石的造型之美。三叶虫、菊石等形态优雅的古生物化石种类常常是化石收藏爱好者的宠儿。它们种类繁多，形态各异，通过精心修复和打磨抛光，可以制作成深受人们欢迎的化石工艺品。有些特殊种类还会显示别样的光彩，比如加拿大出产的拥有多彩颜色的斑彩螺（菊石的一种）。需要特别指出的是，法国自然历史博物馆首屈一指的古生物学家居维叶提出了比较解剖学的重要概念，让许多支离破碎的化石残片，得以重新拼接和复原。欧文首创恐龙名字，同时针对恐龙的不同骨骼化石，研究和复原出完整的恐龙造型，让公众领略了远古时代曾经出现过的庞然大物，感受地球自然的伟力和神奇。

化石的美感也体现在化石的亘古之美。那些在地球地质时期出现的生物，在穿越了数以百万年甚至数亿年的光阴后，匪夷所思地赋存在岩石中成为化石，让今日的人们得以观赏和鉴别。这种定格在地球历史某个时刻的化石形态体现的正是亘古、苍凉和朦胧之美，它使科学家倾其一生去钻研，去穿越久远的历史，抹去化石朦胧的面纱，还原远古生物的真面目。

化石的美感还在于化石的演化之美。当我们手持那些覆盖着历史尘埃的化石，左右端详之时，仿佛触摸到了生物演化的脉搏，行进在历史穿越的时光隧道之中，产生无限的遐想。从无脊椎动物到鱼类、两栖类、爬行类、哺乳类直至人类，化石的伟大就在于铺就了生物演化的恢宏之路，引领科学家进入掌握生物进化真谛的自由王国。

3. 化石的多重意义

化石的科学意义乃是化石研究的重大价值所在。化石作为远古时代地球留下的自然遗产，为解密地球生命起源和演化历史提供了关键证据。化石可以用来确定地球相对地质年代和划分地层，对寻找地下资源及选择建筑地基等有着重要的意义；化石可以再造古环境、古地理和古气候；化石可以解释地球演变过程，如青藏高原的隆起；化石还能记载天文轨迹，为地球物理学和天文学研究提供有价值的依据；化石可以解密沉积矿产的成因，中国所有大中型煤田、油田、油气田甚至沉积铁矿等的勘探与开发，均离不开古生物学的研究和指导；化石可以提供生物灭绝依据，为人类控制生态平衡和保护地球家园提供大尺度的历史和科学方面的借鉴。

化石的社会意义显示了化石研究的教育作用，因为化石研究揭示了地球生命演化的一般规律。19 世纪英国生物学家达尔文发表了科学巨著《物种起源》，打破了长期以来禁锢人类思想的枷锁，第一次明确宣告地球生命有着漫长的演化过程，它是从最初的单细胞生物演化而来，就像一棵大树，逐渐枝繁叶茂，形成当今地球生物的多样性。进化论是 19 世纪三大自然科学成果之一，至今仍深刻地影响着人类社会。化石研究扩展了人类自然知识库，在启蒙广大青少年崇尚科学和自然、提升公众的科学素养、在全社会营造正确的自然观和人生观上有着特殊的意义。

化石的经济意义在于化石本身就是一种工业燃料。石油、天然气和煤炭都是化石燃料，由远古生物遗骸大量埋葬后，经过地下复杂的物理化学反应，在高温高压下形成。因此，化石燃料直接推动了人类工业革命的发展和社会经济的进步。

化石的旅游意义是伴随化石的发现和研究而产生的。随着古生物化石点的不断发现，许多重要的化石产地被联合国教科文组织命名为世界文化遗产或国家重点化石保护区，如云南"澄江动物群"于 2012 年 7 月 1 日被列入世界文化遗产名录，极大地提升了化石产地的知名度和社会影响。而且，著名的化石点一般分布在山川秀丽的旅游区，为景区注入了更加丰富的科学元素，成为国内外游客越发向往的旅游胜地。

因此，化石的多重角色、多重美感和多重意义奠定了古生物科普创作的厚重基础，成为激发古生物学家创作灵感的源泉。

四、古生物科普创作的美好前景

1. 古生物成果不断涌现

化石世界精彩纷呈，得益于古生物新发现、新成果的大量涌现。尤其在中国发现的贵州"瓮安生物群"、云南"澄江动物群"、贵州"关岭生物群"、辽西"热河生物群"和甘肃"和政动物群"等，为建立一个真实的地球生命演化史提供了关键依据，使中国古生物学研究走在了世界前列。"早期生命演化""寒武纪生命大爆发""生物如何从灭绝走向复苏产生新演化""鸟与恐龙的演化关系"等前沿性的领域所取得的突破性进展和产生的新知识，不仅扩展和丰富了人类的知识库，而且提升了人类对于自然和生命的认知高度，其作用和影响甚至超越了学科本身，在科学发现和人类社会进步上显示出特殊的重要性。它们常常占据世界知名媒体的重要位置，在国际最著名的《自然》和《科学》杂志上频频亮相，甚至成为社会公众追捧的热点新闻。例如，中加美等国科学家首次在琥珀中发现了立体保存的恐龙骨骼和羽毛，即刻轰动世界，成为世界排名前列的新闻之一。

2017 年 3 月，我国首次发布了"2016 年度中国古生物学十大进展"，中央电视台及国家其他众多媒体门户网站纷纷给予报道，"志留纪古鱼揭秘脊椎动物颌演化之路"等成果再次成为公众的热点新闻。

显然，不断涌现的古生物新发现和新知识为古生物科普创作带来了源源不断的科学素材。

2. 公众关注度不断提升

化石无处不在，不仅能在郊外山区发现化石，而且在许多建筑材料，甚至马路人行道铺设的石块上也常有化石发现。对化石发生兴趣的不仅是古生物学家，还有大批青少年、化石业余爱好者和化石收藏家。这些人群可以形成一个知识共享、资源共享的大群体，而自然博物馆、科普书籍和杂志、化石网站等已成为这个大群体的互动平台。甚至许多乐于分享的积极分子和社会亲子团队还组织了许多讲坛、野外采集和鉴赏等活动，极大促进了社会对于化石和远古生物的了解，提升了公众对古生物化石的关注度，近 20 年来如雨后春笋般涌现的民间古生物博物馆，都为古生物科普创作赢得了广泛而持续的市场环境。

3. 科普大环境不断改善

发展科普教育事业是国家战略发展的需要，符合公众日益增长的文化需求，引起了党和国家的高度关注。习近平总书记在全国科技创新大会、两院院士大会、中国科协第九次全国代表大会上的讲话中指出，科技创新、科学普及好比鸟之双翼、车之双轮，要把科学普及放在与科技创新同等重要的位置。全面建设小康社会，实现中华民族伟大复兴，必须大力提高公民科学素质。因此，整个社会正在营造出浓厚的科普创作的氛围，公众早已跳出只知恐龙为古生物的狭隘认识，"澄江动物群""热河生物群"等我国著名的古生物群开始家喻户晓，科普创作正迎来历史上最好的发展时期。

4. 新技术手段不断出现

现代科学技术为科学传播事业发展提供了强大动力。基于互联网、无线通信网、有线电视网、卫星直投网等传播渠道，并以电脑、电视、手机、电子书等手持阅读终端为接收载体、全新的数字出版形态，已经成为科学传播的重要途径，极大丰富了科普创作的形式和手段，成为推动科普创作展翅飞翔的强大动力。因此，科普创作必须适应新媒体的传播手段与特点，在创作模式、创作内容等诸多方面进行创新。在此大背景下，古生物科普创作也应适应新媒体给科普创作带来的变化，跟上时代发展的脚步，充分利用好移动互联网平台，使古生物科普在崭新的互联网平台上发挥巨大社会效益，成为社会科普大创作平台上的佼佼者。

5. 科学家创作热情高涨

科学家必须参与科普创作，甚至引领科普事业。没有科学家参与的科普创作将是内容肤浅、缺乏科学高度，甚至不可持续的。历史上，曾有许多大科学家也是科普创作的巨匠和高手，他们起着引领公众认知科学、追求真理、热爱自然和保护环境的作用。美国人斯蒂芬·杰·古尔德是世界著名的进化论科学家、古生物学家、科学史学家和科学散文作家，他与尼尔斯·埃尔德里奇提出了著名的"间断平衡论"的理论，完善了生物进化理论，他撰写的《奇妙的生命——布尔吉斯页岩中的生命故事》曾荣获美国国家科学奖、英国皇家学会科普书奖和英国隆普兰克奖，成为全球公众了解古生物和进化论的热门读物。流行甚广的科普名著《万物简史》《地球简史》《人类简史》等都是由科学家撰写的，无不对地球和生命科学的普及起到了极大的推动作用。

今天，在举国上下迈向全面小康的新时期，科学家参与或投身于科学普及尤其必要。事实上，科学家参与科学普及的积极性和主动性正在不断高涨。科学研究项目的目标要求、社会崇尚科学氛围的日趋浓厚、各种社交媒体搭建的传播平台越来越多，都为科学家参与科普提供了难得的机会。因此，科学家走出象牙塔，面向公众开展科学传播，不仅是将所学知识反馈社会的良机，也是自身价值的体现。

2017年5月，"2016年中国古生物科普十大新闻"在南京古生物博物馆对外发布，所有事件无不是在科学家的指导和帮助下践行的。在科学普及的康庄大道上，科学研究正是进行时，古生物科普事业也将如虎添翼，将更快更好地获得发展。

回溯古生物科普创作的历程，我们感受到古生物学科所具有的独特魅力，在国家大力倡导提高全民科学素养的今天，我们完全有理由对古生物科普创作的美好未来充满希望。但愿我国有更多的古生物学家投身到科学普及的事业中去，将所学知识奉献给社会，让古生物学更好地为社会和公众服务。

原载《科普创作》2017年第3期